O Poder de Cura da Terapia da Sintonização

CASOS E PRÁTICA

Jaclyn Stein Henderson

O Poder de Cura da Terapia da Sintonização

Casos e Prática

Prefácio do
DR. MICHAEL J. MOORE

Ilustrações
JILL FRANCIS HARRIS

Tradução
CARLOS A. L. SALUM
ANA LUCIA FRANCO

EDITORA CULTRIX
São Paulo

Título do original:
The Healing Power of Attunement Therapy

Publicado originalmente por Findhorn Press, USA.

NOTA AO LEITOR:
A sintonização é considerada uma forma genuína de medicina alternativa, mas não deve ser usada como um substituto para tratamentos médicos mais conservadores. Aconselhamos o leitor a consultar um médico no caso de problemas graves de saúde.

Agradeço a William Comer, Donald Henderson, Michael J. Moore e Anthony Palombo, por me darem permissão para incluir suas histórias.

O primeiro número à esquerda indica a edição, ou reedição, desta obra. A primeira dezena à direita indica o ano em que esta edição, ou reedição, foi publicada.

Edição	Ano
1-2-3-4-5-6-7-8-9	00-01-02-03-04-05

Direitos de tradução para a língua portuguesa
adquiridos com exclusividade pela
EDITORA CULTRIX LTDA.
Rua Dr. Mário Vicente, 374 — 04270-000 — São Paulo, SP
Fone: 272-1399 — Fax: 272-4770
E-mail: pensamento@cultrix.com.br
http://www.pensamento-cultrix.com.br
que se reserva a propriedade literária desta tradução.

Impresso em nossas oficinas gráficas.

"A cura está de volta. Estamos aprendendo que saúde é mais do que o uso de remédios e de cirurgias, por mais valor que tenham esses recursos. Jaclyn Stein Henderson é uma agente de cura e está indicando o caminho."

LARRY DOSSEY, Autor de *Prayer is Good Medicine*
[*Rezar é um Santo Remédio*, publicado pela Editora Cultrix, São Paulo, 1998.]

Este livro é dedicado a todos os que demonstram espírito pioneiro,
e para Dick,
com um beijo
e um abraço.

Vá mais devagar...
e o amor vai mudar
seu destino.

URANDA[1]

1. Lloyd Arthur Meeker, ver página 249.

Sumário

PARTE DOIS FORMA VISÍVEL

PARTE TRÊS O CAMPO CRIATIVO

Quadros Descritivos e Ilustrações da Sintonização

Agradecimentos

A Dick Henderson, meu marido e companheiro, que me sustentou financeiramente e de outras maneiras nos dois últimos dois anos e cuja fé me ajudou a concluir este projeto, meu profundo amor e meus agradecimentos. E também a Harlene Stein, minha mãe, que continua a me dar muito amor e apoio, e que me incentivou a escrever comercialmente. A Cliff Penwell, David Lesser, Charlene Hunter e aos outros Administradores do Emissário, e a David Reis, Laurence Layne, Jude Repar, Paul Price, Laurence Bakur e Chris Jorgensen, agradeço pela receptividade a meu trabalho ao longo dos anos, o que me estimulou a concluir este projeto.

A Bill Comer, por sua história, meu muito obrigada. A Don Henderson, Michael J. Moore e Anthony Palombo agradeço por terem me dado a permissão de compartilhar suas histórias com outras pessoas. A Jill Frances Harry que, através da concordância espiritual, permitiu que este projeto atingisse uma bela forma, minha gratidão e respeito. Agradecimentos especiais à agente literária Susan Schulman que primeiro me deu a idéia deste livro. Obrigada a Susan Weinstein pela atenção. Um grande "Obrigada!" a Tony Mitton, LMT, pela assistência editorial e espiritual, pelas sugestões, por sua amizade cheia de luz. Agradeço também a Thierry e Karin Bogliolo, editores da Findhorn Press, os primeiros a mostrar receptividade a este projeto, acompanhando-o até o fim com paciência, confiança, delicadeza e atenção.

Ao Reverendo Roger de Winton, cuja companhia tenho a bênção de compartilhar há tantos anos, meus agradecimentos e meu amor eterno.

Muito obrigada a meus alunos, clientes, colegas massagistas e amigos que, com receptividade ao amor, me abriram a porta e me cercaram de luz e compreensão, informando meu campo criativo com o perfeito intento do amor.

Prefácio de Michael J. Moore

Acredito que cada um tem dentro de si o potencial e o poder de se curar e de oferecer a cura aos outros. Esse poder de cura é a força vital que pulsa através do corpo, que nos ajuda no trabalho criativo, que nos regenera e nos restaura quando somos receptivos a seu propósito inerente. É essa força vital que anima todas as formas vivas. Parte de meu trabalho como quiroprático é ajudar cada um a atuar deliberadamente no próprio processo de cura através de um maior alinhamento com esse poder interior de cura.

Este livro de Jaclyn Stein Henderson, que fala do poder de cura da Terapia da Sintonização, representa um avanço significativo da sintonização no sentido de influenciar e educar as pessoas a respeito de seu potencial interior de cura. A Terapia da Sintonização é um trabalho valioso, que facilita, de maneira poderosa e criativa, o caminho do despertar da consciência.

De uma perspectiva mais ampla, a sintonização não é apenas uma arte da cura praticada por alguns poucos escolhidos, mas abrange muitas tendências naturais à cura, expressas no dia-a-dia: a mãe que segura a mão do bebê que acabou de cair, o abraço que conforta e consola, o pai que aplaude o filho no jogo de futebol. Sabemos que a essência da cura, ilustrada nessas situações, traz consigo intenções criativas que ultrapassam sua natureza rotineira. Expressando essa essência e suas qualidades criativas em alinhamento com a força vital que anima nosso universo, intensificamos o fluxo de energia da cura que passa através da nossa vida. Esse movimento criativo da vida é posto em foco através daqueles que utilizam a energia da sintonização em suas vidas.

Tive meu primeiro contato com a sintonização quando comecei o treinamento em quiroprática na Faculdade de Quiroprática Palmer, em Davenport, Iowa. Nessa época, fui a vários *workshops* sobre "Arte de Viver" organizados pelo Doutor Bill Bahan, um pioneiro no campo da sintonização e quiroprático formado na Faculdade Palmer. A personalidade radiante do Doutor Bahan despertou o interesse para o assunto e esclareceu o objetivo do meu estudo acerca do processo de cura. Lembro de uma de minhas primeiras experiências com a sintonização. Eu estava compartilhando uma de minhas primeiras sessões com um praticante de sintonização. Quando começamos, fechei os olhos com uma sensação de paz e tranqüilidade. No meio da sessão, abri os olhos porque não sentia mais o corpo tocando a mesa. Estaria levitando? O que estaria acontecendo? Mas vi que estava deitado na mesma posição: não tinha me mexido. Uma incrível sensação de conforto e relaxamento me invadia a mente e o corpo — uma sensação até então desconhecida. Essa sensação se tornou familiar à medida que, ao longo dos anos, fui aprendendo mais sobre a técnica da sintonização.

Desde que, há quinze anos, comecei a clinicar em Redding, Califórnia, as várias formas da sintonização têm sido parte integrante do meu trabalho. Com a experiência, tomei consciência da importância da sensação de energia que passa continuamente por minhas mãos. Essa consciência leva o meu trabalho além do nível físico, a um local em que minhas percepções são intensificadas, assim como o fluxo de energia inata entre eu e o paciente. Pode-se chamar essa interação de cuidado ao pé da cama, de atmosfera de cura ou de conexão inata. Seja como for, ela é um ingrediente vital ao processo de cura que compartilhamos.

Nos últimos 10 anos, além de fazer tratamento quiroprático, eu e minha mulher Donna organizamos *worshops* de cura ao ar livre. Esses *workshops* utilizam várias formas da técnica da sintonização. Essas técnicas acalmam a mente e as emoções de forma sutil mas poderosa, permitindo assim o surgimento de uma consciência mais clara da identidade divina de cada um.

Muitas experiências demonstram o poder da sintonização, revelando ainda que o movimento da corrente de sintonização não exige proximidade. Segue-se uma história que ilustra o poder de cura do amor compartilhado na amizade:

Um dia, uma amiga telefonou e disse que seu filho tinha sido atropelado quando andava de bicicleta. A ambulância já tinha chegado e ela precisava que alguém a acompanhasse ao hospital. Donna chegou ao local alguns minutos depois e perguntou a um dos paramédicos como estava o garoto. O paramédico respondeu que o quadro não era muito bom: ele havia quebrado uma perna, tinha vários ferimentos no rosto e possíveis lesões no abdômen e na cabeça. A caminho do hospital, Donna quase não conversou com a amiga: foram de mãos dadas, rezando. No hospital, foram levadas à sala do capelão, onde freiras da equipe de apoio as esperavam. Nesse ponto, Donna me telefonou para contar o que estava acontecendo. Comecei imediatamente a enviar energia de sintonização para o local e logo que pude fui para lá. Donna telefonou também para um amigo, um professor de religião de Oregon, que começou a compartilhar conosco o padrão de sintonização. Telefonamos ainda para outro professor de sintonização, que vive no Colorado e tem muita sensibilidade para curas energéticas à distância. Depois de trabalhar por alguns instantes com a energia do menino, ele disse: "Ryan é um menino forte. Vai dar certo." Fácil dizer! Ele não estava ouvindo os gritos de Ryan lá na sala de emergência, que ressoavam pelo corredor!

Enquanto esperava, Donna compartilhou a sintonização com a amiga, refletindo sobre as palavras do professor: "Vai dar certo!" Quando terminaram, a amiga de Donna disse que sentia ter saído do estado de choque e voltado para o momento presente. Disse que era como estar num trem que tivesse mudado de trilhos: seu coração, seus sentimentos e seu corpo se encaixaram no novo trilho, levando-a a perceber com clareza o que estava acontecendo e o que precisava acontecer.

Através desse triângulo de amigos, o inegável clima de amor trouxe força e paz mental a essa situação tão tensa. Os paramédicos finalmente informaram que Ryan tinha uma fratura dupla na perna, mas sem lesões internas nem danos cerebrais. Ele ficou internado por algumas semanas, para tratar da fratura e dos ferimentos na pele. Continuamos com o trabalho de sintonização durante todo esse período. Os médicos ficaram surpresos com a rapidez e a extensão da recuperação.

Um outro caso mostra como a sintonização e a técnica quiroprática se combinam para favorecer o processo de cura. Num domingo, recebi um telefonema de um paciente cuja mulher tinha tido um bebê dois dias antes: "Michael, você pode vir aqui? O bebê está na terapia intensiva e corre risco de vida." Cheguei ao hospital pouco tempo depois e vi o bebê, uma menina pequena e prematura, na incubadora, ligada a monitores e tubos. Tinha nascido um mês antes do tempo, com dois quilos e trezentos gramas, mas agora estava com pouco mais de um quilo e oitocentos. Essa perda de peso preocupava os médicos, pois o bebê não conseguia tomar mamadeira e vomitava tudo o que lhe davam. O médico explicou que, por ser prematura, o esfíncter do estômago estava fechado, provocando os vômitos, um defeito que se resolveria com o tempo.

A par da situação, fui com o pai e a mãe para o lado do bebê. Nós a tiramos da incubadora e formamos um círculo em torno dela. As enfermeiras olhavam com curiosidade, mas sentiam que eu estava ali para ajudar. Procurei reequilibrar delicadamente o sistema nervoso na região cervical e torácica, livrando o corpo da interferência nervosa. Compartilhei, então, uma sintonização com ela, equilibrando a região cervical e o sistema glandular endócrino. Dava para sentir o calor e a energia que passavam pelas minhas mãos e pelo círculo que formava com os pais. Quando ergui os olhos, havia um círculo de enfermeiras e médicos à nossa volta. Ninguém disse nada, e depois da sintonização todos voltaram ao trabalho. Megan tinha dormido e nós a pusemos de volta na incubadora com a sensação de que ficaria boa. O pai me telefonou duas horas depois, dizendo que Megan tinha acordado e começado a se alimentar sem vomitar. Que ótima notícia! Quatro dias depois ela teve alta. Eu me sinto muito grato por ter podido ajudar essa pequena paciente com minha técnica e minha experiência. Agora ela tem oito anos e está tão sintonizada com o próprio corpo que diz à mãe quando precisa ir ao "Doutor Michael" para fazer um ajuste quiroprático. Ela ilumina o nosso consultório sempre que vem para uma sessão.

Assim como nessas histórias, tenho certeza de que você consegue se lembrar de pelo menos uma pessoa — um mentor, um professor, um amigo — que representou em sua vida um papel firme e equilibrado. Você cresceu e se inspirou nesse exemplo. Seguindo esse mesmo caminho, guiado pelo mesmo espírito que lhe foi oferecido, você também começará a ser um exemplo para os outros. Abra a sua vida, liberte-a de manipulações desnecessárias e ofereça um alinhamento equilibrado de coração, corpo, mente e espírito, para também expressar a vida em seu mais alto potencial. Você pode receber a sintonização das mãos de um agente de cura ou praticá-la na privacidade de sua casa, escritório ou consultório, mas é certo que começará a ver a sintonização da cura surgir nas relações cotidianas com seus filhos, familiares e amigos.

Sinto que a sintonização é uma das experiências de vida que oferecem o que de melhor temos a dar. E cumprimento Jaclyn por este manual de Terapia da Sintonização, um guia prático que você pode usar em sua jornada, vivendo totalmente a vida e sendo útil ao todo maior da humanidade.

Michael J. Moore, DC
Redding, Califórnia
Fevereiro de 1998

Introdução

Meus muitos anos de serviço em artes da cura me dizem que o caminho para a saúde está no domínio do relaxamento — relaxamento da mente, do corpo e das emoções. Geralmente, os clientes me procuram quando estão diante de muitas questões estressantes. Quando estas começam a se resolver, eles começam a relaxar e a se curar. É como se a vida os convidasse a mudar com a doença, dizendo: "Desculpe, mas você foi longe demais e agora vai parar e descansar um pouco. Estou puxando os freios... você está pronto para mudar... vamos lá." A vida sempre passa essa mensagem: é só prestar atenção. Mas se estiver ocupado demais, a vida pode forçá-lo a ouvir colocando-o na horizontal por algum tempo. Este livro sobre Terapia da Sintonização oferece recursos e informações que vão ajudá-lo a ouvir as mensagens da vida, podendo agir conforme o impulso criativo sem precisar passar a vida na cama.

Os casos verdadeiros deste livro mostram que a doença pessoal e os desafios da vida oferecem oportunidades de mudança radical. Muitas vezes, ocorrem transformações completas quando nós nos abrimos para a vida de uma nova maneira. O propósito criativo da vida realiza a mudança da maneira que for necessária, torrencial ou suave, para nos levar ao alinhamento com a harmonia essencial. A verdadeira cura da doença da vida traz com ela um convite: não seja a mesma pessoa de antes; seja a pessoa que a vida quer que você seja, a pessoa que você no fundo sabe que é mas não está expressando; revele você a você mesmo; seja a corporificação divina de si mesmo.

Aprendi, com a experiência, que as doenças graves (ou qualquer doença) são oportunidades de me modificar, de me modificar profundamente, que a vida me dá. Aprendi que a doença é a maneira de a vida me capacitar a prosseguir no caminho para um bem maior, se eu estiver disposta a aceitar essa mudança por mim mesma. São casos em que não adianta introduzir pequenas variações na vida, mudar as coisas de lugar até a doença passar, adiar as coisas até que tudo volte ao 'normal'. A mudança sugerida nessas ocasiões foi sempre radical, uma mudança que me abalou as colunas do coração até eu abandonar o apego insalubre ao meu mundo com um relaxante 'ahhhh...'

A prática da sintonização oferece mudanças assim: radicais e relaxantes. A cura pela sintonização não é um exercício mental, mas uma mudança na vibração da força vital, sustentada pela abertura do coração e da mente, para que essa vibração de amor continue a se expressar através das faculdades. Com suaves cutucões, a energia da sintonização (energia do amor espiritual) oferece uma rica provisão espiritual para os que estão dispostos a passar pela transformação criativa, seja qual for seu estado de saúde. A beleza desta prática de cura está na sua capacidade de nos relaxar em níveis profundos do ser, para que possamos nos soltar, deixando que surja uma nova orientação de vida. A prática da sintonização oferece um despertar mais suave para a própria verdade.

Este livro pretende conduzi-lo numa jornada para a serenidade. Faça um intervalo todos os dias para lê-lo aos poucos e fazer os exercícios durante 15 minutos diariamente. Dentro de poucos dias você vai dizer aos seus amigos: "Funciona! Estou mais relaxado! Minha vida ficou mais fácil e os problemas que me assolavam se foram. Nem sei por que pareciam tão importantes! Quer experimentar também?" Logo todos vão estar relaxando, compartilhando a sintonização, aproveitando juntos o intervalo de todos os dias. Observe, então, a serenidade surgir: nunca mais sua vida será aquela confusão caótica e febril.

Apresento aqui o que adquiri em 17 anos de prática e aprendizado com os Emissários do Serviço da Luz Divina (agora Emissários Internacionais). Ainda não chegou ao fim essa jornada iluminada: ainda estou descobrindo como usar nas artes da cura meus dons e meu talento de liderança. No *Apêndice B* deste livro há mais informações sobre a história da terapia da sintonização.

Este livro é uma ferramenta para ensinar a sintonização, de sua forma mais simples a seus estilos mais complexos. Cada capítulo contém o relato de um caso de cura pela sintonização, com explicações científicas sobre o mecanismo da cura e depois um exercício que você pode fazer sozinho ou com outras pessoas. Praticados com constância e com o coração aberto aos objetivos do próprio Ser Divino, esses exercícios vão abrir e curar sua vida.

Apresento esses exercícios (e casos) em seqüência, explicando essências invisíveis e a maneira de trabalhar com elas, ensinando a sintonizar cada sistema do corpo, a trabalhar com os padrões mais amplos da própria vida e com as outras pessoas. Através desses exercícios, você vai aprender a modificar criativamente sua situação e a situação das pessoas à sua volta e do mundo inteiro. Os exercícios são apresentados da forma que me foram ensinados originalmente — de um mentor para um aluno ou para um pequeno grupo.

Todos os casos apresentados neste livro são verdadeiros. Os nomes das pessoas e alguns detalhes foram trocados para proteger a privacidade dos envolvidos. Esses casos vieram de minha própria experiência com a sintonização, foram contados em público ou me foram relatados diretamente por um praticante ou cliente. Alguns vieram da documentação de minhas consultas. Em circunstâncias iguais, os efeitos de cura apresentados podem ser passíveis de repetição. Os relatos procuram ser fiéis às minhas lembranças e não contêm exageros. A maioria deles nunca tinha sido publicada — agora você é testemunha desta parte da divulgação da terapia da sintonização.

No geral, os casos e lições deste livro são cumulativos — as lições devem ser seguidas na ordem que aparecem. No final do livro, você terá aprendido todas as formas tradicionais de sintonização. Os caminhos para praticar a sintonização serão então infinitos — você poderá usá-la em você mesmo ou nos outros a qualquer momento, em qualquer lugar, em qualquer estado de espírito (a sintonização geralmente melhora seu humor) e com qualquer propósito criativo. Há uma pequena regra: este trabalho é criativo e você não pode usá-lo para prejudicar ninguém, pois o espírito não permitiria.

Não é preciso ter medo de prejudicar ninguém com a energia da sintonização. Isso é impossível. Mesmo que no início você sinta que não sabe direito o que está fazendo, não poderá ferir ninguém — vai apenas fortalecer o sentimento de amor que sente pelo outro e ele por você. Com este trabalho você não vai resolver o problema — vai apenas intensificar a força vital que flui pelo problema, imbuí-la de seu espírito e fortalecê-la com o seu poder. É impossível sintonizar vazios, energia morta, tecido morto ou qualquer coisa que não esteja presente na forma. Só é possível sintonizar o que tem energia vital (porque nos sistemas vivos da Terra, a energia vital se move em moléculas de base carbônica). É preciso saber também, antes de iniciar esta jornada, que trabalhar sem expectativas é a marca do praticante da sintonização. Compartilhe a sintonização com os outros e com você mesmo sem esperar quaisquer resultados — isso vai modificar criativamente a sua vida.

A sintonização sempre foi ensinada na prática. Assim, este livro tem muitas ferramentas úteis. Você pode reunir os amigos para praticar uns nos outros as lições de sintonização. Pode também freqüentar meus cursos de sintonização (ver O Treinamento em Terapia da Sintonização, Programa de Estudos em Domicílio e de Obtenção de Certificados) ou cursos dados por outras pessoas.

Acredito que a humanidade está mais perto do que nunca de realizar seu potencial espiritual coletivo. As oportunidades externas de ação criativa unificada existem e são tão infinitas na natureza quanto é o anseio interior de união com a Fonte. Assim, este livro pode ser uma ferramenta espiritual oportuna e prática, a ser usada para esse fim criativo. Ele contém uma essência catalítica que pode acender o fogo que há em sua alma e levá-lo na direção correta se você permanecer no processo do despertar. Ele é uma jornada que pode despertar ao mesmo tempo a serenidade e o surgimento da espiritualidade. Explora a liberação da autenticidade espiritual de cada um. À medida que você deixar emergir a mágica da prática da sintonização, eu me alegrarei com você, vendo a promessa do retorno do amor realizada na sua vida.

Eu agradeço, Senhor, pelas palavras contidas aqui, oferecidas a mim para serem dadas aos outros através do movimento do seu espírito divino. Que todos os que lerem estas palavras se voltem ao Senhor com confiança absoluta. Que Tua vontade se manifeste na vida de todos os que lerem este livro. Que essas vidas conheçam a paz através da sintonização. Que essas vidas abençoem o mundo à medida que ele gira em seus ciclos de restauração. O Senhor é glorificado na minha vida agora e para sempre. Amém.

Jaclyn Stein Henderson, NCTMB, RC
Port Orchard, WA, EUA
Fevereiro de 1998

Parte Um

Essência Invisível

Deve haver no coração de cada um
aquele lugar sagrado que nunca é penetrado
pelas tormentas emocionais do mundo exterior,
guardando assim um local de onde o espírito possa fluir
para tratar dos problemas e situações que surgem.

Deve haver uma porta aberta
em nosso coração através da qual o Mestre possa passar
quando Ele vem comungar conosco,
e através da qual a bênção do espírito de Deus
possa fluir para o mundo.

Há um lugar sagrado
do qual a luz irradia
quando habitamos a sombra do Todo-Poderoso.

URANDA

1. A Paisagem Espiritual

Há uma semelhança universal em todos os encontros espirituais: o objeto da percepção espiritual é invisível aos olhos, mas familiar aos sentidos. O objetivo deste livro é ensiná-lo a reconhecer as próprias sensações espirituais nos domínios emocional, psíquico, mental e físico, e depois juntá-las. Assim, como objetivo final, você vai aprender a harmonizar suas paisagens espirituais, e a dos outros, com a sabedoria interior que flui livremente de seu interior. Para isso, deve avançar passo a passo:

- sinta o espírito fluir pelo corpo, pela mente e pelo coração enquanto
- alia uma intenção mental, conscientemente amorosa, ao
- fluxo de energia que passa pela ponta dos dedos e
- penetra num campo criativo específico ou no corpo etérico de outra pessoa.

Quantas sensações para reconhecer de repente! É muito difícil? De jeito nenhum! Será como quando você aprendeu a andar (poucos se lembram disso!). Agora que é adulto, os processos do pensamento parecem mais sérios, mas também são divertidos — e sem tombos.

Para que você comece em bases firmes, seguem-se informações introdutórias sobre a paisagem sagrada que você está percorrendo, alguns termos essenciais, idéias a respeito da bússola interior e de cuidados consigo mesmo, sugestões sobre o que levar em sua jornada, informações sobre a diferença entre a sintonização e outras formas de trabalho energético, pensamentos sobre o valor terapêutico deste trabalho. *Bonne aventure!*

O Desenho da Terra

Há uma paisagem
maior do que a que se vê.

ANÔNIMO

Todas as coisas do mundo contêm espírito — se não, elas não existiriam. Todas as coisas contêm a essência espiritual da divindade, aquelas características invisíveis que as tornam particulares a si mesmas e, como tal, parte da natureza espiritual do reino de Deus, do reino do espírito. Seus componentes divinos são os pensamentos, os sentimentos, a percepção espiritual (intuição) e as sensações físicas que vêm de dentro (calor, frio, toque, pressão, etc.). É através dessa paisagem invisível que Deus ou a divindade atua na sua vida. Como membro divino deste planeta você tem o potencial e a oportunidade de agir com intenção espiritual nesta paisagem vital e invisível chamada vida.

A paisagem espiritual é um retrato íntimo da primeira criação da vida. Nela há lembranças profundas e antigas, tanto da sua vida quanto da vida de muitas outras pessoas. Sua paisagem espiritual contém em si as linhas de força, hereditárias e culturais, que fazem de você o que você é hoje — fatores como raça, sexo e relações familiares, assim como glórias e catástrofes que as populações do mundo já enfrentaram. Sombra e luz habitam a paisagem espiritual de cada um, contendo traços de memória invisíveis que dão forma à consciência com força numinosa.

A paisagem espiritual também possui rica beleza e é cheia da sabedoria, das lembranças, da ternura e das alegrias da alma humana. Numa época em que a sociedade e a cultura anseiam por alimento espiritual, a força viva que percorre a paisagem espiritual nos aproxima de nosso coração. A sintonização com a Fonte conduz nossa vida estressada a um lugar de repouso, onde aquilo que permanece eternamente acalma nosso inquieto domínio emocional. A sintonização na paisagem espiritual conduz todo o caos a um lugar de estabilidade, a um espaço sagrado onde a harmonia profunda unifica e aquieta o nosso ser. A unidade de espírito, quando bem administrada, pode re-sintonizar nossos traços de memória destrutivos à fonte de saúde que há em nosso âmago. A sintonização é como uma terra santa para a inquietude, um farol silencioso que nos leva para casa.

Ao aprender a sintonização, você vai percorrer a paisagem espiritual de sua vida, recriando-a com o toque da energia radiante. Assim como as mãos do massagista terapêutico contornam a forma física do corpo físico, da mesma forma as mãos do praticante da sintonização se ajustam ao perfil de energia sutil do corpo etérico. E assim como a consciência do agente da cura informa com intenção de cura o envoltório consciente do cliente, da mesma forma a consciência espiritual do praticante de sintonização se associa ao Poder Superior para informar a consciência do cliente de seu intento sagrado. O toque de cura, tanto no mundo visível quanto no invisível, dá significado aos que trabalham nesses construtos, oferecendo um propósito sagrado.

Vocabulário Básico

Espiritualidade: Seu caminho pela paisagem espiritual tem significado particular só para você. Este livro não pretende dissuadi-lo do próprio caminho espiritual, mas fortalecer sua presença nele. No que diz respeito à orientação espiritual, cada leitor traz para a sintonização a própria formação. Por isso, usei uma definição de espiritualidade que todos poderão usar como referência em nosso trabalho conjunto de sintonização. Estas palavras servem a todos os leitores como parâmetro, como contexto básico para o que significa espiritualidade:

> *A espiritualidade é a influência com que tratamos e alimentamos nosso espírito humano para descobrir significado e riqueza nos acontecimentos ao enfrentarmos e aproveitarmos os imprevisíveis, misteriosos e incontroláveis aspectos da vida.*[1]

Gosto dessa definição porque acrescenta um sentimento reconfortante, de cura, à idéia de espiritualidade, adequado à prática da sintonização.

Serviço: Os Praticantes da Sintonização consideram sua prática como um fenômeno espiritual. As formas de expressão da sintonização — consultas, apresentações, aulas e escritos — são maneiras dos *servidores da sintonização* oferecerem ao público uma rica e constante corrente de energia radiante, que vai permitir ao eu e aos outros o conhecimento da união com a Fonte.

Compartilhar a Sintonização: Historicamente, a sintonização sempre foi compartilhada entre pessoas e, na sua forma mais tradicional, entre duas pessoas — uma que serve de 'praticante' e outra que serve de 'cliente'. É inexato dizer que uma pessoa dá enquanto a outra recebe, pois na prática as duas pessoas *compartilham* o ato de oferecer a sintonização. Segue-se uma historinha sobre o que significa compartilhar a sintonização. Eu estava oferecendo a sintonização numa feira organizada numa loja de produtos naturais. Uma médica naturopata, que expunha alguns produtos, me ouviu perguntar a alguém que passava: "Gostaria de compartilhar uma sintonização?" Ela olhou para mim e me perguntou com sarcasmo sutil: "Você está *compartilhando* a sintonização? O que isso quer dizer?" Sorri calmamente, sem reagir ao tom sarcástico, e continuei a compartilhar a sintonização. Pouco depois ela recolheu seus produtos e foi embora, dizendo à gerente da loja que não estava vendendo nada. Eu via as coisas de maneira diferente. Sem nada esperar, compartilhava com os outros o que estava oferecendo. Via um grande campo criativo à minha frente, com pessoas ansiosas para compartilhar o que eu tinha a oferecer. Oferecer um serviço significa oferecer também qualidade de atenção e a qualidade que você oferece determina se as pessoas serão ou não atraídas pelo que você tem a dar.

Praticante e ***Cliente:*** Neste livro, para descrever como é que se compartilha a sintonização, usei os termos 'praticante' — que se refere à pessoa que transmite a energia de sintonização — e 'cliente' — que se refere à pessoa que está no extremo receptor da energia de sintonização. Ao transmitir energia de sintonização a você mesmo, você estará agindo ao mesmo tempo como praticante e cliente.

Faculdades: As faculdades estão relacionadas com a morada do ser — são as faculdades do corpo, da mente e do coração. Ao ler este livro, você será convidado várias vezes a tomar consciência do tipo de energia ou forma-pensamento que percorre suas *faculdades externas*. São elas que abrigam os pensamentos, sentimentos e ações e que envolvem a sagrada câmara interior. A câmara interior é a *faculdade interior*, que contém a presença da *Magnificência Interior*, aquele poder que irradia amor através de você para o mundo.

Expressão: Ao percorrer as faculdades do corpo, da mente e do coração, a energia da sintonização encontra seu foco através da expressão humana. O termo expressão espiritual denota qualquer forma de pensamento (escrito, oral ou silencioso), discurso, emoção, movimento ou ação, cujo poder venha da energia radiante, que emana de dentro. (Sobre essa definição, ver *Capítulo 11*.)

Concordância: A concordância se relaciona com a harmonia espiritual entre as faculdades da mente e do coração ou entre você e outra pessoa. A prática da sintonização é baseada na concordância espiritual, a qualidade de abertura e confiança que flui de uma faculdade a outra. (Sobre concordância, ver *Capítulo 8*.)

Voltar-se: A prática da sintonização pede que você sujeite sua capacidade consciente ao poder interior superior, que esteja aberto ao impulso da Fonte para ter orientação e direção na vida. Você é convidado a se voltar para dentro para ver Deus, e a abrir a mente e o coração para receber Seu amor. Voltar-se é *recolher-se em si mesmo*. (Ver o próximo capítulo.)

Foco no Feminino: Como sou mulher e como tenho muitas mulheres entre meus clientes e alunos, às vezes falo com língua de mulher. Minha intenção não é ignorar o masculino ou fazer com que os homens desistam de aprender sintonização, mas apresentá-la no contexto de seu público atual. A maioria dos agentes da cura que praticam imposição das mãos ou que trabalham num contexto centrado na natureza é de mulheres (75% dos alunos que freqüentam a Escola de Medicina Natural são mulheres).[2] Essa proporção deve se equilibrar com a evolução, à medida que a espécie humana for ficando mais andrógina. Por ora, meu objetivo é oferecer informações pertinentes ao meu público leitor, informações realisticamente fundamentadas pela minha experiência clínica.

Pneumaplasma e Morfogenética Humana: A prática da sintonização limpa os campos de energia que há em você e em todos os sistemas vivos. Como no nosso trabalho conjunto precisamos entrar no campo de energia sutil de outra pessoa, vou falar um pouco sobre o corpo etérico, ou campo de energia sutil. (Ver outros capítulos da *Parte I*.)

Uranda chamou o campo de energia sutil que envolve o corpo físico de 'pneumaplasma', que significa 'nova substância'. Pneumaplasma é definido como 'primeira substância', aquele *campo de energia que emana da substância física, através do qual se movem as energias sutis e a energia vital.*

Acredita-se que esse nível etérico invisível do ser domina o poder de recriar a forma física, sendo um molde humano, ou *campo morfogenético* humano, o que significa que esse campo de energia faz surgir a forma.[3] Com base nas teorias científicas de Rupert Sheldrake, acredita-se que os campos morfogenéticos são sistemas de informação com base biológica, que mantêm o poder depois de criados e que carregam mensagens para a formação de formas físicas. Os novos sistemas morfogenéticos contêm em si sementes que estão em ressonância com as dos sistemas mais antigos para a formação de sistemas com base semelhante. Pode-se dizer que o corpo humano se recria através do próprio depósito de informações morfogenéticas e que o DNA de mudas jovens (de árvores ou seres humanos) 'se sintoniza' ao campo de seu predecessor, recriando para seu uso um mapa dos hábitos genéticos dos ancestrais.

Outros importantes profissionais da cura têm uma visão semelhante acerca do corpo etérico. Barbara Brennan, criadora da Escola de Cura Barbara Brennan, afirma que o corpo etérico é composto de energia radiante que flui "como uma teia cintilante de raios de luz", tendo a mesma estrutura do corpo físico, incluindo todas as partes anatômicas e todos os órgãos, e que é através dele que a estrutura física aparece. "O campo é anterior, não um resultado do corpo físico... essa estrutura etérica estabelece a matriz para que as células cresçam, já que as células do corpo crescem ao longo de linhas de energia da matriz etérica, e essa matriz está lá antes das células crescerem." [4]

Lawrence e Phoebe Bendit, ele médico e ela vidente, afirmam que a natureza do campo áurico é a contrapartida da natureza do físico:

> *Falar da aura como algo que está fora do corpo é enganoso. Na realidade, ela penetra cada partícula do corpo e se estende além dele... é a matriz na qual o corpo cresce... é cheia da contrapartida energética de cada órgão, cada célula, cada núcleo celular, cada molécula, cada átomo químico e cada subdivisão desse átomo, numa série de níveis energéticos.*[5]

O Doutor Kim Bong Han fez muitos estudos experimentais sobre a natureza do sistema de meridianos, descrito pela medicina chinesa. Esse sistema energético conduz o *chi*, ou fluido vital, que supostamente flui sob a pele e é estimulado com as agulhas da acupuntura. Dos dados colhidos durante as experiências relacionadas com embriões, o Doutor Kim concluiu que:

> *A organização espacial do crescimento, da embriogênese à idade adulta, é orientada por um molde energético holográfico conhecido como corpo etérico... parece que o sistema de meridianos forma uma interface entre o corpo etérico e o físico. O sistema de meridianos é a primeira ligação física estabelecida entre o corpo etérico e o corpo físico em desenvolvimento.*[6]

O Doutor Richard Gerber descreve o corpo etérico como parte da interface físico-etérica ou

> *... molde energético holográfico associado ao corpo físico... No mapa energético etérico está a informação que orienta o crescimento celular da estrutura física do corpo... e os dados estruturais para o crescimento e reparo do organismo adulto, caso ocorram danos ou doenças.*[7]

Depois de muitos anos pesquisando os neuropeptídios, os componentes bioquímicos que, conforme se acredita agora, seriam a manifestação física da emoção, Candace Pert, antiga chefe do departamento de Química Cerebral do Instituto Nacional de Saúde, afirma que há uma contrapartida vibratória do corpo, no sentido de que o corpo é apenas a manifestação externa da mente: "O espírito, a energia sutil, que constitui o corpo humano e as emoções, pode modificar as energias que há nele; isso vem primeiro e então as coisas se manifestam... A consciência precede a matéria."[8]

Colocar as mãos nesse campo 're-criativo' é estabelecer uma confiança sagrada entre você e outra pessoa, pois tocar o campo pneumaplásmico ou morfogênico de alguém é tocar um aspecto finamente sintonizado da força vital, inspirando sua contrapartida física a se recriar ao longo das novas linhas de força estabelecidas nesse nível invisível.

Termos da Descrição Anatômica: Para que não haja enganos relacionados a instruções técnicas, atenção a estas referências: *simpático* — funções excitáveis do sistema nervoso autônomo (SNA); *parassimpático* — funções relaxantes do SNA. Além disso, preste atenção nas indicações usadas para detalhar as descrições: *anterior, posterior, superior, inferior, interno, externo, lateral, médio*.

A Bússola Interior

Ao aprender este método de imposição das mãos, você estará aprendendo a favorecer o fluxo de energia que percorre sua vida e a dos outros, focalizando sua liberação através das pontas dos dedos. Às vezes usamos os chakras das mãos, mas neste sistema de treinamento é mais comum sintonizar o fluxo de energia através das mãos, dirigindo-o a pontos específicos — em você mesmo ou em outra pessoa. Mais adiante trataremos dessa técnica.

Como estamos percorrendo o corpo etérico (a paisagem invisível), dependemos da percepção intuitiva — mensagens silenciosas do espírito — para encontrar a direção de nosso progresso individual. A intuição pessoal é uma grande fonte de verdade e este livro procura fortalecer o senso de integridade, verdade e honestidade pessoal. Todos os praticantes de sintonização têm na integridade pessoal e na sensibilidade ao espírito os pontos cardeais da bússola interior.

A Maleta do Profissional

Como na prática da sintonização é preciso percorrer o molde etérico da anatomia humana, é útil saber como é organizada essa anatomia. Não vá desistir por causa disso: vou introduzir apenas conceitos básicos sobre o funcionamento da anatomia humana, o suficiente para você compreender como o corpo se cura. A maioria dos leigos que treinei tem muita vontade de saber mais sobre o funcionamento do corpo. Se você for um profissional da cura licenciado, isso não será problema para você. Os quadros descritivos e as informações sobre anatomia que acompanham as informações técnicas permitem que leitores de todos os níveis se beneficiem do mesmo conhecimento básico sobre o funcionamento de nossos sistemas vitais.

Sugiro também que consultem os quadros descritivos dos pontos de contato que aparecem na *Parte II* deste livro, denominada "Forma Visível". Neles, você vai aprender onde estão localizados os pontos de contato vibratórios. Se quiser, pode encomendar quadros descritivos avulsos, coloridos, para usar durante as sessões (entre em contato com a Findhorn Press).

Como as glândulas endócrinas são de importância vital na prática da sintonização, incluí uma histologia dessas glândulas no *Apêndice* A. São notas que escrevi logo depois de fazer um curso de histologia na Universidade Bastyr, na época em que freqüentava a Escola de Medicina Natural.

Precauções do Viajante

Para praticar os exercícios deste livro, é melhor que o 'cliente' fique deitado numa mesa de massagem, sofá ou cama. Se usar uma cadeira, escolha uma bem confortável. As melhores são as de praia, que permitem que o cliente fique deitado e relaxado (ver *Sintonização na Cadeira*, no *Capítulo 21*). Mas a mesa de massagem é o ideal. Ponha um travesseiro sob os joelhos do cliente para melhorar o apoio da coluna.

Você deve ficar ao lado da mesa a uma distância que permita posicionar as mãos sobre o corpo do cliente sem tocá-lo e sem precisar forçar os braços. Se você tem pouca altura, traga o cliente mais para o lado esquerdo da mesa, para não precisar esticar os braços. Como as mãos vão ficar na mesma posição durante uns 20 minutos (por vez), é bom que os braços, as mãos e os pulsos estejam bem soltos.

Alguns alunos comentaram que chegaram a sentir o padrão energético do cliente penetrar em seu campo energético vital, afetando-os com energia dissonante. Disseram que em tais ocasiões sentiram tontura, enjôo, irritação e mau humor sem motivo aparente. Se isso acontecer com você durante a prática da sintonização, pare o que estiver fazendo e limpe seu campo. A seguir, algumas maneiras de limpar o campo e de se proteger dos padrões intrusos de outras pessoas:

- Comece a sintonização, ou qualquer trabalho energético, com a clara intenção de servir o outro, livre dos próprios problemas. Antes de começar, convide o cliente a afirmar com você que estão ali para dar e receber apenas energia positiva.
- Visualize luvas protetoras invisíveis que impedem que o padrão energético da outra pessoa o toque. Vista sempre essas luvas antes de entrar em contato com o padrão energético de alguém. (Quem tiver experiência em desviar padrões de energia negativa poderá usar a própria forma de proteção.)
- Pratique sessões de Santificação, de manhã e à noite, todos os dias (ver *Santificação* no *Capítulo 5*).
- 'Escove-se' vibratoriamente depois de cada sessão, para dissipar quaisquer vestígios do campo energético da outra pessoa.
- Para borrifar o local da sessão depois do cliente sair, misture num borrifador algumas gotas da essência das seguintes flores: alfazema, mil-folhas, nogueira, maçã silvestre e poejo. A prímula é indicada para limpar o ar de emoções psíquicas tóxicas ligadas a perturbações femininas associadas a abuso e auto-recriminação (que podem se manifestar em forma de transferência e contra-transferência). [9]

Sintonização e Outras Práticas Energéticas

Como técnica de cura, a sintonização é uma forma especializada de toque terapêutico e terapia mente-corpo que tem muitas características em comum com outras técnicas de medicina energética. Embora outras técnicas compartilhem do mesmo tipo de idéia apresentado aqui e usem a palavra 'sintonização' no próprio vocabulário (Reiki), há diferenças importantes entre a prática da sintonização baseada no Emissário e outras formas de trabalho energético. Os seguintes pontos esclarecem a semelhança entre a sintonização e as outras técnicas:

- Os praticantes de Reiki canalizam a energia Universal e chamam suas iniciações de 'sintonizações' (que não se deve confundir com a prática de sintonização que é apresentada aqui).
- Os praticantes do Toque Terapêutico "varrem" padrões de distorção vibratória associados ao campo de energia do corpo etérico.
- Os praticantes de Qi Gong usam um movimento ondulatório das mãos para trabalhar com o Qi, ou energia vital.

A sintonização não usa nenhum desses métodos, mas incorpora os seguintes:

- *A sintonização vê a Fonte interior (o Ser Divino) de cada pessoa como o poder central e a força positiva no processo de cura.* O praticante vê o cliente dessa perspectiva, trabalhando com os desígnios da inteligência interior para obter melhores resultados.
- *Os praticantes da sintonização estimulam a liberação do fluxo de energia radiante* favorecendo a expressão de atitudes baseadas no amor e através de uma modalidade específica de não-toque. Acredita-se que a energia que passa pelas mãos do praticante se origina no cliente, sendo então focalizada e liberada na sessão. Além disso, através de práticas simples de aconselhamento, os clientes são levados a liberar expressões negativas de ressentimento, culpa e acusação (para citar só algumas), e a focalizar sua expressão numa abordagem radiante, baseada no amor, expressando atitudes positivas como gratidão, contentamento, perdão e alegria. A exteriorização do que naturalmente habita o interior permite que o poder radiante do amor flua livremente pelos mundos interno e externo do cliente, tocando e influenciando criativamente tudo em seu caminho.
- *A Terapia da Sintonização procura eliminar os padrões de distorção vibratória mantendo um padrão de fluxo energético* em vários locais do corpo, permitindo que a energia se equilibre, se purifique e se intensifique. Neste

livro há uma menção a 'padrão de distorção vibratória' ou padrão dissonante, que é definido da seguinte maneira: tudo que o praticante sente nas mãos que não corresponda a uma pulsação calma, reconfortante e constante. São reações e percepções como:

- choques elétricos (pequenos ou grandes), também chamados de pulos,
- fluxo desigual de energia (uma das mãos sente mais energia do que a outra),
- pontos quentes (opostos aos pontos mornos, que são saudáveis),
- vazamentos de energia (o praticante sente a energia sendo levada de suas mãos),
- 'energia plana', uma área do corpo etérico que precisa ser estimulada para manter um fluxo de energia radiante mais forte.

- A *Terapia da Sintonização baseia a modalidade do não-toque num sistema de Pontos Vibratórios de Entrada*, semelhantes aos pontos da reflexologia e aos pontos do sistema chinês de meridianos (essa questão precisa ser mais explorada). Com esses pontos de entrada, não é preciso tocar o corpo para trazer à tona o fluxo de energia característico da sintonização. Para clientes muito sensíveis ao toque e em todos os casos em que o não-toque é indicado, a Terapia da Sintonização traz resultados de cura profundos e duradouros.
- A *Terapia da Sintonização reconhece Sete Níveis de Expressão Espiritual* que têm pontos cardeais correspondentes no sistema glandular endócrino. De origem ocidental, a sintonização vê o sistema glandular endócrino como um sistema de pontos positivos em relação ao sistema de pontos negativos ou receptivos representados pelos chakras (ver *Capítulo 11*).

Terapia da Sintonização

Os efeitos terapêuticos da sintonização são, entre outros:

- reação parassimpática profunda (reação de relaxamento),
- estado de meditação com aumento de geração de ondas alfa,
- consciência mais clara da quietude interna,
- maior senso de propósito e identidade,
- redução do *stress*,
- maior disposição para abandonar atitudes negativas através da cura comportamental e

- recuperação mais rápida depois de ferimentos ou cirurgias.

Nas sessões de sintonização é dada atenção especial aos sistemas linfático e imunológico, ao sistema ósseo e à coluna. Na sintonização da coluna, o praticante procura aumentar o fluxo de energia nos pontos do sistema nervoso espinhal que correspondem a determinados sistemas ou órgãos. Os praticantes de sintonização podem também acompanhar seus clientes a clínicas e hospitais, compartilhando a sintonização antes, durante e depois de cirurgias. Nos casos em que não é permitida a entrada do praticante na sala de cirurgia, ele pode oferecer sintonização a longa distância ao cliente e à família.

A Terapia da Sintonização é eficaz em casos de clientes que têm dificuldade para abandonar atitudes negativas e em casos de diagnóstico múltiplo: dependência de drogas e álcool, co-dependência, confinamento, abuso sexual (vítima e perpetrador), *stress* pós-traumático, câncer, disfunção imunológica, HIV/AIDS, distúrbios geriátricos, gravidez, artrite reumática, etc. A sintonização beneficia também os que têm sensibilidade ou contra-indicação ao toque, localmente (artrite reumática em articulações específicas) ou não (AIDS).

Os clientes que apresentam problemas emocionais e/ou psicológicos podem ser tratados através de várias técnicas de cura comportamental ou podem ser encaminhados a outros profissionais. Para os clientes que optam por outros tipos de terapia ou técnicas corporais, tradicionais ou alternativas, a terapia de sintonização pode funcionar como complemento terapêutico. (Como o fluxo da sintonização atua nos sistemas de cura do próprio corpo, o praticante geralmente encaminha o cliente a um naturopata, quiroprático, acupunturista ou a praticantes licenciados em outros sistemas naturais de cura.)

A sintonização foi usada com sucesso em pacientes com AIDS inscritos em programas de apoio, em Denver, Colorado e em Seattle, Washington. É praticada também em várias instituições de saúde no Canadá e nos Estados Unidos.

Pesquisa sobre Sintonização

Um pequeno protocolo de pesquisa foi concluído em janeiro de 1995, no programa Médico Naturopático da Universidade Bastyr, que faz parte do programa Espaço Sagrado da escola. Esse protocolo testou níveis de ansiedade em estudantes de medicina e mostrou resultados subjetivos positivos. Depois de uma sessão de sintonização, verificaram-se resultados positivos em 88% dos pacientes: aumento da sensação subjetiva de relaxamento, de atenção, de totalidade, de aceitação, de unidade com a vida, de tranqüilidade. São necessárias pesquisas mais amplas e extensivas. Se você faz parte de algum programa ou centro de pesquisas e tem interesse em conversar sobre pesquisa relativa à terapia da sintonização, entre em contato com a autora.

Capítulo 1 Notas

1. Definição do Doutor Gordon J. Hilsman, Supervisor, Clinical Pastoral Education, Centro Médico de St. Joseph, Tacoma, WA.
2. Essa informação vem da minha experiência pessoal em escolas de medicina.
3. Baseado no trabalho de Rupert Sheldrake. Consulte: http://www.context.org/ICLIB/IC12/Sheldrak.htm.
4. Barbara Ann Brennan, *Hands of Light* (Nova York: Bantam Books, 1998), p. 49. [*Mãos de Luz*, publicado pela Editora Pensamento, São Paulo, 1990.]
5. Lawrence e Phoebe Bendit, *The Etheric Body of Man* (Wheaton: The Theosophical Publishing House, 1997), p. 22.
6. Richard Gerber, MD, *Vibrational Medicine*, (Santa Fé: Bear & Co, 1988), pp. 125-26. [*Medicina Vibracional*, publicado pela Editora Cultrix, São Paulo, 1992.]
7. Gerber, *Vibrational Medicine*, p. 121.
8. Candace Pert, PhD, 'Candace Pert, PhD: Neuropeptides, AIDS and the Science of Mind-Body Healing', *Alternative Therapies*, julho de 1995, Vol. 1, nº 3, p. 72.
9. Patricia Kaminski e Richard Katz, *Flower Essence Repertory* (Nevada City, CA: Earth-Spirit, Inc., 1986), p. 241. (Telefone da The Flower Essence Society: (800)548-0075.)

2. Recolhimento

Um homem que chamarei de Richard contou esta história sobre sua experiência durante a guerra do Vietnã.

Nos anos sessenta, Richard foi convocado para servir no Vietnã. Consciente de seu ódio pela guerra, mas também da necessidade de servir a seu país, Richard consultou o Mestre Servidor da Sintonização e passou algum tempo com ele, aprendendo a compartilhar a sintonização consigo mesmo e com os outros. Trabalhou também no sentido de estabelecer no coração uma base de intenção pacífica antes de partir para a guerra.

Depois de se alistar e receber treinamento, Richard foi enviado para um posto perto da fronteira norte-vietnamita. Certo dia, recebeu ordens para ficar sobre uma casamata observando um vale. Além do vale elevava-se uma montanha, e ele percebeu que os norte-vietnamitas vinham daquela direção. De repente, ouviu-se o estrépito das metralhadoras e das granadas e ele recebeu ordens de atirar em todos os vietnamitas que entrassem em seu campo de visão.

Mas Richard, sem saber por quê, sentiu a compulsão de enviar amor radiante na direção da montanha. Percebeu que a sintonização compartilhada com a montanha lhe trazia sentimentos de paz em meio à intensidade da morte à sua volta. Para equilibrar com amor os sentimentos de culpa e desespero, com a mão esquerda segurava o rifle e atirava as balas da morte, enquanto com a direita enviava energia de sintonização radiante para a montanha.

Mais tarde, seu posto foi bombardeado e Richard foi forçado a entrar na casamata. Viu-se cercado de feridos. Como não estava ferido e havia falta de suprimentos médicos, Richard começou a compartilhar a sintonização com os homens deitados à sua volta. Disse que, enquanto esperavam pelo resgate, pode ter ajudado a salvar aquelas vidas. E é provável que a sintonização que compartilhou tenha servido também para salvar sua própria vida naquela situação perigosa.

Anos depois, Richard viu por acaso uma foto do vale e da montanha onde estivera durante a guerra. A fotografia revelava uma coisa que do topo da casamata ele não tinha conseguido ver: havia um hospital no sopé da montanha. Ele tinha enviado energia de amor radiante para outros homens em necessidade, levado por uma força maior do que a mente consciente. Sem saber, tinha sido levado a compartilhar energia radiante de cura com os que deveria odiar. O amor interior, de fronteiras mais amplas do que a mente, conhecia apenas as necessidades de seus iguais.

Richard relatou também que, depois da guerra, continuou a compartilhar a sintonização, e que essa energia o ajudou a se curar do *stress* pós-Vietnã.

Gratidão e o Lugar Sagrado

Em todas as coisas, agradeça.
URANDA

A prática da sintonização, assim como outras práticas baseadas na meditação, sugere que as pessoas receptivas se recolham ao espaço sagrado que há no interior de cada um. Através do processo de se recolherem a esse Lugar Sagrado, terão oportunidade de compartilhar a união com a Fonte e de despertar para a iluminação espiritual. Ao ingressarem na presença do Senhor, ou Fonte, seu foco de atenção poderá repousar no conhecimento harmonioso de seu verdadeiro propósito da vida.

Em todos nós há uma ecologia interior, cheia de uma multidão de padrões pessoais e coletivos, que subconscientemente nos leva a fazer escolhas baseadas em lembranças, anseios pessoais, expectativas culturais e familiares. Esses anseios trazem consigo nossa pretensão ao sucesso e a determinação de fruir desse sucesso. Quando nos recolhemos ao Lugar Sagrado através da meditação e de sessões energéticas de sintonização, iniciamos um processo de purificação, depositando sobre o altar da consciência os mais profundos anseios e desejos, pensamentos, palavras e ações. Tudo que é trazido diante da divindade pessoal passa, com inteligência divina, por um ciclo de purificação: o que tem pureza de intenção e propósito é recebido com bênçãos, e o resto é rejeitado. Recebidos pela divindade interior, os desejos íntegros e verdadeiros em seu propósito são devolvidos à consciência e depois à vida de cada um, com múltiplas bênçãos e abundância infinita. Rejeitados, os desejos impuros são totalmente consumidos pela eterna chama radiante.

O fogo aceso sobre o altar interior queima eternamente na presença divina e é dele que vem a radiância de cada um. Recolhendo-se e depois oferecendo o que foi purificado, todos podem compartilhar iluminação radiante com seu mundo.

O Lugar Sagrado é o lar interior da Fonte divina de cada um, onde nada de impuro nem de mentiroso pode entrar. Não dá para manter as exigências e as expectativas de sucesso pessoal no Lugar Sagrado. Lá não são permitidos os sentimentos de ciúme e ressentimento, nem críticas, queixas ou julgamentos. Quem entra nesse santuário da meditação deve abandonar sua identificação terrena com o mundo exterior. No interior de um espaço sintonizado, tudo é santificado e cada um é capaz de abençoar o próprio mundo com paz e tranqüilidade.

A única maneira de entrar no Lugar Sagrado é através da gratidão. A prática da sintonização confirma a participação ativa na expressão de atitudes cotidianas de gratidão por todas as pessoas, por todas as situações e circunstâncias. Sejam os acontecimentos de natureza positiva ou negativa, somos convidados a reagir a eles compartilhando com a Fonte a gratidão contínua, abençoando o mundo com energia radiante.

Muitas vezes, em situações que parecem ser de conflito ou crise, o fluxo radiante de energia que a gratidão introduz traz uma graça calmante e catalítica ao ser recebido na mente e no coração dos presentes. Geralmente, a pessoa que tem uma atitude de gratidão numa situação de emergência é aplaudida com mais gratidão ainda, o que aumenta a harmonia entre todos os envolvidos.

Praticar a gratidão cria uma cerca de proteção em nosso mundo. Pense nisso. O coração não pode expressar ao mesmo tempo duas atitudes divergentes. É preciso escolher: ou expressamos atitudes de gratidão e intento amoroso, ou não. E a cada intento positivo ou negativo, recebemos de volta a mesma energia, só que dez vezes mais forte do que na expressão original. Com o mundo cada vez mais acelerado, é bom que todos pratiquem a gratidão em qualquer situação, por mais maluca que pareça. Nestes exemplos do dia-a-dia dá para ver como e por que a prática da gratidão funciona. Eles podem parecer mundanos, mas imbuindo-os de gratidão significativa, valorizamos o comum com um fluxo extraordinário:

1. Você chega em casa depois de um dia cansativo de trabalho e descobre que seu cachorro fez xixi no tapete. Reclamar e expressar uma atitude de repugnância vai destreinar seu cão através da conotação negativa, além de lhe enviar sinais conflitantes. Mas se você assumir uma atitude de gratidão, bondosa mas firme, ensinando ao cão onde é o quintal, vai enviar múltiplos traços de memória positivos aos padrões de comportamento do animal.

2. Você vai ao supermercado e se vê cercado por fregueses mal-humorados por causa do movimento. Se puxar conversa com o vizinho na fila do caixa só para reclamar e criticar, vai aumentar o *stress* e a energia negativa. Mas mostrando-se agradecido porque terminou as compras e vai poder chegar logo em casa, provavelmente vai iniciar uma conversa agradável, dividindo histórias e receitas. Já dei muitos cartões de visita (que resultaram em clientes) em circunstâncias semelhantes.

3. Se alguém ocupar sua vaga favorita no estacionamento, você pode reclamar ou agradecer pela pessoa ter parado num lugar tão bom. Expressar esse tipo de atitude generosa pode ser difícil, mas permite que surja algo novo. Agradecer pela boa sorte de outra pessoa abre a porta para que a boa sorte volte para você. Você pode encontrar uma vaga ainda melhor esperando pelo seu carro da próxima vez. Se não, prossiga feliz em seu caminho, sabendo que abençoou alguém por sua boa sorte.

4. Você chega em casa, encontra tudo numa bagunça e se sente dominado por um sentimento de raiva em relação às crianças. Antes de dizer qualquer coisa, faça uma pausa para sentir sua gratidão por elas e por seus ciclos de aprendizado. Outras circunstâncias pertinentes à vida delas podem vir à tona quando você contempla o quadro mais amplo e o padrão vibratório de sua casa (por exemplo, você pode se perguntar: "Será que meu local de trabalho está assim tão limpo?").

Uranda resume essa primeira lição:

Agradeça em todas as coisas. Louve o Senhor em todas as ocasiões, em todas as circunstâncias, sem uma única exceção. Se deixar seu coração cantar louvores ao Deus interior, vai saber qual é a vontade do Senhor... Você só vai começar a depender totalmente da força de seu Pai se sempre der graças a Ele. Enquanto depender de sua própria força, não vai chegar ao total recolhimento.[1]

A referência de Uranda à própria força se refere à força dos desejos da mente exterior ou de sua identificação com os assuntos terrenos, que nos impede de chegar à união e à harmonia interior durante a sintonização.

Exercícios de Gratidão

Um exercício de gratidão é exatamente o que o nome diz — um vigoroso exercício de expressão espiritual em que você expressa ativamente gratidão por tudo o que pensa, diz, faz, vê e compartilha. Praticar a gratidão vai trazer à tona sua criatividade, ativar sua vida com novos processos de pensamento e trazer-lhe múltiplas bênçãos em troca da energia positiva que enviou. Mantenha-se no Lugar Sagrado ao expressar uma atitude de gratidão. Assim, vai abrir a consciência com uma corrente contínua de novas descobertas a respeito da direção e propósito de sua vida.

Exercícios de gratidão têm também os seguintes efeitos terapêuticos: mais alegria, mais ligação com as pessoas e organismos vivos, mais sensação de bem-estar, quietude, clareza de propósito pessoal e capacidade de fazer as escolhas certas. Além disso, o exercício de gratidão diminui a tensão, trazendo a quietude interior. Como ele tem efeitos terapêuticos semelhantes aos da terapia do riso, da prece e de práticas de visualização, no nível vibratório nós o sentimos no plexo solar ao dar e receber atitudes de gratidão, em relação a nós mesmos ou aos outros.

Para ótimos benefícios, pratique estes exercícios simples todos os dias:

1. Coloque bilhetes (*post-its* coloridos funcionam bem) no espelho do banheiro, no painel do carro e no monitor do computador com a seguinte mensagem: "Seja grato." Você pode desenhar como quiser essas palavras, acrescentando ao fluxo de energia positiva seu talento artístico.

2. Reserve um minuto por hora todos os dias para praticar gratidão por alguma coisa. Seu um minuto pode logo virar mais tempo, mas um minuto por hora já basta para iniciar a corrente de gratidão e manter o processo de recolhimento.

3. Adquira o hábito de expressar gratidão por alguma coisa ou por alguém uma vez por dia. Diga à sua mulher, sócio, mãe, irmã, patrão, colega, vizinho, frentista do posto, etc., alguma coisa que lhes diga respeito, pela qual você agradece. Diga-lhes pessoalmente, escreva um bilhete, telefone, envie um *e-mail*. A lista de pessoas é interminável, assim como as possibilidades.

4. Adquira o hábito de enviar bilhetes agradecendo a quem fez coisas boas para você.

5. Ensine essa prática à sua família e a seus filhos. Instile gratidão naqueles que ama. Fale disso à noite, na hora de ir para a cama. Se as crianças tiverem babá, converse com ela sobre os novos hábitos de 'gratidão', garantindo assim que sejam mantidos ao longo do dia. Ofereça seu ensinamento com delicadeza, como um convite aberto para que os outros participem, sem exigências.

6. Quando receber a visita de parentes ou amigos e a conversa se desviar para as 'más notícias' sobre um parente que está no hospital, ou que morreu, ou para a 'coisa terrível' que aconteceu com fulano, você pode rezar para que a Fonte ilumine o episódio na mente de quem está falando. Ou você pode tentar fazer um comentário luminoso, mudando o foco de algo negativo para algo positivo. Aposte que seu comentário não será rejeitado e ofereça uma mudança de amor. Diga que levou ao doente algumas belas flores de seu jardim, para alegrá-lo. Ofereça uma prece de gratidão aos que precisam. Agarre-se à sua silenciosa ação de graças enviando bênçãos de esperança, amor e caridade aos que foram mencionados e estão necessitados. Se permanecer atento à necessidade do momento, vai inspirar silenciosamente uma corrente de gratidão que em geral aparece no momento certo.

7. Se a sua mente começar a insistir que essa prática de gratidão é bobagem, diga a ela para ficar quieta (geralmente é necessário disciplinar a mente exterior quando se inicia a prática da gratidão). Em geral, os seres humanos são educados para acreditar que a mente exterior os governa ativamente, que os controla e que, na verdade, ela é tudo o que eles são. Pois não é! A mente exterior não é você, mas foi criada por seu espírito como uma de suas faculdades, para permanecer aberta e receptiva ao que a governa, ou seja, à sua divindade interior. Como diz Uranda: "A mente exterior vibra *de acordo com o que pensa*. O impulso interior vibra *de acordo com o que sabe*."[2] Essa presença de amor que habita dentro de você governa a sua vida e lhe traz aquilo de que você precisa. Ela cura suas feridas e ativa sua vida com um fluxo de energia vibrante. Neste estágio inicial de seu processo de sintonização (e sempre que necessário) mostre firmeza. Seja disciplinado. Seja grato. E aja.

Essas palavras só lhe mostram o caminho. Meras palavras não podem torná-lo mais grato nem levar à expressão o potencial do seu coração. É através da sua receptividade e participação ativa neste programa de gratidão que você vai destrancar a porta para o recolhimento. Comece agora e veja. Que a paz esteja com você quando chegar à presença do Sagrado que habita o seu interior.

Capítulo 2 Notas

1. Uranda, *The Triune Ray, Teachings of the Third Sacred School* (Loveland: Eden Valley Press, 1938), pp. 63-64.
2. *Ibid.*, p. 59.

3. Remissão Espontânea e Cura Interior

Um dia, durante meu primeiro treinamento intensivo, o Mestre Servidor da Sintonização compartilhou comigo a história de uma cliente que se curou de câncer mediante um rigoroso programa de sintonização.

Há alguns anos, essa mulher chegou ao Sunrise Ranch, a sede internacional do Emissário, em Loveland, Colorado, para iniciar uma nova vida, depois de saber que tinha câncer no seio. Ela tinha personalidade marcante e rígidos padrões de pensamento sobre a maneira de fazer as coisas. Atinha-se a uma inflexível rotina diária, tinha poucos amigos e era *workaholic*. Sem nunca fazer intervalos para se distrair, essa mulher tinha trabalhado até ficar doente.

Embora estivesse com o corpo enfraquecido pela doença, estava determinada a trabalhar até sarar. Assumiu uma posição de liderança e responsabilidade no escritório do Emissário e passou a trabalhar muitas horas por dia. Achava que a doença desapareceria se a ignorasse e servisse fervorosamente os outros. Estava, enfim, empenhada em ser uma 'boa' pessoa, mas em detrimento de si mesma.

Sem tolher esse instinto natural de criatividade e responsabilidade em relação aos outros, o Mestre Servidor da Sintonização começou a compartilhar sintonizações diárias com ela, monitorando seu progresso. Uma das funcionárias do escritório foi escolhida para acompanhar a mulher em longas caminhadas depois do almoço. As duas logo ficaram amigas e passaram a compartilhar longas horas de bate-papo agradável em meio ao belo cenário luxuriante das Montanhas Rochosas.

O intenso padrão vibratório da mulher começou lentamente a mudar à medida que seu ponto de vista foi mudando: passou a amar a vida em vez de precisar fazê-la. Percebeu que amava as longas caminhadas com a amiga e começou a se ver de maneira nova nessa relação. As sintonizações diárias aquietaram sua mente rápida e começaram a modificar vibratoriamente a natureza da reação de seu corpo diante da cura. Ela começou a ficar muitas horas ao ar livre, longe do escritório, sintonizando-se aos ritmos da terra. Suas tarefas no escritório foram assumidas por outras pessoas, interessadas em sua cura e também no trabalho de servir.

Não foi apenas o seu dia de trabalho que se modificou, mas sua vida social também. Começou a dar festas todas as semanas em seu novo lar, tornando-se conhecida pelas noites animadas. Ao sair dos antigos padrões de vida restritivos, a mulher revelou sua personalidade exuberante, para o prazer dos vizinhos e da família.

Segundo os médicos, ela tinha poucas chances de se recuperar do câncer no seio, mas, um dia, a enfermeira do rancho a examinou e descobriu que os sinais visíveis da doença tinham desaparecido e que os outros sintomas estavam diminuindo. Nesse ponto da história, os olhos do Mestre Servidor da Sintonização se iluminaram. Com um gesto e um sorriso, ele disse: "Ela está curada!"

Essa mulher se curou do câncer modificando seus padrões interiores e exteriores de vida. Permitindo que sua reação à vida passasse da obrigação à disposição e ao amor, essa mulher reaprendeu a viver conforme as próprias capacidades e nos limites normais da generosidade. De '*workaholic*' ela se transformou numa pessoa que amava o trabalho; um processo que exigiu tempo, paciência, questionamento interior e meditação. Ela precisou se redescobrir no novo ambiente e no novo estilo de vida e romper seus hábitos para perceber o que a vida realmente significava para ela. Precisou reiniciar a consciência, longe da antiga maneira de ser e de se comportar. A cura pessoal foi, para ela, um processo de remitir, de resgatar, de perdoar as próprias dívidas, de voltar ao lugar que lhe era próprio, de fazer o que lhe era natural. Ali estava o segredo da remissão do câncer.

Definição de Remissão

Não deixe seu coração ficar inquieto nem com medo,
porque medo é fé no poder de destruição
em vez de fé no poder da criação.

URANDA

No Webster, a definição de 'remissão' diz o seguinte:

[do latim remittere, devolver, remitir] ... o ato de remitir... liberar, resignar, abandonar, submeter-se... perdão, como de pecados ou crimes... cancelamento ou liberação de uma dívida... uma diminuição de tensão... relaxamento [Obsoleto]... o ato de devolver. [Raro].[1]

'Mandar de volta' os pecados para que sejam perdoados com remissão. Essa noção está em ressonância com um dos processos da sintonização: entrar no Local Sagrado para observar o ambiente pessoal interior e mudar de direção através do perdão e da humildade. Scott Miners, editor do *Well Being Journal*, de North Bend, Washington, elucida essa definição: para ele, pecado significa 'estar fora do estado em que se tem consciência da ligação com a fonte suprema, onipresente da vida', o que pode ser 'modificado pelo livre-arbítrio a qualquer momento...'[2] Certamente, remir-se do antigo estado de consciência nada mais é do que voltar-se para a fonte de plenitude da própria vida.

Nos últimos vinte anos, foram estudados vários casos de remissão, para estabelecer até que ponto ela é espontânea. Um estudo de remissão espontânea, realizado no Japão em 1975 pelo Doutor Yujiro Ikemi e seus colegas, é digno de nota. Esse estudo acompanhou cinco pacientes com diagnóstico de câncer, confirmado pela biópsia. Um desses pacientes, Y.H., é um bom exemplo para nossa discussão.

Y.H. era professor e líder espiritual xintoísta. Aos 64 anos, depois de muitos anos de estressante trabalho administrativo para a igreja, ele teve câncer no maxilar superior e sofreu uma cirurgia para remoção do tumor. No ano seguinte, foi diagnosticado um tumor na laringe, que afetava as cordas vocais. Os médicos acharam que era necessário extrair-lhe as cordas vocais, mas ele recusou. "É a vontade de Deus e não me queixo... o que deve acontecer vai acontecer."

Dez dias depois, tendo recebido apoio e estímulo da igreja pelo inestimável trabalho que realizava, Y.H. começou a melhorar e em dois meses já conseguia falar mais de meia hora seguida. Viveu mais treze anos, sem nenhum tipo de câncer, conforme confirmaram os repetidos exames. Morreu aos 78 anos, de causas não relacionadas com o câncer.[3]

Nessa sinopse, é interessante considerar as atitudes de Y.H. em relação à doença terminal. Ele se recusou a acreditar que ia morrer só porque essa era a opinião dos médicos. Como explica Larry Dossey:

> *Y.H. não mostrou tendência a cair em depressão, desespero, falta de motivação e medo da morte, típica de muitos pacientes. Não começou a fazer preces específicas, pedindo ou barganhando com Deus para 'mudar o diagnóstico' e conceder-lhe a cura. Não 'lutou' com o câncer no sentido que se dá a essa palavra e como é tantas vezes recomendado pelos médicos e outras pessoas. Sua atitude foi de gratidão renovada para com Deus, combinada à crença de que a vontade de Deus estava sendo feita, independentemente do que pudesse acontecer.*[4]

Dossey observa que, nesses casos de remissão espontânea, o paciente abandona todas as fórmulas para livrar o eu da doença e não barganha a cura com

Deus nem adota uma vida espiritual visando determinados resultados. Sendo verdadeiros consigo mesmos e expressando uma atitude de crescente alegria e gratidão, os pacientes da pesquisa de Ikemi foram além de qualquer fórmula para obtenção de resultados.

Dossey observa: "*Em geral, uma atitude de devoção e aceitação, semelhante à prece — não a prece resoluta e agressiva que visa resultados específicos... precede a cura.*" E ainda: "O câncer regride espontaneamente, não quando se segue uma determinada fórmula, mas quando todas as fórmulas são abandonadas."[5]

Esses pacientes vitoriosos tampouco adotaram uma espiritualidade vinda de fora, mas permaneceram fiéis a si mesmos, respeitando o próprio afloramento interior. Os pacientes em questão permitiram que a própria divindade interior conduzisse à saúde seu sistema de crenças e suas energias. Com abandono interior, permitiram que essa divindade emergisse de maneira poderosa. Essa experiência sobrepujou até a esperança de que o câncer pudesse desaparecer. Eles simplesmente 'jogaram tudo para o alto' (uma boa descrição), para o poder superior. No caso deles, o afloramento da divindade interior e a identidade com ela confirmaram a teoria de que o 'eu superior, autêntico, é completamente impermeável à devastação de qualquer doença física'.[6] Eles se tornaram eles mesmos 'no nível mais essencial' e compreenderam que eram 'intocáveis — além da devastação da doença e da morte'.[7]

Dossey diz que esses pacientes chegaram a um ponto final de suas jornadas individuais ao abandonarem qualquer esperança de recuperação através de alguma 'fórmula' reconhecida, espiritual ou não. Restou-lhes apenas a identificação com a fonte superior, que os levou a uma sensação de unidade com a cura. Eles jogaram tudo para o alto, deixaram rolar, abandonaram tudo e então um relaxamento no nível mais profundo ativou o funcionamento espontâneo de um mecanismo interior de cura. Aparentemente, essa receita não formulada não é tão bem aceita quanto as receitas formuladas e prescritas, já que não existem muitos exemplos registrados de remissão espontânea.

O Mecanismo Interior de Cura

Num importante estudo realizado pelo Instituto de Ciências Noéticas e pelo Instituto Fetzer, Brendan O'Regan e Caryle Hirshberg compilaram dez anos de pesquisa sobre remissão espontânea numa bibliografia comentada chamada *Spontaneous Remission.* Sendo o maior banco de dados publicado sobre o assunto até então, essa bibliografia foi incluída no 'Programa de Pesquisa sobre os Mecanismos Interiores da Receptividade à Cura' do Instituto de Ciências Noéticas. Nela, O'Regan e Hirshberg aceitaram totalmente a premissa da receptividade à cura, presumindo que havia/há dentro de cada pessoa um mecanismo interior de cura:

que parece conter pelo menos três componentes:
1. Um Sistema de Autodiagnóstico
2. Um Sistema de Auto-Reparo
3. Um Sistema Regenerativo...
A evidência sugere que esse tipo de cura pode ser acionado por uma variedade de estímulos, de natureza diversa, incluindo sinais, sugestões e orientação dos domínios físico, mental e/ou espiritual de cada pessoa.[8]

Os autores de *Spontaneous Remission* se referem ao mecanismo interior de cura como 'a capacidade que a mente tem de alterar ou influenciar o corpo', sendo que a prática da sintonização considera que essa referência à 'mente' envolve um contexto muito maior do que a mera energia mental. Através do recolhimento, visitamos o local sagrado da sabedoria, onde a força criativa inerente a cada um oferece energia radiante a todas as influências conscientes, subconscientes e ambientais.

Quando as faculdades da mente e do coração permanecem abertas e se submetem ao movimento e aos propósitos do espírito, a força da energia radiante do espírito sintoniza rapidamente essas faculdades à sua própria natureza. A sintonização da mente e do coração com o espírito resulta num novo alinhamento espiritual que tem um efeito terapêutico sobre as faculdades humanas, que antes estavam estressadas devido ao mau alinhamento. Quando as faculdades estão abertas e receptivas ao fluxo e à presença divina, sentimos bem-estar e contentamento. Quando estão fechadas por causa de sentimentos como ressentimento, culpa, vergonha ou de uma atitude acusatória, o espírito é detido em seu trajeto pelo nosso ser e a doença geralmente se desenvolve. O seguinte quadro ilustra este ponto:

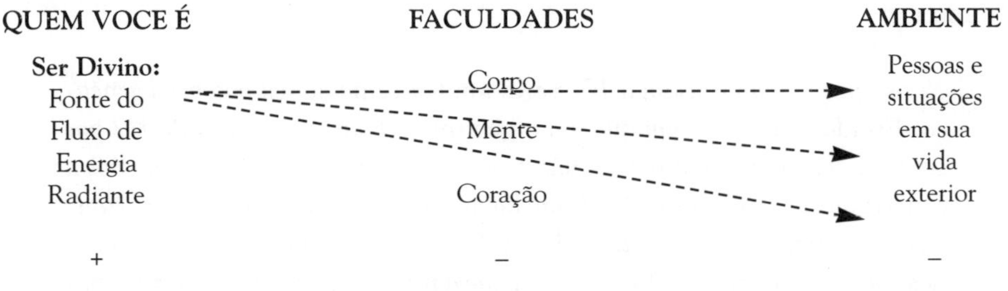

As setas do quadro indicam de onde a energia divina emana e para onde vai, passando pelas faculdades em direção ao mundo de cada um. A energia radiante se origina na divina presença interior, vista como um ponto positivo, absoluto. As faculdades do corpo, da mente e do coração, no entanto, são 'negativamente' carregadas (negativo se refere à natureza receptiva), criadas para se submeterem e se abrirem ao fluxo do espírito.[9] Quando as faculdades do coração e da mente decidem assumir o controle e resistir ao fluxo do espírito, agem como se fossem de natureza positiva. Como dois pólos positivos se repelem, elas começam a se afastar do próprio foco espiritual, abrindo-se assim para a doença.

A sintonização interior com a Fonte pode explicar outro mistério médico, o *efeito placebo*. O termo 'placebo' foi usado originalmente na Igreja Católica para denominar uma Véspera para os mortos. Hoje, os placebos são usados nos sistemas médicos como medicamentos inócuos dados aos pacientes com a intenção de satisfazê-los ou de acalmar seus sintomas. No entanto, inúmeras evidências clínicas sugerem que uma pílula de açúcar (saiba ou não o paciente que se trata de um placebo) pode produzir o resultado terapêutico desejado, levando às vezes à remissão espontânea, de onde o termo 'efeito placebo'.

A pesquisa médica sustenta essa evidência. Um estudo controlado usando *placebos ativos* (os pacientes sabiam que estavam tomando pílulas de açúcar) revelou que 13 a cada 14 pacientes psiquiátricos que tomaram placebo para tratar sintomas somáticos relataram alívio, incluindo redução objetiva.[10] Uma recente experiência com quimioterapia relata: "30,8% dos pacientes que receberam placebo (como grupo de controle) perderam o cabelo!"[11] O uso desse processo ativo pode tornar obsoletas muitas práticas médicas. Como afirma Norman Cousins: "Compreender como o placebo funciona pode ser uma das mais significativas conquistas da medicina no século XX."[12]

Os estudos sobre o efeito placebo indicam que o potencial de cada um tem um poder de cura superior ao dos invasivos tratamentos cirúrgicos ou até mesmo químicos. O Doutor Ronald Pero, toxicologista ecogenético do Centro de Pesquisa do Câncer do Sloan Kettering Memorial Hospital, acredita que a pesquisa médica deveria focalizar o poder de curar a si mesmo, inerente aos seres humanos:

> *... os seres humanos usam a 10^{-7} vezes um por cento de seu potencial genético. Estudos determinaram que um organismo celular, que usa 0000002 por cento de seu potencial genético, não tem a experiência da doença como nós a conhecemos... [O Doutor Pero] conclui que a pesquisa do câncer é fútil e que o câncer é um fenômeno natural do nível de expressão em que os seres humanos operam atualmente. [Ele acredita] que a pesquisa deveria ser centrada nas coisas que aumentam o potencial humano.*[13]

Dadas as crescentes evidências fornecidas pelas pesquisas, a análise terapêutica das práticas da prece e da meditação interior exige a nossa atenção.

O Poder de Cura da Meditação

Como forma poderosa de remissão e prece, a prática da meditação nos leva à união com a Fonte ao silenciar a mente, o corpo e as emoções para que possamos ouvir a voz da sabedoria interior. Como O'Regan e Hirshberg reconheceram, temos a oportunidade de meditar interiormente e trabalhar com a Fonte para autodiagnosticar, auto-reparar e regenerar nosso corpo, mente e coração. A meditação é uma terapia fundamental que prevê um tempo específico para entrarmos num estado de tranqüilidade, como os seguintes estudos científicos demonstram.

No fim dos anos setenta e começo dos oitenta, foram feitas muitas pesquisas sobre meios naturais de diminuir os níveis de ansiedade em várias populações, sem o uso de drogas. Quatro desses estudos chegaram a conclusões idênticas: entre todos os tipos de relaxamento oferecidos aos participantes, a meditação, principalmente a transcendental, apareceu como o mais eficaz para diminuir níveis de ansiedade.[14, 15, 16, 17] Outros efeitos terapêuticos positivos da meditação transcendental, segundo essas pesquisas: níveis mais baixos de neuroticismo /estabilidade, extroversão/introversão e uso de drogas, e diminuição de distúrbios provocados pela ansiedade.[18] Além desses efeitos psicológicos positivos, a meditação teve também efeitos terapêuticos no nível físico, como diminuição do ritmo respiratório, da pressão e do pH sangüíneo e aumento da geração de ondas alfa. Segundo esses estudos, a meditação transcendental induz a um 'estado de vigília hipometabólico' diferente do que é produzido pelo sono, pela hipnose ou pela auto-sugestão.[19]

Em relação à sintonização, o ponto mais interessante da meditação transcendental é fazer com que praticante e cliente atinjam um estado em que o esforço não é necessário, como ocorre em certas atividades agradáveis, como tocar música. O ato de atingir um mundo em que o esforço não existe envolve uma 'qualidade intrinsecamente atraente', que permite que praticante e cliente sintam a liberdade em níveis de consciência que não são atingidos através das atividades mundanas.[20] A meditação transcendental e a meditação da sintonização buscam, as duas, aquele lugar transcendente na consciência, onde é possível viver a paz e a união mística com a Fonte.

A Meditação da Cura Interior

A meditação que se segue é um exercício para liberar a mente do apego ao mundo exterior, dando-lhe um foco interior. Essa meditação de cura pretende dar-lhe o poder da energia da autocura. Relaxe suavemente em posição de meditação, deitado numa cama ou colchonete. Para que o corpo fique confortável e apoiado, deite-se de costas com uma almofada sob os joelhos, para apoio da parte inferior das costas. Cubra-se com um cobertor e vista roupas folgadas. Lembre-se de desligar o telefone, o *pager*, a campainha e o computador — e ponha na porta um aviso de 'não perturbe'.

Você pode gravar esta sessão e depois ouvir a fita. Ou reunir alguns amigos para uma sessão em grupo. Neste caso, uma das pessoas é encarregada de ler o texto.

Focalize os pensamentos na respiração. Observe o ar entrando e saindo e sinta seu fluxo pelo corpo. (Pausa) Observe como o ar circula pelo corpo a cada inspiração, como ele sopra pelos pulmões e pelo braços e chega ao pescoço e à cabeça, depois desce para o estômago e quadris, aninhando-se no espaço do útero antes de partir. (Pausa) Observe que sua respiração é como o vento, movendo-se sem esforço pelo espaço do corpo. Cada vez que entra e sai, o ar libera o stress, *as preocupações e o medo. Respire fundo algumas vezes, segurando o ar por alguns segundos. (Pausa) Sinta como ele segue um caminho até o fundo da cavidade torácica. Sinta o* stress *se desvanecer a cada entrada e saída do ar. Cada movimento da respiração lhe traz paz, estabilidade e contentamento. O ar dentro do seu corpo alivia a dor, solta seus desconfortos e o livra das ansiedades. Tudo isso se foi, deixando-o com um espaço limpo e renovado. (Pausa) Devagar, respire profundamente mais algumas vezes. (Pausa)*

Observe que há uma mudança na natureza de seu corpo. Você não sente mais pontos de stress *nem retém pensamentos negativos. A preocupação se foi, assim como os medos e expectativas. Cada nova inspiração lhe traz contentamento, segurança e paz. A expiração leva prazer, segurança e tranqüilidade ao seu mundo. Inspire profundamente algumas vezes. (Pausa) Veja a respiração como um único sistema. A cada inspiração, receba livremente do mundo, sem restrições. Cada inspiração o alimenta e preenche. (Pausa) Veja como seu corpo reage ao amor que há dentro de você e à sua volta. Tudo está bem. Tudo é um. Tudo está aquecido, banhado em sua luz radiante.*

Levando a atenção para dentro, siga a luz para onde ela o levar. (Pausa mais longa) Você entrou num lugar quieto, com uma luz que emana de uma câmara interna. Essa câmara o chama e o atrai. Ao entrar, você vê apenas um altar com uma única chama queimando sobre ele. Observe agora o altar. Defina-o para si mesmo e veja a radiância da vela. (Pausa)

Você reconhece a câmara e se sente à vontade nela. Já esteve aqui antes — é um lugar familiar que o acompanha há muitos anos, desde antes desta vida. Você conhece esse lugar porque ele lhe recorda seus anseios interiores. Você sente a energia da perseverança, da força, da segurança e da honra. A confiança está aqui, assim como o respeito e a gratidão. Você reconhece nessas qualidades o seu próprio caráter. Elas o recebem de braços abertos e o envolvem, o acariciam, cuidam de você como sempre fizeram. Você saúda cada uma delas como a um velho amigo. Elas estão com você agora, como aliados fiéis no interior da sua câmara. Saúde agora cada uma delas. (Pausa mais longa)

O fogo brilha como uma estrela e envia raios reluzentes para a sua consciência, enchendo o seu corpo com luz e cor. O brilho e as cores são tão ricos que você pode tocá-los com as mãos. Toque-os. A cada toque suave, você envia pulsações de luz a seu ser. Essas cores e suas pulsações harmonizam seu ser com a luz radiante.

A luz da vela sobre o altar está brilhante e o chama. É pequena, mas brilha tanto que você precisa erguer as mãos para cobrir os olhos, protegendo-os de sua radiância. Esse fogo é a luz de Deus e a chama lhe envia uma mensagem pedindo obediência absoluta. Para se aproximar do altar e da vela você deve antes purificar os pensamentos dos resquícios de medo ou dúvida. Mas o fogo o chama. Você sabe que entrou na câmara para comungar com Deus, mas ainda não está pronto. Você sabe que precisa se preparar — descartar qualquer vestígio de emoções ou pensamentos impuros. Busque na consciência os pensamentos e emoções negativas e ofereça-os à chama. É isso que a chama o convida a fazer. Ofereça a ela as ofensas, e veja como são consumidas. As invejas, lutas, medos e culpas. As acusações, desconfianças e impaciências. Tire tudo de dentro de você e deixe que tudo seja consumido. Tudo se queima sem lhe causar dor nem tristeza, só alívio. Continue até ficar totalmente limpo. (Pausa)

Com o coração limpo, você se aproxima da chama e fica frente a frente com a sua face radiante. O altar está esperando por alguma coisa — que você faça suas perguntas — , é para isso que entrou na câmara. Você procura a orientação divina d'Aquele que Habita, uma força radiante que não existe em forma humana. Aquele que Habita nunca morre, mas vive para sempre na radiância da chama. Representa a sabedoria, o poder, o saber, e é fonte constante de verdade em sua vida.

Despojado e humilde, você se aproxima da chama. Sua luz é quente e reconfortante. Com inocência, faça suas perguntas à chama e aguarde as respostas, sem expectativas. (Pausa longa)

A chama respondeu com absoluta verdade e clareza. Agora, você vê com novos olhos as respostas às questões. Você sabe que essa chama arde continuamente, pronta para servi-lo a qualquer momento da vida. Você se curva em gratidão e humildade diante da luz, agradecendo-a pela compaixão, pela força de cura e pela pureza. Você se volta e sai, levando consigo o silêncio desse santuário. (Pausa)

Devagar, suavemente, você emerge de seu espaço sagrado interior e olha para o mundo terreno onde vive. Traz com você uma lembrança do esplendor sagrado da câmara interior e sabe que vai manter esse espaço inviolado e sagrado de agora em diante. Com a luz, você traz tudo o que observou nesses momentos. Agita-se um pouco, acordando para a vida terrena. Desperte agora, reconfortado, renovado, alegre. Sua luz está sempre com você. Acorde.

Faça uma Pausa para a Sintonização

Use as idéias da Meditação de Cura Interior para fazer uma breve pausa para a sintonização, de uns 3 minutos. Siga estes passos para uma pausa rejuvenescedora:

1. Sentado, recolha-se focalizando a consciência num lugar silencioso dentro de você.
2. Liberte a mente e o coração das preocupações, dúvidas e medos. Limpe a mente de idéias geradas pelo eu ou de propósitos que considera seus, ficando aberto para receber o que sua sabedoria interior vai lhe dizer.
3. Aberto, com simplicidade, faça suas perguntas à Fonte e espere silenciosamente a resposta.
4. Não tente orientar a resposta com a própria vontade ou determinação.
5. A resposta da Fonte pode demorar alguns segundos (a Fonte às vezes precisa processar a melhor maneira de abordar a consciência), mas ela virá. Mantenha-se aberto, paciente, nos poucos segundos que leva para receber sua resposta.
6. Confie na resposta — no momento ela é sua chave para a iluminação.
7. Se tiver dificuldade para afastar sua vontade, pratique este exercício algumas vezes. Com o tempo, você vai aprender a diferença entre as respostas geradas pela vontade e as que são oferecidas pela Fonte.

Capítulo 3 Notas

1. *Websters Seventh New Collegiate Dictionary* (Chicago: G. & C. Merriam Co., 1965), p. 725.
2. Scott Miners, 'Comments on the Nature of Prayer Research', *Alternative Therapies*, julho de 1997, Volume 3, nº 4, p. 20.
3. Larry Dossey, MD, *Healing Words* (Nova York: HarperCollins Publishers, 1993), p. 31. [*As Palavras Curam*, publicado pela Editora Cultrix, São Paulo, 1996.]
4. *Ibid.*
5. Dossey, *Healing Words*, pp. 31-2.
6. Dossey, *Healing Words*, p. 36.
7. *Ibid.*
8. O'Regan e Hirshberg, *Spontaneous Remission, An Annotated Bibliography*, (Sausalito: Instituto de Ciências Noéticas, 1993), Introdução, sem número.

9. Os termos positivo e negativo devem ser considerados no contexto de um campo eletromagneticamente carregado, como os pólos norte e sul de um ímã. Cada um dos pólos opera com uma força oposta ao outro, mas nenhum dos dois é considerado menos perfeito do que o outro — eles simplesmente têm naturezas diferentes e complementares, equilibrando-se entre si com atração igual e oposta.
10. Thomas J. Hurley, III, 'Placebos and Healing: A New Look at the 'Sugar Pill', *Noetic Sciences Collection*, verão de 1985, sem número.
11. *Ibid.*
12. Brendan O'Regan, 'Placebo — The Hidden Asset in Healing', *Investigations, A Research Bulletin*, Instituto de Ciências Noéticas, Vol. 2, nº 1, p. 4.
13. Michael e Nancy Burghley, *The Rising Tide of Change*, (Loveland, CO: Foundation House Publications, 1986), p. 21.
14. Robert Keith Wallace, Herbert Benson e Archie F. Wilson, 'A wakeful hypometabolic physiologic state', *American Journal of Physiology*, Vol. 221, nº 3, setembro de 1971, p. 30.
15. Kenneth R. Eppley e Allan I. Abrams, 'Differential Effects of Relaxation Techniques on Trait Anxiety: A Meta-Analysis', *Journal of Clinical Psychology*, novembro de 1989, Vol. 45, nº 6, p. 957.
16. David C. Zuroff e J. Conrad Schwarz, 'Effects of Transcendental Meditation and Muscle Relaxation on Trait Anxiety, Maladjustment, Locus of Control, and Drug Use', *Journal of Consulting and Clinical Psychology*, 1978, Vol. 46, nº 2, p. 264.
17. D. A. Throll, 'Transcendental Meditation and Progressive Relaxation: Their Psychological Effects', *Journal of Clinical Psychology*, outubro de 1981, Vol. 37, nº 4, p. 776.
18. *Ibid.*
19. Robert Keith Wallace, Herbert Benson e Archie F. Wilson, 'A wakeful hypometabolic physiologic state', p. 795.
20. Kenneth R. Eppley e Allan I. Abrams, 'Differential Effects of Relaxation Techniques on Trait Anxiety: A Meta-Analysis', p. 972.

4. Prece Não-Dirigida

Rezar Sem Cessar

Aconteça o que acontecer, que eu permaneça no Lugar Sagrado
Do Altíssimo.
Que haja um lugar de quietude em meio ao tumulto.
Que haja um lugar de bem-estar em meio à doença.
Que haja um lugar de ordem no caos.
Que haja um lugar de amor e beleza
em meio ao medo e à feiúra.
Que minha presença seja um raio de radiância envolvente
em qualquer circunstância.

MARTIN EXETER

Compartilhei minha primeira sintonização numa quarta-feira, dia 22 de novembro de 1981. Eu morava em Los Angeles e tinha começado a freqüentar os serviços do Emissário nas quartas à noite. Durante minha primeira sessão de sintonização, eu podia jurar que o praticante estava usando cordões sob a mesa para controlar as energias que me equilibravam a cabeça e o pescoço. Mais tarde, quando perguntei ao praticante o que era essa sensação, ele se limitou a sorrir e então eu comecei a chorar. Lembro que senti um aperto no coração, acompanhado da impressão de que não merecia aquela sintonização, de que eu não era digna daquilo. Quando lhe confessei a razão de minhas lágrimas, ele disse que minha reação era comum: muitas pessoas se sentiam assim ao receber uma coisa tão bonita em troca de nada. Só depois de muitos anos eu entendi o significado daquelas palavras.

Seis meses depois, eu estava caminhando por uma estrada no campo com esse mesmo homem, meu servidor da sintonização, como eu o chamava. Apareceu uma abelha e, enquanto eu a estapeava furiosamente (estava com medo, o que só irritou o inseto), ela continuava a me picar no braço esquerdo. Meu amigo avaliou a situação por um momento e depois começou a compartilhar a sintonização com o meu braço, eliminando o padrão de distorção vibratória que a ferroada tinha provocado. Ele sabia que assim, ao estabelecer um novo padrão de vibração, a pele e as camadas mais profundas da fáscia, afetadas pelo ferimento, sarariam. Trabalhou para estabelecer uma ressonância vibratória limpa e clara no lugar do ferimento.

Por uns dez minutos, ele manteve a atenção focalizada na corrente de sintonização que enviava ao meu braço, usando vários pontos de contato nas articulações próximas. Meu braço começou a inchar no lugar da ferroada e a dor aumentou nos primeiros minutos da sintonização. Mas era uma dor 'boa', como a dor que sentimos numa sessão de massagem profunda. Eu sabia que a dor significava que alguma coisa estava se curando no lugar do ferimento.

No fim de nossa sessão o inchaço já estava diminuindo, e à noite já tinha desaparecido. Voltei para casa louca para falar sobre o incidente de cura com meus amigos. Queria poder levar aquele praticante no bolso aonde quer que fosse — queria ter sempre aquela mágica escondida no casaco, protegida da inveja que imaginava que meus amigos sentiam de mim. Percebi naquele momento que a sintonização não é para ser levada na brincadeira, que ela realmente funciona.

Essa sessão também me inspirou a ver nas artes da cura uma vocação. Seguindo uma sugestão de meus amigos, pouco tempo depois estava freqüentando aulas de massagem.

Cura pela Prece

Parte da energia que serviu para dissolver a picada de abelha veio da prece não-dirigida que o praticante usou — uma forma específica de prece usada por todos os praticantes de sintonização. Através da prece não-dirigida, o praticante entra em contato com a Fonte Superior e passa por uma profunda transformação pessoal. Essa mudança acolhe um poder além do Eu, que passa através do Eu para outra pessoa. A prática da prece não-dirigida é uma experiência de transcendência espiritual que pode encontrar um lugar inspirador em sua consciência quando você percorre com outra pessoa a paisagem espiritual de necessidades interligadas.

Você vai perceber que há diferentes tipos de prece, que servem a necessidades diferentes. Algumas formas de prece fazem súplicas a uma divindade invisível e externa, enquanto outras utilizam elementos de adoração e livros de orações. Jeffrey S. Levin descreve quatro "dimensões independentes de prece". São elas: ritual, coloquial, de intercessão e de meditação.[1] A prece não-dirigida pode usar qualquer um desses métodos, contanto que o praticante afaste da mente os resultados.

A organização Spindrift, de Landsdale, Pensilvânia, realizou, durante uma década, experiências de laboratório para determinar qual a estratégia de prece mais eficaz: prece dirigida a um resultado específico ou prece não-dirigida, sem resultado específico. No caso da prece dirigida, os participantes procuravam 'dirigir' o organismo pelo qual estavam rezando, tendo em mente um determinado resultado, como livrar alguém do câncer ou de uma doença do coração. A prece não-dirigida, por outro lado, era encarada como uma "abordagem de final aberto, na qual não se tem em mente nenhum resultado. Na prece não-dirigida, os participantes não procuravam 'dizer ao universo o que fazer'". [2]

O Doutor Larry Dossey, escritor e palestrante de prestígio, nos informa que as evidências produzidas pelas pesquisas da Spindrift revelam que a prece não-dirigida funciona melhor do que a prece dirigida a um determinado resultado. Numa das experiências, os pesquisadores procuraram fazer aparecer bolor nas bandejas de ágar-ágar normalmente usadas pelos bacteriologistas. Depois de muitas tentativas sem sucesso, dividiram a bandeja em duas partes. Numa delas foi usada prece não-dirigida para estimular o crescimento do bolor, e na outra metade prece dirigida. A prece dirigida não teve resultados. A prece não-dirigida produziu a multiplicação do bolor em anéis concêntricos.[3]

Essas e outras experiências realizadas pela Spindrift indicam o melhor método de prece a ser usado em situações em que não sabemos o que deve acontecer. Por exemplo: no caso de um paciente com ataque no coração, devemos rezar pelo aumento da formação de tecido ou pelo aumento do fluxo sangüíneo? Num caso de fratura, devemos rezar para que o osso se recomponha ou para que o bom alinhamento dos ossos seja mantido? Quando se está envolto em incerteza, os pesquisadores de Spindrift sugerem deixar para Deus:

> *(As experiências de Spindrift) sugerem que não é necessário saber que caminho o corpo deve tomar. Basta rezar... pelo melhor — abordagem do tipo 'Seja feita a Tua vontade'... Essas experiências sugerem que a prece não-dirigida leva o organismo aos estados de forma e função que são melhores para ele, sem que o praticante precise saber o que é 'melhor'.*[4]

Em outra experiência, que levou mais de dez meses, foram estudados 393 pacientes de uma Unidade Coronariana, numa experiência que seguiu todos os cuidados de randomização e controle para estudar a eficácia da prece de intercessão. Um grupo de cristãos rezou pela rápida recuperação de um grupo de pacientes hospitalizados nessa unidade, sem no entanto especificar como deveria se dar essa recuperação. O grupo de controle, por sua vez, não recebeu nenhum tipo de prece. Os resultados confirmaram que "o grupo que foi alvo das orações precisou tomar menos diuréticos e antibióticos, teve menos episódios de pneumonia, menos paradas cardíacas, foi menos entubado e ventilado".[5]

O Doutor Dossey fala de 130 estudos científicos sobre os efeitos terapêuticos da prece. "Em mais da metade dos estudos, a prece faz coisas notáveis sob condições controladas em laboratório... estudos repetidos mostraram que, na pós-cirurgia, a prece leva a uma recuperação mais rápida."[6] Dossey, autor de *Healing Words, The Power of Prayer in the Practice of Medicine*, prevê que algum dia a prece será um procedimento médico de rotina e que o profissional que não praticá-la poderá ser acusado de imperícia. Nos hospitais, já se sabe que "visitas regulares do capelão abreviam o tempo médio de internação em um ou dois dias — uma economia potencial de milhões de dólares por hospital".[7]

Prece e Relação Cliente-Praticante

A prece não-dirigida demonstra ter um significativo potencial de cura tanto para o praticante quanto para o paciente. Carol Leppanen Montgomery fez uma pesquisa com enfermeiras para estabelecer, da perspectiva de quem trata, a natureza do tratamento. Nas diversas entrevistas surgiu um tema: a arte de cuidar de outra pessoa envolve uma experiência de transcendência espiritual. Transcendência espiritual foi assim definida: "experimentar a si mesmo na relação como parte de uma força maior... [A transcendência espiritual apareceu] como um recurso importante da auto-renovação e da motivação de quem cuida do doente, de maneira que o cuidado [foi] associado à realização e ao crescimento e não ao desgaste". [8]

Montgomery descobriu que havia uma diferença distinta entre as relações que se dão no nível do ego e as que se dão num nível mais alto e mais amplo. As enfermeiras procuravam simplesmente tratar os pacientes, sem manter um foco orientado à realização. Quando a prioridade era curar, o foco se mantinha no eu como 'ego-herói', mas quando a energia usada no tratamento 'vinha de uma fonte maior além do eu', então as enfermeiras sentiam que estavam 'tirando da abundância', sentindo a existência de uma força maior além de si mesmas, que alimentava a relação com o doente:

> *[Esta pesquisa sugere que] na relação do tratamento é sentida uma união entre quem trata e quem é tratado, mas que essa união ocorre além do nível do eu, no nível do espírito. O espírito pode ser entendido como uma humanidade comum, como o sagrado fundamental e como a unidade de toda a vida.*[9]

Entrar em contato com uma fonte de energia ilimitada, que atenda às necessidades de todos ao mesmo tempo, pode parecer implausível, mas a idéia está ganhando terreno na medicina oficial. O Doutor Dossey acha que muitos médicos que sofrem de 'desnutrição espiritual' percebem a utilidade da identificação com uma fonte espiritual e gostariam de expressar mais claramente seus sentimentos reliogiosos 'sem medo de censura'.[10]

Prática da Energia Radiante

Energia radiante é um termo que se usa para descrever qualquer trabalho energético de sintonização. 'Energia radiante' implica que essa qualidade de energia se origina num ponto positivo, como o Sol de nosso sistema galáctico. O Sol é uma bola de fogo que emite raios contínuos de energia radiante muito além de si mesmo. O poder do Sol aquece milhões de milhas de espaço universal, muito além de seu corpo. Da mesma forma, o poder radiante da Fonte de energia em cada um de nós ilumina e aquece o mundo além de nosso corpo, influenciando-o com força criativa. Essa idéia de um fluxo de energia radiante que emana da Fonte do ser de cada pessoa é específica ao trabalho de sintonização: é uma de suas marcas, uma das características que o diferenciam.

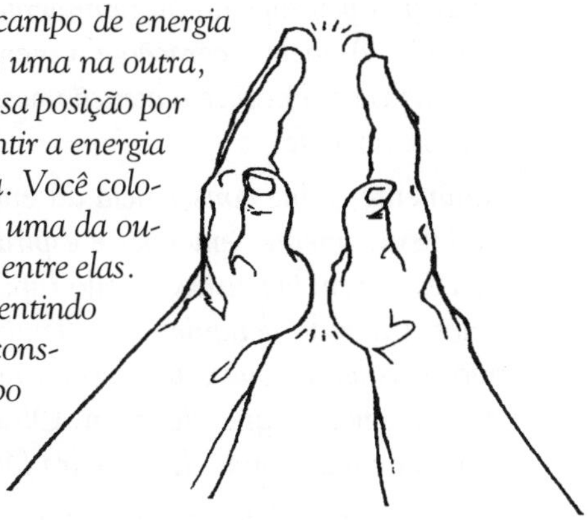

Para começar a reconhecer o próprio campo de energia radiante, junte as mãos, espelhando-as uma na outra, como mostra a ilustração. Mantenha essa posição por alguns minutos. Você vai começar a sentir a energia passar pelas mãos, de uma para a outra. Você colocou as mãos no fluxo do campo etérico uma da outra, e é por isso que sente um leve puxão entre elas. Esse fluxo de energia, que você está sentindo entre as mãos, é uma parte natural da constituição humana. Nós o usamos o tempo todo, sem perceber que essa parte de nós é tocada quando apertamos a mão de alguém ou lavamos a louça. Agora que está começando a praticar sintonização, você deve tomar consciência disso.

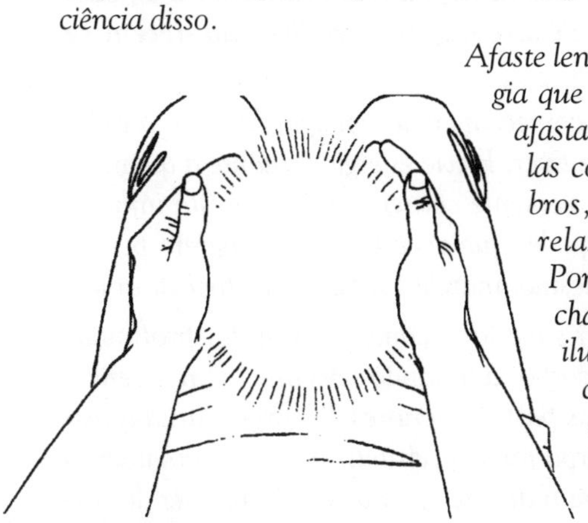

Afaste lentamente as mãos, sentindo a energia que passa entre elas à medida que as afasta. Afaste-as o suficiente para apoiá-las confortavelmente no colo. Os ombros, os braços e as mãos devem ficar relaxados, como espaguete cozido. Ponha suavemente as mãos em concha, espelhando sua forma, como na ilustração. Mantenha o foco consciente no fluxo de energia que passa entre as mãos, como se estivesse segurando um pequeno vórtice de energia. Alguns praticantes de

energia vêem esse vórtice como uma 'bola de energia'. Não há interesse em fazer coisa alguma com essa bola de energia (como passá-la a outra pessoa), mas o fato dessa 'bola' dar a sensação de ter massa e forma esférica é importante para que você reconheça sua natureza qualitativa.

Agora que entrou em contato com a energia que flui pelas mãos, você está pronto para começar a trabalhar com ela. Os exercícios seguintes vão ensiná-lo a enviar energia radiante para si mesmo ou para outra pessoa. Os passos desse exercício são cumulativos e devem ser feitos na ordem. Você pode gravar sua voz lendo o exercício e ouvir a fita nas sessões iniciais.

Escolha um lugar tranqüilo. Acenda uma vela e, se quiser, ponha para tocar uma suave música oceânica. Deixe um diário à mão.

Para começar, entregue a consciência ao poder superior de maneira não-invasiva, de coração. Aquiete as faculdades da mente e do coração, levando-as a um ritmo mais lento do que o que você usa no dia-a-dia. Libere seu coração de qualquer pensamento ou sentimento confuso ou negativo que possa estar remoendo. Aquiete o coração e a mente com a paz tranqüila que emana de dentro de você. Focalize a atenção nesse fluxo de energia que lhe atravessa o coração e a mente.

Lentamente, tome consciência da energia vital que passa pelo seu ser — corpo físico, mente, emoções e espírito. Se os pensamentos e sentimentos ainda estiverem lhe atravessando rapidamente o ser, diga-lhes para ficarem calmos. Quando se aquietarem, lembre-se de manter o foco consciente no ritmo mais lento, que estabeleceu antes. Suavemente, peça a seus pensamentos e emoções que silenciem. Observe as formas-pensamento entrarem e saírem de seu mundo de maneira fácil e descontraída.

Diga a si mesmo que você não é as suas emoções nem a sua mente, mas sim a presença divina que, por detrás delas, lhes dá vida. Você é o poder que anima as faculdades da mente e do coração. Diga-lhes: ***aquietem-se e conheçam.***

À medida que for desacelerando, comece a enviar energia de amor a todos os pensamentos e sentimentos que tiver. Envie energia radiante a quem ou ao que passar por sua mente, suavemente consciente de que está influenciando criativamente as vidas daqueles que você toca. Se surgirem pensamentos e sentimentos sobre você mesmo, mande a si mesmo energia de amor.

Mantenha a sintonia com o poder superior e comece a respirar profundamente, sentindo o ar passar pelo corpo, animando seus braços, rejuvenescendo a área do peito, enchendo as partes inferiores do corpo. Sinta a respiração profunda lhe encher o corpo inteiro, visualizando seu movimento por cada parte do corpo. Visualize o ar que respira: ele é uma luz doura-

da. Agora essa luz dourada passa pelo peito, pelos braços e pelas mãos e sai pelas pontas dos dedos.

Continue a visualizar a energia da luz que sai pelas pontas dos dedos ao fim de cada expiração. Vá respirando profundamente. Depois de algum tempo, as pontas dos dedos vão começar a formigar com uma nova força vital. Continue o exercício, sentindo o calor da respiração radiante lhe atravessar o ser e sair pelas mãos.

Agora, focalize a atenção no padrão de energia entre as mãos. Lembre-se que as mãos e os braços devem ficar soltos durante toda a sessão — verifique agora se estão relaxados. Os dedos das mãos devem ficar unidos, sem espaço entre eles. Com as mãos avivadas pelo fluxo de energia radiante, você vai sentir uma pulsação fluir pelos dedos, de uma mão para a outra. Então, traga à mente alguma pessoa, alguma situação ou você mesmo. Sinta a pulsação de energia envolver a pessoa em quem você está pensando. Nos termos da sintonização, o padrão de energia que flui pelas mãos é chamado 'campo criativo'. (Os praticantes de sintonização costumam trazer a seu campo criativo muitas situações e pessoas diferentes, para que o corpo espiritual delas relaxe, rejuvenesça e se encha da energia da força vital.)

Talvez você sinta pequenos 'choques' elétricos em uma das mãos ou nas duas: são os chamados padrões dissonantes ou de distorção. Não precisa se preocupar nem fazer nada, pois o fluxo do espírito vai eliminá-los. O padrão de distorção pode ter vindo de um pensamento que teve ou ter relação com alguém em quem pensou. Seja como for, basta segurá-lo enquanto a energia radiante passa por ele. O próprio espírito vai eliminar as distorções — você não precisa consertar nada.

Mantenha os pensamentos focalizados no campo de energia entre as mãos e envie amor à pessoa com quem está trabalhando. Não deixe a mente divagar. Se perceber que ela está à deriva, traga-a de volta sem recriminações. Se sentir um padrão dissonante, segure-o e espere. Ele vai desaparecer ou se tornar menos intenso em poucos minutos. Se não, isso significa que aquela determinada forma-pensamento exige mais tempo e/ou mais sessões para ser tratada.

Visualize as mãos como um carregador eletromagnético, sendo que uma delas representa um ponto positivo e a outra um ponto negativo, que servem para equilibrar a energia eletromagnética que há entre elas. (A energia eletromagnética é também chamada de energia etérica ou sutil, quando usada neste contexto.) Se você é destro, então é provável que sua mão direita seja a mão positiva e vice-versa se for canhoto. (Mais adiante, quando aprender a focalizar a energia da sintonização e relacioná-la com locais do corpo, suas mãos vão passar do positivo para o negativo e vice-versa, mas por ora aprenda a se sentir à vontade para segurar a energia eletromagnética.)

Ao segurar este padrão, é possível que sinta mais energia numa das mãos. Tudo bem. À medida que segurar o padrão, as energias vão se equilibrar. Quando isso acontecer, você vai sentir uma única pulsação passando pelas mãos.

No início, quando começar a praticar a sintonização, trabalhe só cinco minutos por vez. Vá aumentando para dez, depois para quinze minutos por dia. Perceba que o campo criativo entre suas mãos é um solo sagrado para a ação criativa e para a transformação. Ao estabelecer um campo criativo para o trabalho da sintonização, você cria um receptáculo seguro em que a força vital pode se movimentar livremente, modificando formas associadas à energia vibratória.

O Ciclo de Retorno

Ao enviar energia de amor, preste atenção no que volta para você. Nas primeiras vezes em que compartilhar a sintonização, podem aparecer em sua consciência padrões de hábitos pessoais relacionados às pessoas e lugares que está focalizando. Eles podem ou não ser de intento criativo. Se isso acontecer, a primeira coisa a fazer é compreender que esses processos de pensamento vieram até você por um movimento do espírito — nem sempre eles têm origem neste momento, dentro de você. São parte do ciclo de retorno — tocam em alguém e voltam para você, trazidos pela onda de energia que se originou de seu trabalho.

Se no ciclo de retorno houver alguma coisa de natureza psicológica negativa, convença-se a não reagir a ela — não sucumba a nenhuma pressão pessoal para retaliar, ressentir ou temer (para citar apenas algumas reações negativas). Uranda afirma claramente que aquilo que o praticante recebe de volta no ciclo de retorno "depende da qualidade e quantidade do que deu no verdadeiro servir".[11] Enquanto está aprendendo a purificar e limpar a energia que usa para dar, lembre-se desta máxima da sintonização: *não julgue pela forma.* Não julgue precipitadamente o que percebe no ciclo de retorno ou a forma do que volta para você — seja isso bom ou ruim. Mantendo a integridade e o amor, você vai permitir que o espírito purifique as faculdades de sua mente e de seu coração. Deixe que a energia radiante que volta para você o encha de saber humilde e de vitalidade reconfortante.

O que volta é trazido pela onda de amor que você acabou de enviar. Não é um artifício — é algo que você fez! E é fácil! Não é uma fantasia — está acontecendo de verdade! Você realmente emitiu energia de amor para alguém ou para você mesmo. Com o tempo, tudo que voltar será de natureza pura e intocada — você enviará a energia clara e limpa da força vital e receberá o mesmo de volta. Pratique diariamente a *Santificação* (ver a seção *Santificação* no próximo capítulo) para manter o processo de clarificação.

Pratique esse exercício de energia radiante durante alguns minutos por dia, aumentando lentamente o tempo e o foco, até conseguir compartilhar sessões de energia radiante de 10 a 20 minutos todos os dias. Grave o que descobrir de importante e seja claro em relação ao seu processo pessoal de purificação.

Receber Energia de Sintonização

Se estiver no extremo receptor de uma sessão de sintonização a longa distância, você vai sentir de maneira tangível o amor que recebe no nível vibratório. Esse impacto vibratório vai revitalizá-lo em níveis profundos, abaixo da linha de consciência. Com o tempo, as sessões vão lhe restaurar a quietude interior a um tal grau que você a perceberá conscientemente, podendo assim chegar por si só a essa vibração suave.

Enquanto o padrão se modifica e se estiver se curando de uma doença ou ferimento, você pode ficar inquieto em relação ao que está acontecendo. Nesse caso, aquiete o coração com a fé. O centurião bíblico sabia que a cura ocorreria, mesmo a distância, porque o Mestre "dera a palavra". Da mesma forma, quando alguém segura sua força vital com intento sagrado, saiba que o espírito de cura está operando sua mágica em você e através de você com intento restaurador.

Capítulo 4 Notas

1. Jeffrey S. Levin, PhD, MPH, 'How Prayer Heals: A Theorical Model', *Alternative Therapies*, janeiro de 1996, Vol. 2, nº 1, p. 67.
2. Larry Dossey, MD, 'The Science of Prayer', *Natural Health*, março/abril de 1994, p. 104.
3. *Ibid.*
4. Larry Dossey, MD, 'Prayer, Old Approach, New Wonders', *The Quest*, verão de 1990, pp. 43-44.
5. Randolph C. Byrd, MD, 'Positive Therapeutic Effects of Intercessory Prayer in a Coronary Care Unit Population', *Southern Medical Journal*, julho de 1988, Vol. 81, nº 7, p. 829.
6. Gurney Williams III, 'The Healing Power of Prayer', *The American Legion*, agosto de 1994, p. 20.
7. *Ibid.*
8. Carol Leppanen Montgomery, RN, PhD, 'The Care-giving Relationship: Paradoxical and Transcendent Aspects', *Alternative Therapies*, março de 1996, Vol. 2, nº 2, pp. 52-53.
9. *Ibid.*
10. Bill Thompson, 'Doctors Want This to Be True', *Natural Health*, março/abril de 1994, p. 75.
11. Grace Van Duzen, *The Vibrational Ark* (Loveland, CO: Eden Valley Press, 1996), p. 160.

5. O Guia Invisível

Quando trabalhava como 'capelã' num hospital, tive o privilégio de ajudar uma família na ocasião da morte de um parente. Eis a minha história:

Como parte do treinamento, eu passava uma noite por mês no hospital, como 'capelã de plantão'. Nessas ocasiões devia ficar à disposição para emergências noturnas, como batizados, mortes e preces matinais antes das cirurgias. Quando fiz meu primeiro 'plantão', tinha apenas seis semanas de treinamento. Mas já tinha ouvido vários relatos das mulheres da minha classe, que falavam de noites tranqüilas no hospital. Até então, nenhuma delas tinha sido chamada durante a noite para atender a uma emergência. Todas as semanas, ouvindo os relatos dessas noites tediosas, eu achava que estava faltando alguma coisa: a oportunidade de servir em situações de crise.

Eu queria ter essa oportunidade no meu treinamento: queria participar de uma emergência. Quando freqüentava a escola médica, passei seis meses num laboratório de dissecação de cadáveres e, assim, não tinha medo de sangue nem de nada. Queria era participar da ação. Queria estar lá quando chegasse à emergência um paciente vitimado por tiros e queria ficar por perto enquanto ele fosse atendido. Talvez, arrependida por não ter feito medicina, estivesse buscando outras maneiras de ser útil numa crise. Quando chegou a noite do meu plantão, eu estava cheia de adrenalina. Demorei para dormir, mas cochilei por volta das 11 horas.

Ouvi o alarme às 3:30 e às 4:00 recebi um telefonema da supervisora. Devia comparecer no sexto andar, na UTI de neurologia. Com as faculdades mentais intactas, eu me vesti e fui para o sexto andar, pronta para o desafio.

Quando cheguei, contei onze pessoas, entre enfermeiras e técnicos, apinhadas numa das salas. Uma paciente, internada para tratamento de uma disfunção neurológica, tinha sofrido um aneurisma no pulmão. Já estavam fazendo ressuscitação cardiopulmonar há 45 minutos e a família já tinha sido chamada, pois não tinham muita esperança de reviver a paciente. A enfermeira chefe me disse, com tristeza, que aquela seria a quarta morte que assistia em um mês. Pensei em procurá-la mais tarde, para ver se queria falar sobre os próprios problemas.

As pessoas da família chegaram pouco depois, acompanhadas da supervisora do hospital. Fui apresentada como capelã, mas ninguém registrou a informação. Estavam em choque. Depois de alguns minutos, disse à supervisora que conseguia dar conta sozinha da situação e ela foi embora.

A família compunha-se do marido e da nora da paciente. Os dois estavam muito abalados, pois nesse mesmo dia o médico tinha dito que a paciente tinha 80% de chances de se recuperar da doença neurológica. Sem nenhum sinal de terem percebido a minha presença, eles passaram uns 10 minutos andando em círculos pelo corredor, como se eu não estivesse ali. Sem dizer palavras, eu os segui. Fiquei observando como o golpe tinha traumatizado seus sentidos, impedindo-os de pensar racionalmente. Ofereci uma caixa de Kleenex e os conduzi com mão invisível. Eu me via deslizando pela situação como um fantasma, agindo como um guia invisível. Sentia-me como um espírito, guiando-os pela vastidão escura que começavam a atravessar.

A supervisora tinha dito que eles podiam ficar na sala de espera da UTI. Foram para lá e eu os segui sem dizer palavra. Agiam como se me ignorassem, mas sabia que em algum lugar tinham registrado a minha presença. De qualquer forma, isso não tinha importância: importante era a dor que sentiam. O marido se lastimava e se enfurecia, gritava, chorava e andava pela sala. A nora não parava de falar que tinha visto a sogra poucas horas antes. Falava para o vazio. Eu fiquei um pouco afastada, captando tudo o que acontecia. Comecei a compartilhar energia radiante com eles: estabeleci entre as mãos um campo radiante e, com muito cuidado, segurei o padrão de sua força vital.

Depois de uns quinze minutos, quando percebi que esse padrão estava mais limpo e suas vozes mais baixas, sentei perto da moça. Comecei a conversar e fiz algumas perguntas, ficando com uma idéia melhor das relações familiares. O homem ouvia a conversa e também respondia, aos gritos. Limitei-me a receber sua reação, achando perfeitamente natural essa expressão ruidosa.

Depois de algum tempo (o tempo parecia ter parado), a enfermeira chefe entrou na sala de espera e informou que tinham interrompido a RCR: a paciente estava morta. Mais lamentos, gritos e lágrimas. A enfermeira olhou para mim horrorizada, como se dissesse: "Como você agüenta isso?" Garanti que tudo estava sob controle e ela disse que em poucos minutos eles poderiam entrar na sala da UTI para uma última visita à paciente. Como se não tivessem ouvido nada, eles pediram para ver o médico, para saber o que poderia ser feito por ela. Não acreditavam que estava morta. A enfermeira chefe saiu, balançando a cabeça.

Sentei-me novamente com eles, entrei em seu padrão de radiação e senti nas mãos as ondas de dor, que explodiam e se afastavam. Disse que podiam entrar na sala para vê-la, se quisessem. O marido recusou, dizendo que ainda dava para fazer alguma coisa, que ela não estava realmente morta e que queria ver o médico. Depois dessa explosão, ele foi entrando na sala da UTI onde a mulher estava. Suas ações eram guiadas por um poder invisível e eu sabia que no fundo ele sabia que ela estava morta, mas que suas ações não acompanhavam sua compreensão. Duvidava até que ele soubesse o que estava fazendo, porque a cada momento negava o que tinha feito. Algo me disse, no entanto, que estava tudo bem, que ele estava fazendo o que precisava fazer, que seus padrões de dor e movimento, embora parecessem desconexos, faziam sentido. Assim, eu o segui em silêncio.

Na porta da UTI, ele pareceu mudar de idéia e voltou para a sala de espera, dizendo que não podia encará-la, que era tudo culpa sua. Olhei-o nos olhos, apertei a mão dele e falei com voz firme que ele poderia se arrepender depois. Essas palavras atravessaram a bruma como aço. Ele as registrou e entrou com a nora na sala. Ficaram ao lado da mulher por uns 40 minutos, segurando-lhe a mão, falando.

Quando o homem e a moça saíram do hospital, a atitude de negação tinha acabado. Eles tinham assinado os formulários da autópsia e tinham concordado de boa vontade em receber minha visita nos dias seguintes. Passei a manhã tendo uma conversa sincera com a enfermeira chefe.

Mais tarde, refletindo sobre minhas ações, agradeci ao espírito por ter me dado sabedoria para lidar com a situação. Tinha sido guiada a me afastar um pouco para que a dor deles ocupasse o centro do palco. Sabia que a dor do homem acabaria encontrando um caminho na escuridão, curando seus sentimentos e purificando sua vida abalada. Quanto a mim, tinha passado por uma prova: um teste do espírito para medir minha capacidade de manter a integridade quando os outros duvidavam da capacidade do espírito de lidar com a situação. Tinha aprendido a ser um guia invisível, um silencioso raio espiritual, brilhando numa situação escura, sintonizando minhas faculdades às necessidades espirituais do momento. Eu me liguei à profundeza da dor daquela família através do espírito e sabia que enquanto media o pulso de sua reação à vida, o espírito estava abrindo o caminho deles para a luz. Ao tocar essas vidas, eu aprendi a confiar no processo e a ouvir a suave sabedoria do espírito. Percebi suas necessidades, deixando que a paz espiritual emergisse a seu tempo.

O Sistema de Orientação Interior

Que sua alma seja o seu Piloto, que sua alma o guie no seu caminho.
STING

Dentro de cada um de nós há um sistema de orientação interior, um sistema de energias humanas invisíveis, intrincadamente entrelaçado e complexo, que influencia sincronicamente a atividade humana. Em tempos de tristeza, percebemos intuitivamente que algo maior do que a mente nos mantém de pé. A cura interior ocorre porque cada um de nós é dotado de atributos humanos especiais, abençoados com caráter divino. Chamo esses atributos, coletivamente, de *Sistema Interior de Orientação*, e os considero no contexto do Mecanismo Interior de Cura, de O'Regan e Hirschberg.

Esse sistema de orientação é impulsionado de dentro pelo poder radiante, recebendo da divindade interior o seu poder. Na medida em que as faculdades humanas se abrem a esse poder, ele passa a dirigi-las. Orienta a vida, a respiração, a vontade, a fé, a imaginação, a paixão, o impulso, a intuição, a atribuição de poder, a crença e a liberação da atitude através dos canais vitais. Em tempos de tristeza e dor, como na história acima, o sistema de orientação interior fornece o foco subconsciente, guiando-nos pela escuridão para o alvorecer de um novo dia. Os componentes desse sistema interior de orientação estão diretamente ligados ao potencial interior de cura, graças a seu potencial criativo. Os componentes interiores têm o poder de favorecer resultados positivos de cura através de nossa identificação consciente com eles e de sua revelação na nossa vida.

Componentes do Sistema de Orientação Interior

Cada paciente traz o próprio médico dentro de si.

ALBERT SCHWEITZER

Há componentes do sistema de orientação interior que compõem e influenciam a natureza e a qualidade da expressão e da atividade de cada pessoa através de poderosos meios conscientes e subconscientes. São eles:

- vontade ou disposição;
- auto-estima e crença subjetiva em relação a essa qualidade;
- saúde da criança interior e encadeamento interior;
- padrões de crença (como cada um administra ressentimentos, ciúmes, preconceitos e pensamentos de base negativa a respeito da autoridade e do poder pessoal);
- sistema de processamento (estar ou não em contato com as próprias emoções);
- vitalidade ou energia vital, e libido;
- flexibilidade diante dos desafios do dia-a-dia (possível impedimento por doenças crônicas e acidentes);

- personalidade; e
- padrões de hábitos.

Entre as qualidades negativas para cada um desses componentes estão as expressões de desagrado e crítica, o abuso de limites, as questões de confiança, os padrões de comportamento estressante (isto é, ser 'workaholic'), os padrões de limitação e os padrões de comportamento aprendido, como padrões da família de origem e técnicas de sobrevivência. É claro que o perfil psicológico de cada um é um aspecto importante da saúde qualitativa do sistema interior de orientação. Há a contrapartida positiva desses traços negativos: esperança, fé, crença no Eu, no Outro e no Poder Superior, sentimentos de alegria, contentamento, confiança, conforto, alegria pelas batalhas da vida, estilo de vida gratificante, etc.

A Doutora Christiane Northrup levanta pontos interessantes em relação aos componentes do sistema interior de orientação e de seu funcionamento. Primeiro, ela observa que a conexão Corpo-Mente se apóia em comportamentos aprendidos: "...nosso sistema nervoso central e órgãos sensoriais funcionam de maneira a escolher e processar *apenas os estímulos que reforçam o que já acreditamos em relação a nós mesmos.*"[1] Ela diz que devemos repensar ou purificar as crenças "já testadas" mas limitantes, que nos mantêm presos a padrões de energia inferior de comportamento e expressão.

Segundo, como a consciência é universal, não-local, estando localizada em nosso corpo e em todos os lugares ao mesmo tempo, Northrup argumenta que a experiência subjetiva que temos do sistema de orientação interior se dá no nível subconsciente — que contém os processos físicos automáticos (como batimento cardíaco e digestão). Assim, todos os traços de memória de quem sabemos que somos vêm primeiro através do nível subconsciente, chegando depois ao nível mental, consciente. Quando buscamos a alma ou procuramos atingir o poder superior da inteligência, usamos componentes do sistema de orientação interior que não pertencem exclusivamente ao intelecto consciente. Alcançamos a luz viajando através de território invisível, inconsciente. Northrup afirma: "o intelecto funciona melhor *a serviço* da intuição, da orientação interior, da alma, de Deus ou poder superior..."[2]

A filosofia da sintonização diz que quando nos elevamos à crença da sabedoria interior, passamos a identificar seu poder com nosso próprio poder, e que essa transação produz um efeito harmonizador nos níveis mental, emocional e físico. A União com a Fonte produz um efeito de cura na vida de cada um. Sendo um com a natureza amorosa de Deus, expressamos melhor nossas qualidades naturais divinas e nos distraímos menos com as coisas do mundo exterior. Praticando todos os dias os exercícios da terapia da sintonização e outras atividades de conexão Mente-Corpo, liberamos o sistema de orientação interior para que ele funcione com mais eficácia, em harmonia com o espírito e centrado em atividade radiante.

Modelos do Sistema de Orientação Interior

As forças naturais dentro de nós são a verdadeira cura das doenças.

HIPÓCRATES

Todas as interações humanas ocorrem de duas maneiras nitidamente diferentes: (i) subjetivamente — dentro de uma só pessoa, ou seja, entre os componentes do sistema de orientação interior e (ii) objetivamente — são processadas internamente mas ocorrem fora de nós, como as que ocorrem entre as pessoas. Podemos ver TV e ter pensamentos próprios sobre o que vemos, mas esse tipo de diálogo interno tem um alcance totalmente diferente de uma conversa com o vizinho sobre o programa de TV. Aparentemente simples, mas com profundas ramificações em nosso mundo, a maneira de processar ações internas e externas depende inteiramente da qualidade de nosso mundo interior — do que escolhemos abrigar dentro de nós. Quem abriga sombras que pertencem ao eu pessoal altera o verdadeiro potencial da interação ao expressar esses humores sombrios. Os padrões mais escuros de comportamento e personalidade atuam de maneira poderosa na visão subjetiva que temos do Eu, geralmente com resultado autodestruidor.

Para iluminar o eu profundo, temos de alinhar com o fluxo de energia radiante que emana de nosso ser divino. Os três modelos apresentados mais adiante ilustram o fluxo da energia divina através do ser. Eles mostram que a energia divina inicia e anima o sistema de orientação interior, o comportamento, a interação e a expressão. Esses modelos vão ajudá-lo a compreender como a divindade interior pode ser usada com mais eficácia em sua vida. Quando a consciência se identifica com a radiância do amor, começa um fluxo de experiência superior unificada, influenciando nosso mundo com a luz.

MODELO I — SISTEMA DE ORIENTAÇÃO INTERIOR

1. Seu Ser Divino expressa naturalmente **Energia de Amor Radiante**, que
2. anima o **sistema de crença e a identidade pessoal** (aprendidos através da família de origem e de situações de educação social), que
3. utiliza a orientação **mental/emocional** e as informações vindas da **intuição** e da **memória** para validar, processar e agir sobre os padrões de pensamento da identidade e do sistema de crenças. Então nós
4. **experimentamos e percebemos o mundo exterior**, que

5. **nos desafia a escolher, interagir e reagir.** Aqui, a força individual presente em vários níveis da orientação interior será testada e explorada (isto é, as áreas fracas e carentes de energia vital podem ser assistidas por atitudes radiantes de fé, paixão, gratidão, perdão, compaixão, disposição, etc.). Depois, nós
6. percebemos a própria reação à interação exterior como positiva ou não, o que **estabelece e/ou fortalece um traço de memória** de como nos vemos no mundo exterior. Essa percepção (positiva ou negativa) nos dá ou nos tira o poder da energia radiante de amor que procura impulsionar essa interação. Se alguém enfrenta como antes as circunstâncias externas, a memória dessa interação é recuperada e fortalecida. Vemos então uma
7. **transformação da personalidade exterior baseada em traços de memória novos e/ou fortalecidos. A transmutação no Quarto Nível de Ser (mental, emocional, físico e espiritual) ocorre aqui.** A transformação e a transmutação são fenômenos sincrônicos e simultâneos. Aqui, os padrões da doença podem começar a se manifestar, através de aberturas etéricas malcuidadas, associadas a processos biológicos.
8. **A energia inicial de amor radiante da Fonte**, tendo percorrido os domínios interno e externo, **volta à Fonte.** A energia de amor radiante fortaleceu o processo e ocorreram mudanças. Na sessão de sintonização, o trabalho de imposição das mãos intercede e purifica o retorno à Fonte da energia radiante, neste ou em qualquer outro ponto do processo.

Esse modelo indica que manter a identidade com a presença do amor, desafiando as circunstâncias externas, evita marcas de lembranças negativas, que depois precisam ser limpas, processadas e integradas. Quando se estabelecem traços negativos de memória, a prática pessoal de santificação e sintonização diária impede que eles se instalem em processos psicológicos e fisiológicos. Manter, através dos acontecimentos de cada dia, a identidade espiritual com a Fonte permite que a energia radiante flua de dentro para fora através das faculdades do corpo, da mente e do coração. Podemos então limpar os caminhos que a energia percorre em nossa vida com sucesso de cura criativo.

Quando a energia espiritual está desalinhada, mais energia deve ser despejada no sistema para corrigir, processar ou realinhar com a Fonte as faculdades mentais e emocionais. A sintonização considera que esses processos, muitas vezes complicados, podem ser facilmente evitados quando o coração se abre, agradece e perdoa. A gratidão expressa na mais mundana das situações abre as comportas do fluxo espiritual, evitando longos ciclos de lutas e/ou doença que nos fazem voltar ao correto alinhamento espiritual.

Há dois outros modelos de funcionamento do Sistema de Orientação Interior. (O terceiro e último modelo segue um circuito de energia em forma de oito, que se relaciona à lemniscata, um símbolo universal de energia.)

Esses modelos revelam que quando nos alinhamos ao fluxo de energia divina através da receptividade aberta ao espírito, esse fluxo abre portas conscientes e subconscientes. O livre movimento espiritual através da pessoa é um fenômeno de cura que mantém a saúde interior ou traz mudanças positivas em todos os níveis do ser, conforme a receptividade de cada um ao espírito. Quando a receptividade ao espírito está fechada, são mudanças negativas (incluindo a doença) que se manifestam na vida da pessoa.

Modelo II — Orientação Interior

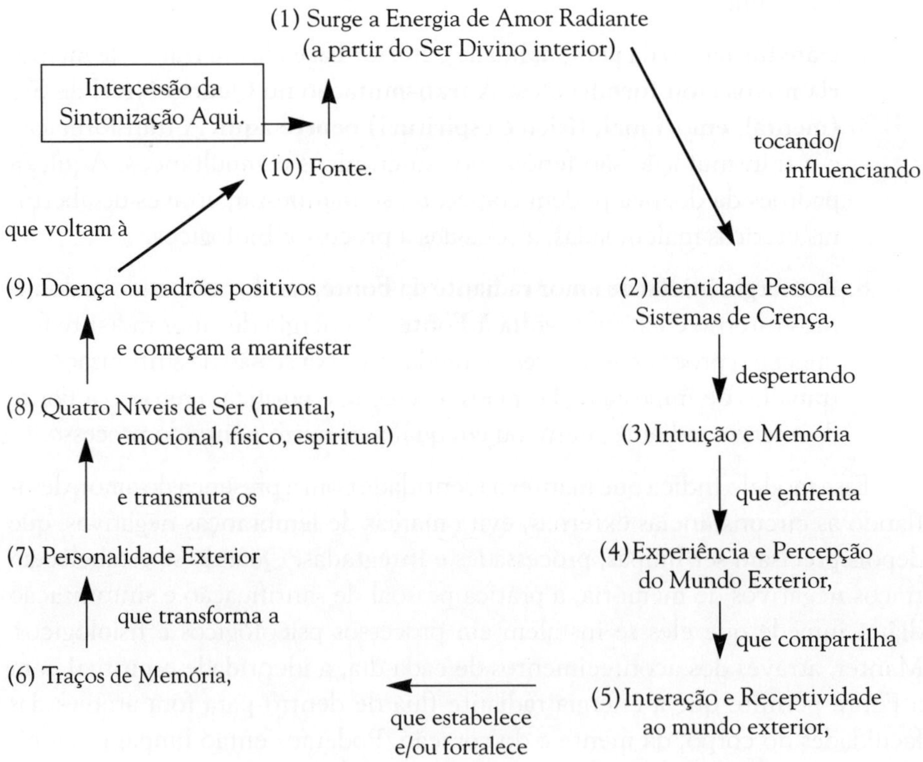

Modelo III — Sistema de Orientação Interior

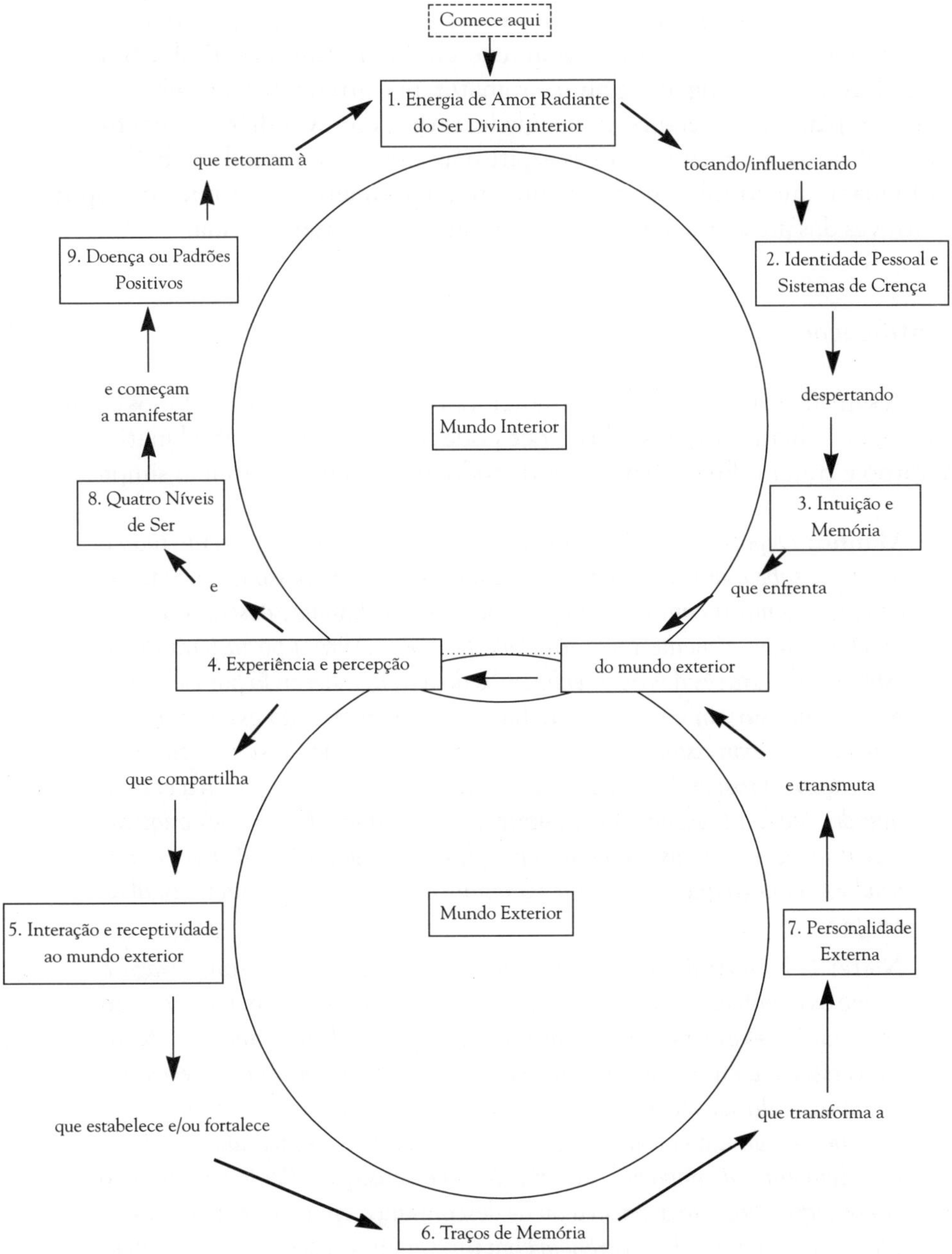

Muitas atividades espirituais ajudam a fortalecer a conexão espiritual com a Fonte e, como já foi demonstrado, favorecem a cura. Além dos exercícios de sintonização deste livro, recomendo a prática diária dessas atividades para prazer pessoal, relaxamento, crescimento e cura pessoal: visualização criativa, afirmações, meditação, yoga, massagem, exercícios, acupuntura, Reiki, Shiatsu, Shen, Joh rei, Qi Gong, Feng Shui, aromaterapia, arteterapia, atividades artísticas, terapia, musicàterapia, privacidade, retiro, escrever diário, alimentação saudável, sexo, adoração, práticas espirituais e outras formas de trabalho e lazer humano que fortalecem criativamente o movimento sincrônico do espírito através das áreas física, mental, emocional e espiritual da vida.

Santificação

A santificação é uma prática tradicional ensinada a todos os alunos de sintonização e clientes interessados. Você pode incluí-la em seu ritual matinal ou noturno e tratar o Eu e as situações de todo dia com este exercício simples.

> **Manhã:** *Depois de acordar e antes de sair da cama, traga à mente tudo o que você sabe que vai acontecer nesse dia — lugares, pessoas, encontros, compras, almoço com um amigo, jantar com a família, descanso com a família. Traga à mente uma atividade por vez. Abra a porta para que o espírito flua através dos acontecimentos do dia, agradecendo por eles antes mesmo que surjam em sua vida. Imagine-se percorrendo essas situações com alegria, expressando atitudes de gratidão e bênção. Visualize sucesso, realização e prosperidade, pondo em movimento a energia positiva em seu mundo. Veja a presença divina abrir a possibilidade de soluções criativas nas situações negativas, antes ou depois de você chegar. Quando tiver visualizado seu dia (o que leva de 5 a 10 minutos), inicie sua rotina matinal de sempre.*
>
> **Noite:** *É hora de deixar o dia repousar. Antes de cair no sono, traga à mente os acontecimentos do dia. Relembre como se sentiu em relação a cada situação — esperando no trânsito, participando de uma reunião chata, conversando com um amigo, oferecendo conforto a um vizinho necessitado, abraçando seus filhos na hora de dormir. Pergunte a si mesmo: "Estava expressando uma atitude de gratidão, compaixão e solicitude?" ou houve movimentos de impaciência, arrogância e acusação? Perdoe a si mesmo por qualquer postura defensiva ou de desconfiança em relação ao Eu ou ao Outro. Relembre cada ocorrência com uma compreensão maior e desapaixonada, que agora vê com perdão, humildade e respeito. Peça silenciosamente a todos que você feriu para que o perdoem e re-santifique a relação com honestidade purificadora. Agradeça pelo seu dia. Deixar que seu dia*

descanse antes do sono purifica seu coração de tudo o que fez de errado. Santificando seu dia, você prepara o palco para um sono tranqüilo.

Realizações: A prática diária da santificação, de manhã e à noite, traz muitos benefícios: clareza de pensamento, facilidade para administrar o tempo pessoal, diminuição do tempo pessoal negativo, ligação consciente com o ciclo pessoal de purificação. Você não vai precisar de muito tempo para processar questões inacabadas, pois vai santificar os acontecimentos negativos a cada dia. A depressão pessoal vai diminuir porque você não vai mais carregar a bagagem emocional de ontem. Ao santificar cada dia, você vai ver o conteúdo de sua consciência se purificar. Enchendo os dias com bênçãos, você vai ter com o espírito uma sintonização mais rica. Deixe que o amor irradie, sem se preocupar com os resultados.

Capítulo 5 Notas

1. Northrup, Christiane, MD, *Women's Bodies, Women's Wisdom* (Nova York: Bantam Books, 1994), p. 28.
2. *Ibid*, p. 31.

6. Sintonização Espiritual Não-Local

A história que se segue me foi enviada por Anthony Palombo, um quiroprático e praticante de sintonização que trabalha em Louisiana, EUA. Vou chamá-lo de Tony para facilitar.

Num fim de tarde, Tony foi procurado por um casal de idade que se tratava com ele há algum tempo. Estavam tristes e chorosos quando chegaram na clínica. O velho explicou: "Queremos que você ajude nosso bisneto. Ele precisa de um transplante de rim e nossa neta vai doar-lhe um dos seus. Os dois já estão sendo preparados para a cirurgia. Pode ajudá-lo?"

Tony respondeu que adoraria ajudar, mas que não era permitido praticar sintonização nem quiroprática em hospitais.[1] "Mas queremos que ajude daqui mesmo!" responderam (estavam a cento e cinqüenta quilômetros do hospital).

Tony compartilhava sintonização com esse casal uma vez por semana, juntamente com o tratamento quiroprático. Mas não lembrava de ter mencionado a possibilidade de um tratamento a distância. No entanto, eles tinham certeza de que poderia ajudar o bisneto, mesmo estando tão longe do hospital. Com tanta fé no poder do espírito, Tony sentiu que a sintonização funcionaria. Aliás, sentia que o processo de cura já tinha começado, tanta era a certeza dos dois. Eles traziam o garoto no fundo do coração, com um espírito de vitória. "Vamos conseguir!" disse Tony, levando-os para sua sala.

Tony pediu à bisavó para deitar na mesa de massagem, mas ela estava tão perturbada que achou melhor descansar na sala ao lado, enquanto ele trabalhava com o marido dela, que parecia estar muito mais controlado emocionalmente. Além disso, o velho estava em total concordância com Tony, inabalável em sua fé no espírito, que curaria o bisneto. Tony sabia instintivamente que, através do bisavô, daria para enviar energia de cura para o menino.

Tony pediu a seu cliente que se deitasse na mesa sobre seu lado esquerdo. Sentou-se atrás dele, refletindo sobre a melhor maneira de proceder naquela sessão. Enviaria energia divina radiante para o menino através dos rins do bisavô. O bisavô e seus rins funcionariam como pontos de contato na vida do bisneto. Tony começou a sessão elevando o coração em agradecimento ao Pai interior pela oportunidade de servir e pela corrente de cura e amor que estenderia através do padrão de concordância que lhe tinha sido trazido. Estendeu a mão direita, mantendo-a sobre a região dos rins, e depois estendeu a mão esquerda, mantendo-a sobre o topo da cabeça do cliente (na altura da glândula pineal). Sentiu no mesmo instante um tremendo tumulto de energia, que contrastava com o calmo foco de energia amorosa que sentia na sala. Trabalhando para equilibrar o padrão conturbado de energia, Tony levou a mão esquerda em direção à direita, irradiando para a coluna à medida que descia pelo corpo. Quando se aproximou da área do rim, com uma das mãos na coluna e a outra sobre os rins, um de cada vez, sentiu uma bola de energia errática. Aproximando e afastando as mãos, Tony sentiu como se massageasse uma bexiga, tão forte era o padrão de energia. Continuou a 'massagear' os rins do cliente, para a frente e para trás, por uns cinco minutos, até que sentiu uma mudança no padrão de energia.

A bola de energia errática começou a se dissipar, como se a bexiga de energia se esvaziasse. Depois de um tempo, o padrão inteiro se aquietou, deixando apenas um padrão tranqüilo sobre os rins. Imediatamente, Tony elevou o coração e agradeceu, dizendo para o bisavô: "Pronto, terminamos."

Ao se despedirem, Tony pediu que lhe telefonassem a qualquer hora, de dia ou de noite, logo que tivessem alguma notícia. À 1:30 da manhã, Tony recebeu um telefonema do cliente, que tentava conter as lágrimas de alegria. O garoto tinha feito xixi na cama, um sinal seguro de que a doença estava regredindo. Sem saber o que pensar, os médicos disseram que parecia um milagre. Alguns dias depois, tiraram o menino da máquina de diálise, deixando-o em observação. Os rins continuaram a funcionar normalmente e ele teve alta em três semanas.

Algum tempo depois, Tony foi fazer uma visita ao casal na casa do bisneto, para conhecê-lo. O menino era uma criança brilhante, transpirando muita luz e cheio de energia. Tony percebeu então que tudo é possível para pessoas que compartilham uma concordância inabalável, e a partir daí começou a realizar sessões de terapia de sintonização a distância.

Concordância Não-Local em Ação

A fé é uma reação de amor, assim como o amor é uma compreensão do senso de unidade.

URANDA

O que o quiroprático viveu, na história acima, foi a concordância absoluta, estendida a ele por um cliente a favor de uma terceira pessoa. Esse fluxo absoluto de energia não procurou tratar o corpo do garotinho de fora para dentro: a energia radiante foi do bisavô para o quiroprático e para o garotinho simultaneamente, porque o espírito é não-local (está presente em todos os lugares ao mesmo tempo) e a personalidade do bisavô estava em perfeito alinhamento com o divino caráter interior. Esse alinhamento não-local, mantido pelo quiroprático, pelo bisavô e pelo bisneto, foi o que permitiu que o espírito fluísse livremente para curar a criança.

A Terapia da Sintonização está na vanguarda do novo pensamento científico, alinhada com cientistas e médicos que vêem a consciência como fenômeno não-local. O Doutor Larry Dossey escreve: "... a consciência é *infinita* no espaço e no tempo, fazendo a ligação entre pessoas distantes e outras criaturas conscientes."[2] Defendendo uma visão semelhante à do Doutor Dossey e também à do Doutor Depak Chopra, Candace Pert, ex-chefe do departamento de Cirurgia Cerebral da seção de Neurociências do Instituto Nacional da Saúde, afirma: "Há uma sabedoria em cada célula... a mente é não-local. Está em todo o corpo e se move através dele." Candace Pert sugere também que "... em algum nível, todas as informações do universo estão disponíveis a todas as outras informações do universo".[3] A idéia de que a energia consciente existe simultaneamente em todos os lugares explicaria muitos fenômenos inexplicáveis, como a prece e a cura a distância, as impressões psíquicas, as experiências de quase-morte, a percepção extra-sensorial, as experiências fora do corpo, a viagem e o transe xamânico.

Prática da Sintonização a Longa Distância (Não-Local)

A prática da sintonização a longa distância está no âmago de todo serviço de sintonização e consiste no seguinte: um ou mais praticantes de sintonização enviam energia radiante (apresentada no *Capítulo* 4) a um ou mais clientes. Como outros capítulos vão tratar de *Sintonizações em Equipe* e *Encontros Radiantes* (sintonização a longa distância e local entre um grupo de pessoas), este capítulo apresenta apenas a prática a dois da terapia da sintonização a distância.

Para começar, siga o Roteiro da Prática da Energia Radiante apresentado no *Capítulo 4* para criar o campo de energia entre as mãos. Quando tiver criado o campo de energia radiante, traga à mente a pessoa com quem deseja compartilhar essa energia. É sempre bom ter fotos das pessoas a quem envia energia radiante, para que possa mentalizá-las com clareza ao compartilhar a sintonização a distância. Coloque a foto perto de você e recorra a ela quando precisar.

É também uma boa idéia escolher o horário da sintonização junto com o cliente, entrando em acordo consciente a respeito disso. Como é possível compartilhar a sintonização com qualquer um, em qualquer lugar, a qualquer momento, lembre-se de compensar as diferenças de fuso horário entre regiões e países. Escolha entre os seguintes tipos de sessões de sintonização a longa distância.

1. *Lista de radiação, sintonizações a longa distância.* Para esse tipo de sessão, você escreve os nomes das pessoas com quem quer compartilhar a sintonização à distância e trabalha com cada uma delas, uma por vez. Fique alguns minutos com cada pessoa da lista, passando de uma para a outra de maneira natural. Segure o padrão de cada uma até sentir nas mãos o equilíbrio de suas energias. Lembre-se que ao entrar em contato pela primeira vez com um padrão de energia, uma das mãos pode ficar mais quente ou sentir mais do que a outra o fluxo de energia espiritual. Limite-se a segurar o padrão e não tente endireitá-lo, permitindo assim que o espírito traga o equilíbrio a seu tempo. Isso deve levar apenas alguns minutos. Geralmente, os praticantes têm três ou mais nomes na lista de radiação e estabelecem horários semanais para as sessões (por exemplo, segundas, quartas e sextas, das 9 às 10 horas), convidando os outros a entrarem em seus campos de energia nesse horário. Se mantiver uma prática constante a longa distância, o praticante vai adquirir uma experiência inestimável. Esse tipo de exercício a longa distância é geralmente o primeiro a ser feito por um praticante iniciante.

2. *Sintonização a longa distância com ponto de contato.* Como foi mostrado na história deste capítulo, você pode compartilhar uma sintonização local com alguém que age como ponto de contato para outra pessoa ou grupo de pessoas que estão distantes. Como foi descrito, é melhor manter as linhas de acordo consciente entre todas as partes envolvidas para melhores resultados.

3. *Sintonização a longa distância com técnica de sintonização de corpo inteiro.* Quando aprender a sintonização de corpo inteiro e conhecer os pontos de contato (*Capítulos 10-16*), você poderá utilizar essa técnica para qualquer sintonização a longa distância. Estabeleça o campo de energia radiante entre as mãos, mentalize o cliente e comece a compartilhar a sintonização a longa distância. Sem dirigir o desenrolar da sessão, visualize o cliente entre suas mãos ao começar a trabalhar com as energias que passam pelo padrão cervical, pelas glândulas endócrinas, pelos sistemas linfático e ósseo. Você pode levantar e se movimentar enquanto mantém o cliente na mente e seu campo de energia nas mãos. Compartilhar a sintonização de corpo inteiro através da técnica da sessão a longa distância é como ter o cliente à sua frente, além de ser muito reconfortante para ele, que recebe a sintonização.

Roteiro da Sintonização a Longa Distância

Você deve praticar a sintonização a longa distância durante 10 a 15 minutos por dia. Com a prática constante, você vai desenvolver afinidade pessoal com uma ampla variedade de doenças. Procure se informar sobre o estado das pessoas com quem você compartilha a sintonização a longa distância — para melhor receber e esclarecer determinados padrões. No entanto, tenha cuidado para não deixar que sua mente controle a sessão — deixe que o critério espiritual seja o seu guia.

Lembre-se que o padrão de vibração de cada um é uma entidade sagrada. Na verdade, ao tratar alguém, você terá nas mãos sua força vital. Por isso, aprenda a manipular essa força com paciência, perseverança e humildade. Peça sempre permissão antes de começar e informe às pessoas de sua lista ou de sua área que você vai compartilhar a sintonização com elas a tal hora, para que fiquem mais atentas e receptivas ao fluxo de energia de amor que você vai oferecer.

Com a prática diária da sintonização à distância, você vai começar a estabelecer o próprio campo criativo, ou esfera de influência vibratória, de maneira específica. Vai desenvolver e fortalecer a sensibilidade às energias sutis que fluem entre você e os outros. Com o tempo, sua capacidade de lidar com o fluxo de energia radiante vai aumentar, até você conseguir manipular múltiplos padrões de energia de uma só vez e compartilhar energia da sintonização por longos períodos. São talentos valiosos e necessários aos praticantes da sintonização, para que possam realizar trabalhos em grupo, sessões *in-loco* em hospitais e para a prática profissional em geral.

Sintonização no Carro

Você pode compartilhar sintonização a longa distância no carro: a caminho do trabalho, como meditação para começar o dia, ou ao voltar para casa. Estabeleça o campo de energia radiante entre as mãos colocando-as no volante como de costume, mas uma voltada para a outra. Então, através das mãos, comece a irradiar energia de amor para alguém que ama, ou para uma situação que precise de seu amor. Envie energia radiante para o motorista a seu lado! Para mudar a marcha ou ligar a seta, use uma das mãos mantendo a corrente de energia com a outra. Depois, leve-as novamente ao campo de energia.

As sintonizações no carro são uma excelente maneira de passar o tempo, além de proporcionar um padrão de energia reconfortante e protetor, dentro e fora do carro, contanto que você não esqueça que está dirigindo. São ótimas quando você tem longos trechos monótonos de estrada à sua frente. Funcionam também quando você fica preso em congestionamentos ou quando algum motorista desastrado lhe dá uma fechada. Nesse caso, não se deixe apanhar pelo comportamento errático. Fique firme e envie a ele um pouco de energia radiante. Motoristas erráticos são acidentes esperando para acontecer e precisam que algo contenha sua energia instável.

Se for o passageiro, você poderá praticar a sintonização à distância sem precisar parar para mudar a marcha ou ligar a seta. As sintonizações no carro são maneiras agradáveis e relaxantes de a família inteira compartilhar momentos criativos, curando, compartilhando idéias e focalizando atenção amorosa uns nos outros.

Capítulo 6 Notas

1. Naquela época, a lei não permitia a prática de quiropráticos dentro de hospitais.
2. Larry Dossey, MD, "The Healing Power of Pets: A Look At Animal-Assisted Therapy", *Alternative Therapies*, julho de 1997, Vol. 3, nº 4, p. 15.
3. Candace Pert, PhD: 'Neuropeptides, AIDS...' pp. 72-76.

7. Ascensão

Compartilhei minha primeira Sessão Intensiva de quatro dias com o Mestre Servidor da Sintonização em 1994, pouco antes de ir para Seattle cursar a Escola de Medicina. Eu estudava cosmologia da sintonização e algumas técnicas associadas há 13 anos, mas ainda não tinha aprendido a técnica da sintonização de corpo inteiro.

A Sessão Intensiva foi em Sunrise Ranch, local de origem da terapia da sintonização e lar do Mestre Servidor. De manhã, fazia sintonização em equipe com os residentes da comunidade e à tarde tinha aulas na sala do Mestre Servidor. Eu dormia num quarto de hóspedes, fazia as refeições com os residentes e à noite ia para a biblioteca do Santuário da Sintonização para ler textos de Uranda e Martin Exeter, informando-me sobre os princípios da sintonização que eram tratados ao longo do dia. Eu conversava com os residentes do Rancho sobre a experiência de viver em sintonização e em comunidade. Era uma experiência de 24 horas de total imersão no toque de cura da sintonização.

Vibratoriamente, esse período intensivo foi o mais profundo que já vivi. Com o coração totalmente aberto e disposto a se elevar em consciência, eu me sentia como se tivesse sido levada a um platô mais alto, onde tinha a oportunidade de olhar para baixo, para mim mesma e para minhas interações com os outros, vendo-as como realmente eram, alinhadas ou não com a verdade. A intensidade da sintonização trouxe consigo uma visão mais elevada, combinada a um escrutínio concentrado e objetivo da qualidade de caráter que na época introduzia em minha vida.

Minha última sessão com o Mestre foi particularmente significativa. Decidimos focalizar a atenção nos princípios da sintonização a longa distância (não-local). Às 10 da manhã, ele tirou do bolso uma fotografia e começou a compartilhar a sintonização a longa distância com a pessoa da foto. Explicou que, como não a conhecia, não era exatamente com ela que estava compartilhando a sintonização, mas com outra pessoa, que naquele momento estava conscientemente ligada a ele e também à pessoa da foto. O Mestre Servidor estava usando um ponto de contato com configuração trina para enviar energia radiante ao homem da foto, que naquele momento estava sendo operado dos rins. O Mestre explicou que compartilhava com seu amigo um espírito de absoluta concordância em relação ao que poderia ser feito pelo homem da foto, que no momento estava anestesiado. Como esse homem não participava conscientemente do espírito de concordância por estar anestesiado, ele e o amigo seguravam esse padrão para ele — um tipo específico de técnica de intercessão.

Alguns minutos depois das 10 horas, enquanto conversava comigo sobre trabalho a longa distância, o Mestre Servidor comentou de repente : "Eles estão dentro dele agora." Ele estava sentindo, à distância, o padrão invasivo da cirurgia. Mostrou-me a foto: era de um garotinho. O homem já era adulto, mas a foto era antiga. Isso não tinha importância porque a habilidade técnica do Mestre Servidor era tão desenvolvida que ele conseguia entrar em conexão com a figura da foto, por mais diferente que estivesse.

Ainda estávamos compartilhando a sintonização à distância quando ele recebeu um telefonema de alguém que queria receber a sintonização (o Mestre Servidor recebia muitos telefonemas desse tipo). Sem romper o padrão de receptividade das três pessoas com quem já estava trabalhando (eu, seu amigo e o paciente da cirurgia), ele se acomodou na poltrona, deixou que uma serenidade mais profunda envolvesse os procedimentos e respondeu: "Estamos numa corrente de sintonização e você pode participar." Todos eram bem-vindos ao expansivo campo de energia desse Mestre Servidor. É desnecessário dizer que essa aula de sintonização a distância superou todas as minhas expectativas.

Depois dessa experiência intensiva, voltei ao meu quarto para descansar. Foi só então que percebi que estava coberta de suor. Toda a minha roupa estava saturada de água e sal. Eu me sentia fisicamente exausta e queria descansar, mas meu corpo queria expelir matéria indesejável. Nas duas horas seguintes, fui ao banheiro sete vezes. Senti como se estivesse passando por uma intensa limpeza no nível físico. A forma física acompanhava as mudanças vibratórias dos três dias anteriores. Não fiquei surpresa com a reação física do meu corpo porque sabia que tinha atravessado uma grande extensão — tinha ultrapassado a linha da vontade de amar a Deus e estava realmente em união com Deus. Minha consciência tinha se elevado e eu tinha me elevado com ela. O espírito que passava por mim tinha me permitido entrar em união com a Fonte de maneira muito específica, fazendo-me avançar no processo de ascensão.

Como Funciona a Energia Ascendente

A radiância do amor e a receptividade ao amor
iniciam o ciclo criativo do fogo flamejante.
Para onde o amor é realmente manifesto,
os que são receptivos ao amor serão levados.

URANDA

Como já foi dito, a energia da sintonização e da cura limpa o campo do corpo morfogenético/etérico (ou campo do molde das informações genéticas) que envolve e interpenetra a substância física. Esse processo de limpeza permite que a vida (o prana, o Qi ou como quiser chamá-la) se eleve e avance no processo criativo. Em meus anos de aprendizado com os Emissários, disseram-me muitas vezes para confiar na corrente da vida e em seu processo criativo porque seu movimento de ascensão é absoluto. E essa lição é verdadeira. Do ponto de vista científico, a corrente da vida é governada por forças iguais e opostas que espelham diretamente o que impulsiona a substância de base física. Essas forças impelem a vida a um movimento ascendente, como diz o Professor William Tiller:

> *A substância física se manifesta no quadro espaço/temporal positivo (o que significa que podemos vê-la) — tem natureza elétrica, massa positiva, velocidade inferior à da luz eletromagnética [e] gera a força gravitacional... A substância etérica, postula-se, se manifesta no quadro espaço/temporal negativo (o que significa que não podemos vê-la) — tem natureza magnética, massa negativa, velocidade superior à da luz eletromagnética [e] gera a força* ***levitacional***.[1]

As escolas orientais de percepção espiritual sabem que o plano etérico do ser contém consciência mais alta, capaz de levar o corpo físico consigo no processo de ascensão. Muitas escolas orientais de pensamento falam de "elevar-se em consciência" através da meditação e da eliminação das influências físicas que toldam o claro pensamento extático. Lado a lado com o pensamento oriental, muitos místicos modernos consideram que a humanidade avança ao longo de uma espiral evolucionária, elevando-se do estado passado para um novo mundo, para uma nova era, a era da iluminação.

Nessa área, um dos autores mais dignos de nota é Ken Wilbur, que reduziu todos os processos universais a uma estrutura básica, o 'holon'. O holon, segundo Wilbur, é uma entidade total que é também parte de um todo maior. Os holons compartilham duas tendências horizontais: *função e comunhão.* Isso significa que todos os holons (todas as coisas) mantêm a própria identidade, autonomia e totalidade, buscando ao mesmo tempo a comunhão com um ambiente maior. Os holons compartilham também duas características verticais: *autotranscendência* e *autodissolução*. Isso significa que ao passar a um nível mais alto de existência todas as coisas perdem algo de si mesmas. Deixam assim, nesse processo, que uma parte de si mesmas passe a um nível inferior. Wilbur diz que essas quatro forças atuam igualmente sobre todos os holons.

Além disso, além de emergirem de dentro de si mesmos para uma área externa além de si mesmos, os holons emergem em níveis crescentes de totalidade. Ao emergir, cada holon transcende e também inclui seus predecessores. Wilbur associa os ciclos da existência humana e universal a movimentos holônicos, incluindo a ascensão e queda das civilizações, as tendências psicológicas da consciência (especialmente quanto ao propósito feminino e masculino da espécie) e todos os processos universais. O impulso vital leva a transcender e a incluir, e os seres humanos avançam ao longo desse eixo em espiral para seu destino supremo.[2]

O Doutor Tiller afirma que os seres humanos avançam no processo ascendente da vida porque a *entropia negativa* passa pela energia etérica, afetando a substância física com força de integração. A entropia negativa junta a substância física de maneiras harmonizadoras e ressonantes, naturais a seu desígnio e estrutura. A entropia negativa não afeta a energia etérica, mas é o principal motivo por detrás da força vital da energia. A *Entropia Positiva*, que é a Segunda Lei da Termodinâmica, atua sobre a substância física de maneira igual e oposta. A entropia positiva, que é a força associada à matéria física, move a matéria física de maneira aleatória, levando ao caos a substância física. Ao agir sobre a matéria física, a entropia positiva exige que mais energia seja despejada no sistema, para organizá-lo numa coerência administrável (a Terceira Lei da Termodinâmica). Ao observar a diferença entre as leis que atuam sobre a substância física e as que atuam através da substância etérica, vemos que a própria natureza da energia etérica (que é vida) organiza, torna coerente e harmoniza a substância física que abriga sua força vital.

Como elucidação às teorias apresentadas acima, vamos examinar a seguinte questão: quando alguém morre, o tecido físico começa a se deteriorar. Por quê? O que será que animava e mantinha vivos os tecidos enquanto a pessoa estava viva? Era a força vital, o Qi, a energia integradora por detrás da forma física. Para melhor ilustrar esse ponto, vale consultar o estudo feito pela Doutora Justa Smith. A Doutora Smith mediu a eficácia da energia das mãos de um grupo de agentes da cura sobre tubos de ensaio que continham tirosina. Essas experiências mostraram que "... sob a influência dos agentes da cura, a atividade das enzimas se dava em direção à saúde geral e ao equilíbrio da atividade metabólica do organismo".[3] Essa pesquisa mostrou também que

> *... os agentes da cura provocaram mudanças variáveis nos índices de reação das diferentes enzimas, enquanto os campos magnéticos causavam apenas um*

aumento inespecífico na atividade. ***A direção da mudança na atividade enzimática parecia sempre espelhar a inteligência celular natural.***[4]

A Teoria da Ascensão em Sintonização: Cinco Fases do Processo de Sintonização

Para acompanhar plenamente o processo de ascensão, é preciso que os seres humanos estejam conscientemente ligados à presença e ao movimento ascendente desse processo em sua vida. Considere o processo de ascensão que, conforme os registros, ocorreu na vida de Jesus Cristo. Ele era um homem que manteve a conexão consciente com o Pai em todo o seu processo de vida.[5] Sendo um com o Pai até o momento de sua passagem consciente, ele entrou num processo intensivo de ascensão, levando seu corpo consigo quando deixou este mundo. No caminho da iluminação, é indispensável levar conosco a nossa consciência.

Uranda disse que, quando a consciência mantém a unidade com a radiância interior, nós nos expressamos exteriormente com o mesmo tipo de poder transformador que conhecemos interiormente. As pessoas e atividades do mundo exterior são atraídas pela expressão radiante que vem de dentro de nós. As pessoas e as situações reagem à nossa radiância interior e são elevadas através do poder de transformação da luz: é assim que avançamos todos juntos no processo de ascensão. Pense nisso — você lê um livro ou vai a uma palestra de uma pessoa radiantemente expressiva e conscientemente desperta, e os novos pensamentos e momentos cheios de luz o levam a reagir através de sua própria luz interior. Ao entrar em concordância consciente com esse professor, você se expressa em seu mundo com a mesma radiância que lhe foi dada. No final desse processo, todos os que foram receptivos à radiância original compartilham uma expressão maior e unificada dessa luz original. Uranda elucida esse ponto:

> *A radiância do Cristo [interior] do Ser Divino aparece e cria, e o que é criado é atraído e absorvido pela radiância do Cristo, de maneira que possa tomar parte na ação criativa. Radiação, receptividade, atração, união, expressão unificada, que é radiação — o ciclo criativo está completo.*[6]

Vamos analisar os cinco passos, um por vez:

- **Radiação:** A radiação é o âmago central da luz interior que brilha através de uma pessoa e se estende para o mundo. A radiação se refere ao aspecto cheio-de-luz do amor, que busca suprir e distribuir uma divisão de si mesmo para algo fora de si mesmo, tendo como propósito a transformação criativa. A radiação do amor busca a receptividade daquilo que quer ser modificado pelo amor. Ao expressar energia radiante de amor para os outros, você terá, em troca, a receptividade de corações e mentes conscientes que desejam compartilhar o mesmo fluxo radiante.

- **Receptividade.** A receptividade tem relação com o aspecto de retorno do amor. As formas de vida receptivas ao amor procuram ser mudadas ou transformadas pelo amor. Na natureza há evidências da ação desses dois princípios, pois um não existe sem o outro. Yin e Yang são inseparáveis, assim como as expressões masculina e feminina. Da mesma forma, os planetas orbitam em torno do Sol, receptivos ao seu poder e à sua luz.

É importante lembrar que a receptividade leva luz para a consciência humana. Quando você é receptivo a alguém que se expressa com autoridade radiante, algo dentro de você desperta. Você sente que a 'luz acende' quando a ficha cai ou quando ouve palavras inspiradoras. Expressar receptividade a uma força radiante revela luz — é isso que constitui a nova era da iluminação.

- **Atração.** A luz faz a atração voltar à Fonte. Nessa fase da atração, a substância receptiva ascende ao nível seguinte ou se dissolve no nada. O que sai do ciclo não é mais necessário no processo de ascensão. O que continua é de natureza pura, capaz de entrar em união com a fonte radiante. Em outras palavras, a fase de atração separa o joio do trigo ou o refugo do ouro: só a substância pura continua no processo de ascensão. O que é atraído pelo amor porque é do amor, vai continuar no processo. O que transporta a substância do amor, mas não é amor em si mesmo, deixa o processo e acaba. Agora o processo criativo contém apenas substância de amor.
- **União.** Nesse estágio, o aspecto purificado do amor receptivo entra naturalmente em união com o amor radiante, expandindo assim o campo e a força criativa do amor.
- **Radiação Unificada.** A força radiante do amor, agora maior, sai em busca de receptividade, com o propósito de expandir seu campo e força criativa para o mundo natural.

Esses estágios dão uma idéia do que me aconteceu durante a experiência intensiva de sintonização. As mudanças físicas que ocorreram depois da experiência intensiva foram resultado da ação da fase de atração que fluía através de mim. O que havia em mim de pura substância de amor passou a um plano mais alto, fundindo-se ao aspecto radiante do amor, enquanto o que não era útil aos propósitos do amor em minha vida desapareceu. Assim é com todos os que se sintonizam à própria radiância interior. A vida avança e avançamos com ela, superiores em consciência e compelidos a oferecer o aspecto purificado do amor, que agora conhecemos.

A Prática do Manto de Radiância

No capítulo *Recolhimento* foi dito que, para entrar em união com a Fonte, o primeiro passo é expressar uma atitude de gratidão. Se você começar a meditar diariamente e estabelecer um fluxo de energia radiante na sua vida, você vai ser envolvido pelo que Uranda chamou de 'Manto de Radiância'. Esse manto é um escudo invisível que vai aparecer na sua consciência. O manto radiante é uma espécie de campo morfogenético consciente que contém novas informações para sua mente exterior quanto aos desígnios divinos em sua vida, que ainda não lhe foram revelados. Geralmente, quando lutamos para conquistar a consciência interior do próprio destino divino, o esforço da mente exterior impede o recolhimento, negando justamente o que buscávamos. É como puxar a maçaneta para abrir a porta e ao mesmo tempo segurá-la com o pé, impedindo-a de abrir. Siga o roteiro do Manto de Radiância e aprenda a abandonar a luta e o querer da mente para seguir sua sabedoria interior. Uranda fala sobre isso:

> *... só o Espírito do seu Senhor e Mestre, que é o seu Manto de Radiância, pode lhe revelar as Coisas Secretas de Deus. Quando for levado pelo Mestre à coordenação rítmica e harmoniosa com Sua Expressão do Ser Divino, você vai agir como Ele age, falar como Ele fala e pensar como Ele pensa... Dentro do Manto de Radiância sua compreensão é plena e sua Visão, perfeita... Quando você ministrar no Templo, diante do Mestre, as Sagradas Verdades lhe serão reveladas, e os Segredos do Serviço Sagrado serão transmitidos através de você...*[7]

Para aumentar a sintonização interior com a Fonte, pratique diariamente o *Roteiro do Manto de Radiância*. Experimente combiná-lo com a *Meditação da Cura Interior*, apresentada no Capítulo 3.

Roteiro do Manto de Radiância

1. Agradeça por todas as coisas em todos os momentos.
2. Aja em concordância com o seu Ser Divino interior, reconhecendo que a divindade está dentro de você e é perfeita, cheia de sabedoria e poder.
3. Seja receptivo a todos os impulsos que vêm de sua divindade interior e só aja quando for levado pelo Ser Divino. Assim, sua radiância interior vai fluir livremente em todos os momentos.
4. Preste atenção à força de amor interior que se expressa através de você, através de todos os pensamentos, palavras e obras. Os pensamentos, palavras e

obras são os serviços do templo de cada um de nós, que podem ser purificados de acordo com a vontade d'*Aquele que Habita*. Prestando atenção a esses três serviços, você vai ver surgir uma direção divina na sua consciência.

5. Compreenda que o fluxo do amor que emana de dentro de você é uma força positiva em seu mundo que, com influência criativa, transmuta e transforma tudo o que toca. O fluxo de energia consistente, positivo e radiante que vai se estabelecer no seu mundo vai criar um escudo protetor à sua volta através do manto de radiância. Isso vai impedir que o mal, ou energia negativa, penetre na sua esfera de atividade criativa.

6. Tome consciência de que são diferentes as vibrações que distinguem os pensamentos conscientes dos impulsos interiores. A idéia externa vibra de acordo com *o que você pensa*. O impulso interior vibra de acordo com *o que você sabe*.

7. Perceba que o impulso interior não tem interesse em julgar pessoas, lugares e situações, considerando alguns melhores que os outros. O anseio interior sabe que a radiância interior fornece tudo o que é necessário à sua vida e à vida dos outros. Julgar as coisas exteriores é perda de tempo, um esforço inútil. À medida que continuar a se expressar através da unidade que encontrou dentro de você, tudo o que precisar lhe será trazido pelo seu próprio poder de atração, que age de dentro para fora. Julgar outras coisas, fora desse campo, impede que o fluxo de energia saia.

8. Continuando a ser receptivo a *Aquele que Habita*, afastando-se de vontades e lutas exteriores, obedecendo ao anseio interior que está sob o controle do Pai interior, todas as coisas o acompanharão, e você vai perceber que *Aquele que Habita* já lhe deu tudo o que você precisa para viver uma vida total aqui e agora.[8]

Capítulo 7 Notas

1. George Vithoulkas, *The Science of Homeopathy* (Nova York: Grove Weidenfeld, 1980), pp. xii-xiii.
2. Ken Wilbur, *A Brief History of Everything* (Boston: Shambhala Press, 1996).
3. Gerber, *Vibrational Medicine*, p. 149.
4. Gerber, *Vibrational Medicine*, p. 150.
5. Rudolf Steiner diz que Jesus recusou o vinagre com hissopo, que lhe ofereceram quando estava na cruz, porque isso o teria privado da total consciência durante aqueles momentos cruciais.
6. Uranda, *The Triune Ray*, pp. 14-15.
7. Uranda, *Letters to You* (Loveland, CO: Eden Valley Press, 1941), pp. 36-38.
8. Versão resumida de Uranda, *The Triune Ray*, pp. 58-59.

8. Padrões de Concordância

Um dia, uma mulher me procurou para aprender sintonização. Vou chamá-la de Peg. Peg era magra, pálida, já tinha passado por uma cirurgia de câncer de mama e era anoréxica/bulímica. Inscreveu-se para um seminário individual, em que eu ensinava as técnicas de sintonização a dois e dava atenção personalizada às necessidades do aluno. Quando ela se inscreveu para o seminário, eu percebi que estava diante de um desafio, tantas eram as distorções de consciência que ela apresentava. Mas fiquei firme em meu acordo com a Fonte: estava disposta a estender a mão para Peg, dando-lhe a oportunidade de introduzir mudanças positivas em sua vida.

Para iniciar esse dia de treinamento intensivo, costumo compartilhar a sintonização com o aluno para abrir seu fluxo de receptividade à Fonte. Mas, na sintonização com Peg, ela ficou balançando a cabeça. Eu nunca tinha visto alguém se expressar assim e desconfiei que, inconscientemente, ela estava defletindo a entrada do espírito em sua forma. Senti também que a matéria vibratória da sua mente estava muito desassociada do corpo físico. Ela era de constituição muito pequena, quase sem gordura nem massa muscular, com uma cabeça muito grande em comparação com o corpo. Parecia se agarrar a uma consciência que procurava se separar da forma física, o que explicava sua natureza bulímica. Ao conversar com ela, percebi que costumava repetir, de maneira agressiva, que sentia como se vivesse dentro da cabeça. A julgar pela aparência, seu corpo concordava com ela nesse ponto.

Na sessão de sintonização, senti muito desespero em seu corpo. Ele parecia lamentar a perda da conexão com a consciência. Mais tarde, toquei nesse assunto. Ela ficou assustada, como se eu tivesse descoberto e trazido à luz seu segredo. No intervalo seguinte, ela foi até o carro fumar um cigarro. Observando-a, vi que falava e gesticulava, como se estivesse discutindo consigo mesma.

Quando voltou, começamos a última sessão. Para finalizar, resolvi fazer o exercício do "Objeto Representativo" (ver *Capítulo 21*). Eu lhe disse para sair e procurar um pequeno objeto que representasse uma essência espiritual. Ela voltou logo depois, com um pedrinha branca e preta. Perguntei-lhe o que significava a pedrinha e ela respondeu: "Esta pedra é branca e preta. Veja como as duas cores se encontram! Para mim, ela significa o poder da integração. Quero trazer à luz o meu eu sombrio e integrá-lo."

Sorri ao ouvir essas palavras. Senti que o tempo do treinamento tinha sido bem empregado. Quando compartilhamos o fluxo radiante na sessão final, ela ficou sorrindo e segurando a pedra, sem balançar a cabeça. Recolhendo-se, Peg descobriu a inspiração e a confiança que precisava para enfrentar sem desvios sua condição. Deixando que o espírito lhe nutrisse a alma, ela começou a se alimentar, integrando a mente à substância pneumaplásmica do corpo. A mente, o coração e o corpo se tornaram um através do poder de nossa concordância com o espírito.

Concordância e Triângulos Criativos

Em verdade ainda vos digo: se dois de vós estiverem de acordo na Terra sobre qualquer coisa que queiram pedir, isto lhes será concedido por meu Pai que está nos Céus.

JESUS CRISTO, MATEUS 18:19

O poder de cura da concordância espiritual é muito subestimado na nossa sociedade. É normal fazer acordos para realizar atividades em conjunto — para construir casas, para se casar, para realizar uma tarefa. A esses acordos segue-se uma miríade de interações entre as pessoas, imbuídas ou não de honestidade, clareza de significado ou espírito de amizade. Pretensões, prioridades ocultas, ações baseadas na ganância, corrupção, ódio, emoções mal processadas e outras formas de má comunicação tendem a minar a integridade das interações, levando a resultados questionáveis com conseqüências desastrosas. A civilização humana já viu o fim de grandes empreendimentos e de impérios inteiros, a escravidão e a libertação de pessoas de várias raças, credos e cores: são os frutos do mau uso do poder em relação à concordância espiritual. O potencial de concordar, que trazemos no coração, é o potencial da promessa de criar ou destruir a vida individual e a sociedade coletiva.

Quando compartilhamos em *concordância espiritual*, os projetos espiritualmente inspirados avançam com uma espécie de graça divina que governa toda a realização, por mais problemas externos que surjam. A concordância espiritual é baseada na percepção e na expressão individual da sabedoria e da orientação divina. Partes que concordam espiritualmente em relação a uma atividade valorizam e utilizam certos parâmetros que estabelecem um tom de integridade em todas as meditações pessoais, conversas e reuniões.

Geralmente, os parâmetros da concordância espiritual incluem dois tipos de qualidades: as pessoais e as relacionadas com o grupo. Como as atividades relacionadas com o grupo são na verdade atividades pessoais reunidas, todas as qualidades pessoais encontram seu lugar em qualquer configuração total. Todos os padrões pessoais de pensamento e comportamento baseados em princípios de concordância espiritual encontram sua base de operações no acordo interior entre o coração, a mente e o espírito. É no coração que a pessoa concorda em estar sempre disposta a seguir as indicações das faculdades conscientes inspiradas pelo espírito. Esse acordo se manifesta no nível vibratório e no comportamento pessoal, em expressões como: honestidade, exposição de sentimentos, processamento de emoções e pensamentos pessoais, atitudes diretas com os outros, confiança na orientação espiritual, no Eu e nos outros. As interações em grupo baseadas na concordância espiritual seguem critérios semelhantes: expressão aberta e honesta do Eu, confiança na influência orientadora do espírito através do Eu e do Outro e em todos os empreendimentos coletivos, disposição a aprender e a mudar, respeito pelos limites alheios, etc.

Como indicam os critérios acima, as formas externas do trabalho criativo baseiam-se no fundamento invisível de suas partes concordantes. Ao trabalhar com um empreiteiro para construir uma casa, você trabalha na verdade para construir um armazém de concordância, testada e fortalecida através de tentativas, frustrações e renovações. O poder abrigado na forma dessa casa (ou o que é baseado em qualquer acordo entre duas ou mais pessoas) deve ser visto de maneira tridimensional e não linear, pois num acordo baseado no espírito nunca há apenas duas pessoas, mas três entidades: você, eu e Deus, como ilustra o seguinte diagrama.

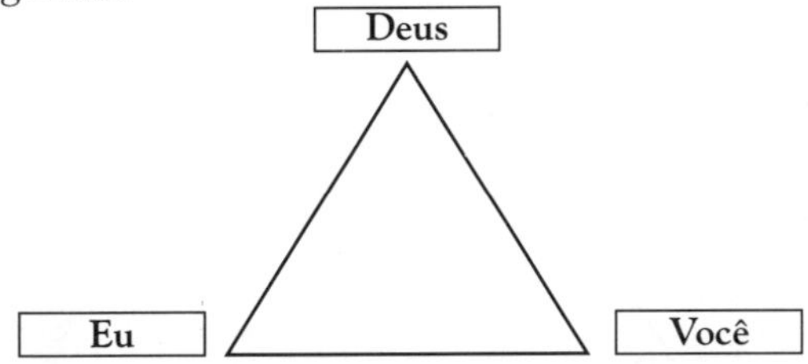

Essa forma triangular de concordância tem poder suficiente para mover uma montanha ou dividir um oceano. Abrir uma passagem no Mar Vermelho não foi obra apenas de Moisés, mas da concordância absoluta entre ele, Deus e os israelitas: "Que assim seja." Quando duas ou mais pessoas dizem amém numa prece para evocar a ajuda da Fonte Superior em qualquer empreendimento criativo, elas são atendidas. Lembre-se das histórias de cura apresentadas neste livro. Todas elas são baseadas no princípio de concordância espiritual. A concordância de vibração entre duas ou mais pessoas e a Fonte funciona de maneira absoluta e é o fundamento em que se baseia a sintonização e a cura.

A atividade de cura da trindade foi discutida pela primeira vez por Shears, Ackerley e Uranda em 1952, quando abriram a Escola de Treinamento de Servidores G.P.C. (God-Patient-Chiropractor/Deus-Paciente-Quiroprático) no Sunrise Ranch, em Loveland, Colorado. A concordância G.P.C. foi inicialmente representada neste diagrama linear, em forma de pirâmide:

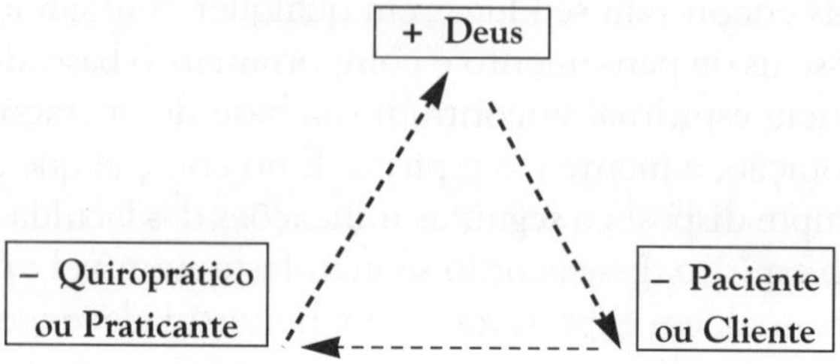

Nesse diagrama, o quiroprático está em posição de intercessão: capta a receptividade do cliente e a redireciona para Deus. Foi assim que os pioneiros da sintonização demonstraram seu funcionamento, mas com os anos esse ciclo foi modificado, revelando um movimento mais livre de energia entre todos os envolvidos. Hoje, no padrão de concordância G.P.C., um padrão de receptividade idêntico vem das duas pessoas que participam da cura (o praticante e o cliente). Praticante e cliente assumem papéis negativos ou receptivos em relação à ação positiva do espírito, e ambos compartilham a responsabilidade de manter uma posição receptiva em relação à Fonte. O Praticante ainda intercede pelo cliente e trabalha para eliminar seus padrões de energia dissonante, mas agora o cliente reage diretamente à Fonte. As duas partes permanecem abertas ao espírito, interessadas em permitir que a nova terra ou novo padrão vibratório e físico apareça nos ciclos naturais de cura. Essa relação pode ser representada no seguinte diagrama:

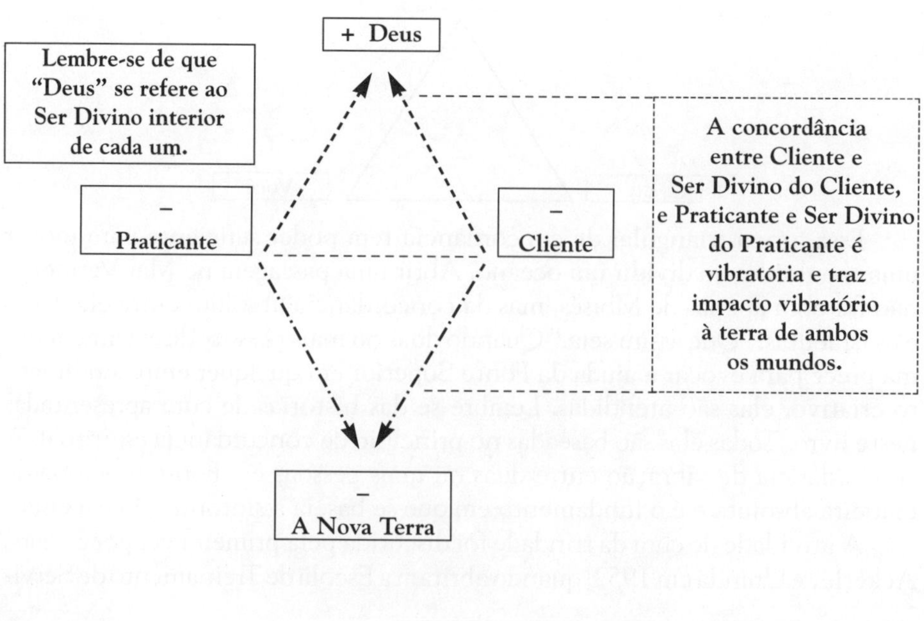

Neste segundo diagrama, observe que as posições do cliente, do praticante e da nova terra recebem sinais de receptividade negativa (–).

Considerando as poderosas ramificações desse novo tipo de relação compartilhada entre cliente e praticante, vamos aprofundar a discussão dos pontos apresentados acima. Tome como exemplo um acordo feito entre duas pessoas que vão iniciar um projeto conjunto. Iniciado o projeto, o diálogo constitui boa parte do tempo e da energia compartilhados. As faculdades mentais e emocionais das partes envolvidas no acordo são ativamente empregadas. Na sintonização, essa substância ativada do acordo é uma matéria poderosa, pontos receptivos que o espírito utiliza para criar a forma física. A substância do acordo é a energia usada na construção de qualquer forma. Na verdade, são a mesma substância. Uranda descreve a substância ativada da concordância como um campo criativo:

> *A primeira evidência de um campo criativo faz basicamente o seguinte: começa a ajustar o que é harmonioso às correntes envolvidas, introduzindo-o na manifestação de um padrão harmonioso em relação aos pontos de polaridade... depois de concluídas as fases iniciais — de maneira que exista realmente um canal de operação, que as polaridades sejam mantidas e a compreensão da verdade a respeito da corrente de amor divino seja purificada — o que é harmonioso entra no que podemos chamar de esfera criativa de atividade, que consiste em trazer à manifestação as coisas que são do padrão divino.*[1]

Uranda diz que o padrão divino de substância terrena toma forma em torno do padrão de concordância que foi estabelecido no início. A Primeira Lei da Termodinâmica postula que a energia não é criada nem destruída, que só muda de forma. Assim é também com todas as coisas do mundo físico — a energia abrigada na forma é a mesma energia que foi usada para criar a forma, só que agora reside numa manifestação física da energia invisível original. Sua concordância vibratória dá o tom, imbui a atmosfera, cria o espírito do lugar. Esses componentes não-visíveis são tão reais e tangíveis quanto os que você vê a olho nu. Você já deve ter entrado numa sala onde houve uma discussão e sentido a tensão no ar. Muita tensão pode destruir um lar e a tensão entre funcionários pode destruir um negócio, muito antes de ser liquidado. Quem coloca uma bomba teve o pensamento destrutivo de causar o mal muito antes de riscar o fósforo. Como diz Candace Pert, "A Consciência Precede a Matéria".

Podemos compreender então que a terra, ou o aspecto visível de qualquer criação, tem semelhança com fatores invisíveis da concordância usada para criar a forma: a forma é simplesmente a manifestação externa de sua estrutura interna invisível. Assim, a concordância espiritual pode ser vista como uma estrutura vibratória invisível: linhas de força através das quais o poder da criação se move. Essa atividade criativa é a marca de todas as relações de sintonização, estabelecendo a concordância com Deus no domínio celeste, para que a nova terra possa se manifestar a seu tempo.

Exercícios do Triângulo Criativo

Sabendo agora que as linhas vibratórias de força servem para estabelecer a concordância entre pontos positivos e negativos (Mente, Coração, Ser Divino) ou pessoas (Deus, Cliente, Praticante), você está convidado a se divertir com os triângulos criativos de sua vida preenchendo os diagramas em branco. Ao terminar esses exercícios, você pode repeti-los em qualquer folha de papel.

TRIÂNGULO CRIATIVO Nº *1*

Abaixo há um triângulo criativo em branco. Preencha esse triângulo da seguinte maneira: primeiro, escreva os nomes de pessoas (inclusive o seu) que estão trabalhando juntas numa relação ou projeto criativo. Você também pode preencher os espaços com seus próprios aspectos de Mente e Coração.

Então, no corpo vibratório do triângulo criativo, acrescente as qualidades de expressão positiva e atitudes de amor — gratidão, bênção, compaixão, tranqüilidade, perdão, etc. — que você gostaria que todos os participantes expressassem para dar ao acordo uma forma cheia de luz. Depois de preencher esse triângulo, experimente criar o seu, com qualidades, projetos, pessoas e lugares do seu mundo.

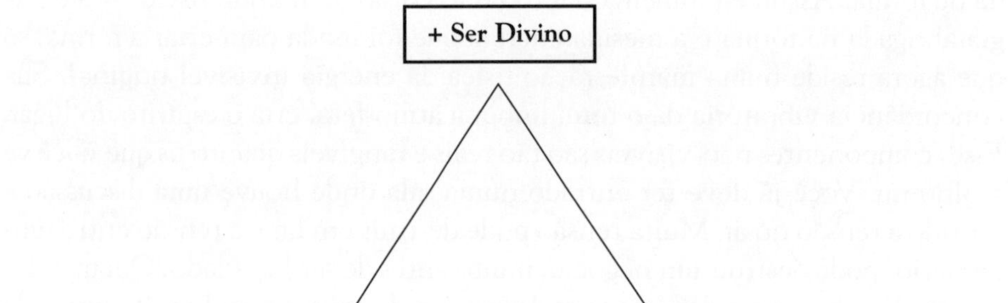

Quando terminar, considere as qualidades de expressão que você acrescentou e responda a estas perguntas:

- Essas essências vitais positivas estão ativas em você agora?
- Como liberar mais plenamente essas essências?
- Será que alguma coisa impede que essas essências sejam liberadas em você ou em outra pessoa?
- Você precisa perdoar alguém ou alguma coisa da experiência passada?
- Você se lembra de mais alguma coisa que possa ser acrescentada a este triângulo criativo? Acrescente agora estes elementos.
- Durante um dia ou dois, vá acrescentando à lista as qualidades que lhe ocorrerem. Compartilhe o triângulo com as pessoas que colocou na lista e veja se elas podem contribuir com essências vitais que você não mencionou. Discuta como dar mais poder a seu grupo através de uma concordância positiva fortalecida, descartando as qualidades de expressão que impedem o fluxo do espírito através do projeto.
- Entregue-se plenamente ao processo vital expressando conscientemente as essências que enumerou. Use santificações e/ou técnicas de energia radiante para que a sua entrega seja realmente completa.

Triângulo Criativo nº 2

No segundo exercício, observe que as linhas de concordância do triângulo se estendem abaixo da base da pirâmide, revelando a total dimensão do campo vibratório que forma a nova terra.

> *Escreva novamente os nomes de seus parceiros no acordo (em posições negativas, receptivas) e escreva também o nome do projeto ou forma da Nova Terra que vocês pretendem criar. Você também pode escrever "Corpo, Mente e Coração" nas posições da base se pretende elucidar aspectos do espírito através dos quais você se expressa. Se o triângulo representa um empreendimento em grupo, faça com que o grupo preencha os espaços em conjunto.*
>
> *Faça uma lista das qualidades radiantes que devem participar do corpo vibratório de seu projeto. São qualidades como serenidade, alegria, humildade, honra e respeito. Depois, dentro do triângulo inferior, coloque as qualidades que deseja experimentar em razão das essências que enumerou acima. São qualidades como prosperidade, contentamento, sucesso, realização criativa e confiança. Você cria assim uma representação de aspectos da verdade presentes na sua consciência ou na consciência do grupo. Essa representação de suas verdades permite que você reflita sobre elas, que as altere, que acrescente*

outras, que distile e expanda a consciência que tem delas. Este exercício permite que você observe o seu funcionamento interior de maneira a ajustar e a acentuar suas energias criativas.

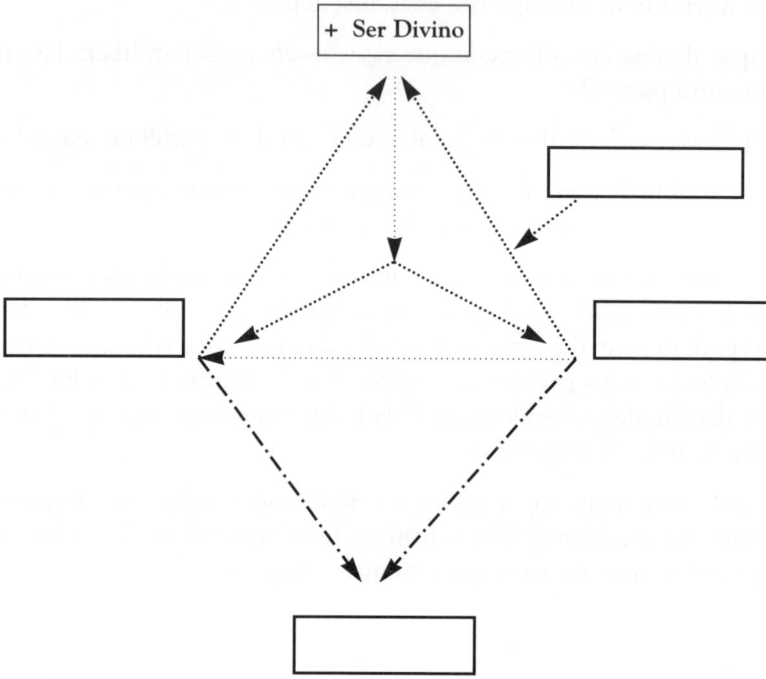

Finalmente, depois de preencher o segundo triângulo, responda às seguintes perguntas:

- O que transpirou em razão do trabalho (conjunto)?
- Será que cada participante iniciou um fluxo de sintonização dentro de si mesmo e com os outros?
- Será que alguém tem outras experiências ou essências vitais que queira acrescentar?
- Você quer criar e preencher algum outro triângulo? Se quiser, crie o seu triângulo numa folha de papel e preencha os espaços em branco, como fez aqui. Ao criar os próprios triângulos, considere as idéias que se seguem, mas não deixe que elas o limitem. O mundo dos triângulos criativos espera por você!
    - Crie um triângulo só para você, para aquietar a mente e o coração e para alinhar essas faculdades com o espírito.

- • Crie um triângulo de união da família, para mudar a atmosfera da casa.
- • Crie um triângulo de trabalho com os membros do seu projeto em grupo para que todos ressoem juntos com experiências e essências vitais específicas.
- • Dê uma festa de sintonização e apresente os exercícios do triângulo como jogos individuais ou em grupo. Crie seus próprios jogos para passar momentos divertidos e gratificantes.

Capítulo 8 Notas

1. Uranda, 'Stability and Agreement in a Creative Field', Serviço de Adoração Extemporâneo ministrado em 20 de setembro de 1946, como é mencionado em *The Capstone*, A *Global Attunement Newsletter*, nº 2, fevereiro de 1994.

9. Manifestação

Abandonei a escola de medicina natural quase no fim do segundo semestre do primeiro ano. Sentia-me exausta e estressada, sem espaço pessoal para cuidar da minha vida. Eu estava também completamente desiludida em relação aos objetivos que tinha ao ingressar na profissão médica. Com grandes esperanças de aprender os segredos da cura natural, minhas expectativas foram abatidas depois de algumas semanas no programa de Doutoramento em Naturopatia da Universidade Bastyr: descobri que o foco central do trabalho desse primeiro ano era a natureza da doença, não da saúde. Eu sabia que essa premissa era falsa, mas não podia mudar o sistema, embora tenha tentado. Tentar mudar o sistema foi o que me fez deixar o programa.[1]

Quando deixei a escola, minha vida caiu no vazio, sem significado nem propósito. Fiz vários bicos para pagar as contas, sem saber que direção tomar. Para encontrar um novo caminho, comecei a freqüentar a Igreja da Unidade, e então me matriculei num curso de Prosperidade, esperando encontrar as ferramentas que precisava para ter domínio sobre minha vida.

O curso literalmente mudou a minha vida. Em doze semanas, o espírito transformou minha consciência, da escassez para a prosperidade. Durante esse tempo, escrevi e reescrevi textos que descreviam o que eu queria conquistar no futuro próximo e distante e como eu queria ser. Eu me reescrevi — quem eu era e quem eu queria ser. Com base nos princípios universais da prosperidade, meu trabalho nesse curso fez com que minha consciência passasse da deficiência e do fracasso à humildade e à sintonização com meus anseios profundos.

Durante o curso, consegui um emprego como operadora de *telemarketing* de um clube de solteiros (eu não era casada mas queria me casar). Certa manhã atendi o telefone e em dois minutos sabia que o homem do outro lado da linha seria uma pessoa especial em minha vida. Acabei casando com esse homem. Ele tinha todas as qualidades que eu vinha trabalhando para manifestar num companheiro.

Seis semanas depois de conhecer meu futuro marido, mudei para uma casa novinha, que ele havia projetado. A casa fica num terreno arborizado de 4,5 acres, na Península Kitsap, e nela há um centro de artes da cura. Finalmente livre da cidade, iniciei uma sociedade de amor com o homem dos meus sonhos, longe das ruas movimentadas, da fumaça e dos congestionamentos.

Lembro-me do dia em que me mudei para a minha nova casa. Meu marido (então namorado) carregou minhas coisas no seu caminhão e foi de Seattle, onde eu morava, para Kitsap County, do outro lado da ponte Narrow. Eu tinha ido de carro e fiquei esperando por ele. Quando chegou, ele me contou que o vento tinha levantado a tampa de uma das minhas caixas e um monte de papel tinha voado e caído no rio, desaparecendo para sempre.

Ao examinar as caixas, percebi o que tinha perdido e caí na gargalhada. Os papéis que tinham voado continham minha manifestação de prosperidade — o trabalho que tinha feito para manifestar a situação que eu estava vivendo. E esses eram os únicos papéis que faltavam. Parecia uma mensagem da Fonte, me informando que não precisava mais dos papéis para realizar os meus sonhos — eu os estava vivendo. Meu acordo com a Fonte a respeito do que eu queria conquistar e de quem eu queria ser estava só começando. Estava agora no início do meu sonho, começando a realizar os propósitos pelos quais tinha vindo à Terra.

Princípios de Manifestação

Você começa a passar todo o seu tempo, onde estiver,
agradecendo pela abundância material concedida,
que flui livremente, em serviço amoroso
para toda a humanidade.

URANDA

Às vezes a vida lhe dá algo que você acha que não quer. Às vezes você cria para você mesmo uma situação que acha que não precisa. Mas você já deve ter ouvido o ditado: "Se a vida lhe der um limão, faça uma limonada." Pois a filosofia da sintonização diz que o que você cria é baseado na qualidade de caráter que você expressa. Para mudar as circunstâncias da vida, você precisa modificar a qualidade do acordo entre coração, mente e espírito. Quando o coração e a mente estiverem livres do passado, abertos ao presente momento, permitindo assim que o espírito passe através deles, as mudanças que você deseja começarão a se manifestar.

Lembre-se de que a forma vem depois da função, que a consciência precede a matéria. A qualidade de sua concentração e intenção, durante a transição entre você agora e você como quer ser, é o principal motivo que há por detrás de qualquer manifestação que você cria. Além disso, leva tempo para que surja a substância qualitativa que há por detrás de todos os intentos criativos.

Como na maioria dos empreendimentos, para seguir o caminho da recriação você precisa concordar em dar passos específicos, que a vida vai lhe mostrar. Se pular um passo porque não é exatamente como você gostaria que fosse, cuidado! É provável que perca a maior oportunidade de sua vida. Uranda fala sobre isso: "Cada degrau de pedra deve ser recebido com alegria, como oportunidade de provar a própria força em Unidade com o Pai."[2] Quase recusei o emprego de operadora de *telemarketing* porque achei que não queria trabalhar naquele ambiente. Mas veja só como o espírito me deu abertura para aceitar essa posição: aceitei o emprego porque gostei da minha patroa. Havia nela alguma coisa que me fez sentir que seria bom trabalhar ali, alguma coisa que me inspirou. Acabei amiga dela e também desenvolvi técnicas de venda que uso até hoje no meu próprio negócio. O *telemarketing* me deu uma excelente oportunidade de me afirmar sem violar minha integridade. Fui contratada sem nenhuma experiência anterior (um voto de confiança de minha patroa) e acabei com o maior salário da empresa. Se tivesse saltado esse degrau por causa de meu sentimento inicial (ficar choramingando: "não sei fazer isso — não tenho experiência!") nunca teria desenvolvido a tarimba de vendas que tenho agora, nem teria conhecido meu marido naquela época. Para manifestar coisas na vida é preciso desenvolver o senso espiritual das oportunidades que a vida apresenta, e depois dar os passos necessários, sejam quais forem seus sentimentos no início. Mostrar um pouco de iniciativa diante da novidade sempre resulta em sucesso.

Seguindo passo a passo o caminho da manifestação, você vai começar a perceber o desenrolar de um plano divino que traz consigo atributos divinos, relacionamentos e o espírito de realização. Para manifestar o sonho, é preciso gerar substância espiritual, que é um novo tipo de campo morfogenético, um novo tipo de sistema de informação baseado na concordância com o espírito e que lhe traz novas informações sobre você mesmo. A maioria quer o sonho mas não quer trabalhar interiormente para fazê-lo aparecer. Mas não é assim que a vida funciona. A vida só cria com base na *verdade de ser*. Torne-se você mesmo em verdade, alinhe-se com os propósitos do Ser Divino interior e veja seu sonho desabrochar bem diante de seus olhos.

Roteiro da Manifestação

Onde não há visão, as pessoas perecem.

URANDA

Siga este roteiro para manifestar seus sonhos e seu destino.

1. Siga os roteiros do *Recolhimento* e da *Meditação da Cura Interior*, dos *Capítulos 3 e 7*. Agradeça por todas as coisas e faça tudo sabendo que o Pai interior está agindo. Quando sua identidade no Ser Divino estiver consistentemente estabelecida e você começar a perceber o manto de radiância à sua volta, então o espírito vai começar a recriar a sua vida.
2. Expresse desejo e amor intenso pelo que você quer criar.
3. Focalize sua concentração no desejo. Seja específico. Anote tudo. Espalhe bilhetes pela casa, no local de trabalho, na escola, no carro, a respeito das coisas que você quer manifestar em sua vida. Leia-os muitas vezes ao dia, para instilar sua presença no subconsciente. É isso mais ou menos o que outros líderes espirituais chamam de "mapear o tesouro". Se você acha que quer um carro novo, escreva o ano e o modelo: "Um Mercury Cougar 1999, vermelho, com estofamento cinza, etc." mas acrescente sempre "*ou alguma coisa melhor*". Essa observação final é muito importante. Você pode limitar seu sonho ao vinculá-lo conscientemente a algo menor do que merece.
4. Mantenha a flexibilidade durante a transição para que possa receber o que tem verdadeiramente no coração. Às vezes você acha que quer alguma coisa, mas não a quer realmente. Comece a experimentar, aberto para descobrir o que realmente quer. Se estiver inseguro em relação ao que quer, escreva nos bilhetes "clareza quanto ao objetivo de vida, emprego, etc."
5. Quando o sonho começar a ficar mais claro, visualize em detalhes toda a sua meta, seja ela uma nova criação, projeto, estilo de vida, emprego ou vida amorosa. A perfeita visualização cria a perfeita manifestação. Anote tudo isso. Recorte de uma revista uma foto de seu sonho e coloque-a em local visível.
6. Quando seu processo estiver ficando completo, pratique até se transformar na sua meta. Identifique-se com ela. Ande pela casa, pelo bairro, pelo *shopping*, com o sentimento de que ela já se manifestou. *Transforme-se* na sua criação acabada e saiba o que significa na sua vida a realização desse sonho.
7. Agradeça pelo aparecimento da meta antes dela surgir. A gratidão multiplica muitas vezes a prosperidade.
8. Negue qualquer falta que sentir na mente ou no coração, vinda através de amigos ou da família. Os outros não vão realizar o sonho como você, não terão a sua visão. Não espere que tenham. Negue qualquer falta e substitua-a imediatamente pela afirmação de que a prosperidade está presente em você. Expressar atitudes de culpa, condenação, acusação ou crítica, em relação aos outros ou a si mesmo, impede o progresso. Expresse apenas atitudes de alegria, felicidade e gratidão por seu sonho estar presente agora.

9. Se agir corretamente, sua fé ficará mais forte. A ação que tem fé atua sobre a fé como um catalisador, plantando sementes de confiança e de bem-estar pessoal na consciência. O respeito por si mesmo alimenta com exaltação a auto-estima.

10. Quando o seu sonho aparecer, agradeça por ele e perceba as diferenças em você. Geralmente, quando o sonho se manifesta, você já se transformou numa pessoa diferente. É esse o propósito deste exercício — modificar-se modificando a natureza do que há na vida. Reserve alguns minutos para registrar como sua manifestação o modificou e como a nova forma encheu sua vida com um novo propósito e um novo significado.[3]

O Exercício do Ponto no Papel

O Exercício do Ponto no Papel é uma prática de sintonização a longa distância que traz equilíbrio, clareza e sintonização para o seu mundo. Dando clareza às circunstâncias, aos relacionamentos e ao seu ambiente interior, você vai modificar a natureza dos corpos etéricos associados a essas coisas, abrindo assim o caminho para o espírito passar por elas com poder e luz. Faça o Exercício do Ponto de Papel todas as semanas para que a prática da manifestação se desenvolva com facilidade.

Faça um ponto (ou qualquer outro símbolo) no centro de uma folha de papel. O papel deve ser branco e sem pauta. O ponto ou símbolo deve ser grande, para que você possa enxergá-lo e reconhecê-lo. Ele o representa. Escreva seu nome sob o símbolo representativo.

Então, comece a encher a página com outros pontos e símbolos que representem as pessoas, lugares e situações do seu mundo, com os quais você tem vínculos criativos, emocionais e espirituais: membros da família, vizinhos, situações de trabalho, animais de estimação, relacionamentos pessoais e profissionais, projetos em que está trabalhando, viagens futuras, etc. Coloque os símbolos que representam as pessoas com quem você tem ligações mais próximas perto de seu próprio símbolo e vá colocando os outros em pontos mais distantes. Esse trabalho deve levar uns dez minutos.

Quando encher a página, você irá observar que as situações ou os relacionamentos que não estão claros no nível de vibração e/ou de emoção subiram à superfície da consciência. Esse é um fenômeno importante. Registre mentalmente essas situações e relações para o próximo estágio do exercício. Por exemplo: sua próxima ida ao dentista, a visita a um amigo no hospital, aquela reunião com o patrão na semana que vem, que o faz suar frio, ou a briga que teve com o senhorio no outro dia.

Depois de fazer todos os pontos e/ou símbolos, ponha a folha de papel no colo. Entre num modo de sintonização a longa distância e comece a compartilhá-la com as situações e relações que o incomodam, enviando uma corrente de confiança amorosa para cada uma delas, à medida que forem surgindo na consciência. Mentalize-as com amor, acalmando as águas interiores e perdoando cada pessoa (inclusive você). Deixe que a corrente de amor que envia a cada uma delas abra as portas certas para a solução. Esta parte do exercício deve durar de 5 a 10 minutos.

Não deixe a mente divagar. Se isso acontecer, puxe-a de volta para a sintonização em curso. Fique focalizado em cada pessoa e situação com o mesmo cuidado que você gostaria de receber. Um sentimento de calor e paz vai descer sobre você, clareando tudo o que está representado pelos pontos no papel.

É bom ter por perto um bloco de anotações ou diário, pois talvez você se lembre de algumas coisas enquanto trabalha. Quando compartilho a sintonização com meus parceiros nesse exercício, costumo me lembrar de que preciso telefonar para alguém ou ir a algum lugar relacionado com a situação à qual estou me sintonizando. É assim que o espírito reforça sua ligação com uma situação. Durante a radiação de amor, a energia da sintonização vai trazer à sua mente o que você precisa saber: de uma cura profunda a uma simples lista de compras.

Se sentir medo ao oferecer sintonização a uma das pessoas ou situações da folha de papel, interrompa o exercício, descanse e procure oferecer alguma coisa boa para você mesmo e depois para essa pessoa ou situação. Fortaleça primeiro a sua paisagem espiritual e depois ofereça-a. Não ultrapasse seu limite natural, não se force a fazer o que não lhe parece natural. Este exercício não deve ser uma dificuldade a ser superada, mas uma comunhão feliz com as situações e pessoas de seu mundo, com quem você está naturalmente em sintonização amorosa. Se esse sentimento persistir, experimente compartilhar a sintonização com outra pessoa representada na página, com quem você se sinta especialmente sintonizado. Use essa relação como ponto de contato para a situação difícil. Se não funcionar da primeira vez, volte a essa situação em outro momento. O amor só penetra nessas situações quando há uma abertura. Deixe que tudo aconteça naturalmente.

Chamo esse exercício de 'Quiroprática Espiritual' porque depois de fazêlo você vai notar mudanças sutis na energia que passa pela sua vida. Muitas vezes recebo telefonemas de pessoas a quem enviei energia de amor. Elas telefonam para se desculpar de alguma coisa ou simplesmente para dizer 'oi', aparentemente sem motivo. O Exercício do Ponto no Papel funciona com precisão surpreendente e sempre traz um resultado criativo. É impossível fracassar nesse exercício. Praticar é fazer. Boa sorte!

Capítulo 9 Notas

1. Minha descrição do programa do primeiro ano de doutoramento da Universidade Bastyr pode estar influenciada pelo estado de minha consciência na época.
2. Uranda, *Letters to You*, p. 6.
3. Além de minhas instruções, acrescentei idéias do Reverendo Stretton Smith, '4T Prosperity Program' (a Igreja da Unidade distribui esse programa), e também de Uranda, 'Instantaneous Manifestation', *Third Sacred School* (Loveland: Eden Valley Press, 1933), Capítulo 6, p. 32.

Exercício do Ponto no Papel

(Quiroprática Espiritual)

Data: ___/___/___

Parte Dois

Forma Visível

A força que age através das sintonizações
não é misteriosa nem difícil de entender.
Não é uma invenção da fantasia, porque pode ser sentida com precisão
por aqueles que treinaram a percepção
e pelos que têm uma percepção natural do funcionamento
da energia vital. Não é necessário que a pessoa
seja capaz de sentir fisicamente o funcionamento dessa energia para
que ela lhe seja eficaz.

O Servidor [praticante], em tempo algum,
em circunstância alguma, procura tratar
ou curar o cliente.
Toda a cura vem de Deus.

URANDA

10. O Padrão Cervical

Em 1984, assisti a um curso de 'Liderança Espiritual' num local de retiro em British Columbia, Canadá. O curso de três semanas era o segundo de três cursos da série 'Arte de Viver', organizada pelos Emissários, e foi assistido por 26 alunos vindos do mundo inteiro. Mergulhados durante 24 horas na cosmologia da sintonização e nos princípios da liderança, os alunos passavam as manhãs na sala de aula e as tardes no jardim, ajudando a cuidar da horta comunitária.

Esse curso era um treinamento para futuros praticantes da sintonização e líderes espirituais; na época, esse objetivo não se encaixava em minhas metas. Eu não sabia o que queria ser ou fazer. Minhas ambições se limitavam a ganhar dinheiro para viver e a me expressar através da composição musical e da massagem terapêutica. Minha consciência estava cheia de questões não resolvidas, relativas aos meus pais e à minha família, que me impediam de aproveitar as aulas. Eu ficava interrompendo os instrutores com questões relacionadas comigo mesma, tinha a mente muito ativa e resistia ao novo padrão vibratório que tentava emergir em minha vida. Eu era uma encrenqueira e aprendi minhas lições da maneira mais dura.

Quase no fim do curso sofri um 'acidente'. Eu estava na cozinha, ajudando a guardar os vidros de conserva, quando escorreguei no chão molhado. Meu pé fugiu debaixo de mim e eu bati a cabeça no chão. Os vidros se estilhaçaram e eu fiquei no meio de um monte de cacos. A supervisora da cozinha veio correndo e pôs as mãos em posição de sintonização sobre minhas vértebras cervicais (na base do pescoço). A partir desse ponto, ela segurou o padrão de vibração da coluna até eu levantar, o que levou uns 20 minutos (o tempo que os outros levaram para recolher os cacos de cima de mim e do chão). Durante essa sintonização do padrão cervical, eu me senti completamente envolvida pelo amor. Quando eu levantei, a surpresa foi geral: tinha só um pequeno galo na cabeça e nenhum corte. Sugeriram que eu tirasse a tarde livre e, assim, tomei um banho e fui para a cama. Um praticante chegou logo depois para fazer comigo uma sessão de sintonização de corpo inteiro. Apesar do tombo, eu não tinha nenhum problema físico, provavelmente graças à energia da sintonização que recebi com tanta presteza.

Para mim, esse incidente foi uma forma de a vida me acordar. O curso, que terminaria em alguns dias, me parecia uma grande perda de tempo. Achava, internamente, que não estava recebendo nada de extraordinário e nem sentia mudanças na consciência, como relatavam os meus colegas. Mas o tombo me chacoalhou e me tirou desse comportamento egotista. Algo lá no fundo de mim foi liberado pela batida na cabeça e algum tempo depois essa nova presença se revelou a mim de maneira dramática. Eu não sabia, mas essa queda era um ponto decisivo, não apenas para o curso mas para a minha vida.

Sozinha no quarto, comecei a me perguntar porque isso tinha acontecido comigo. Por que tinha caído e não tinha me machucado? O que a vida estava tentando fazer comigo? Refletindo sobre a minha experiência no curso até aquele momento, comecei a ouvir uma parte de mim mesma que nunca tinha ouvido antes. Essa voz chamou minha atenção porque finalmente estava sozinha, aberta para ouvir o que ela tinha a me dizer. Antes eu estava cheia de minhas próprias negações e verborragia. Para mim era difícil ficar sozinha, descansando, mas continuei na cama, intrigada com a voz que me falava através do silêncio. Percebi que essa voz era uma parte de mim mesma: antes soterrada na atividade em torno de mim mesma, agora ela tinha espaço e tempo para chamar a minha atenção para a sua presença. Caí no sono, receptiva à minha recém-descoberta consciência.

O resto do curso correu sem novidades, até a última aula. Era uma aula de quatro horas e lembro que estava muito ansiosa e frustrada comigo mesma. Fosse o que fosse que precisava descobrir, não tinha sido nesse curso. Professores e colegas esperavam que eu passasse por uma mudança na consciência, mas isso não tinha acontecido (era o que eu pensava no momento). Sentia apenas uma pressão interior, que interpretei como auto-recriminação. Fiquei me remexendo na cadeira, interrompi uma vez o professor, mas descobri que não tinha nada a dizer.

Logo depois dessa interrupção, tive uma sensação muito estranha, algo que jamais eu havia sentido. Era como se eu estivesse saindo do corpo pela nuca, através do padrão cervical. Com medo de morrer ali mesmo e fazer outra cena terrível na frente de todos, eu me agarrei aos braços da cadeira, tentando impedir que a parte de mim que teimava em subir não saísse do meu corpo. Ignorei totalmente o tópico que estava sendo discutido na minha frente, preocupada apenas com essa experiência física. É desnecessário dizer que perdi tudo o que foi dito nessa última aula. Enquanto os outros alunos se abraçavam e se cumprimentavam pela conclusão do trabalho, eu corri para meu instrutor de sintonização e, tremendo, disse em seu ouvido: "Acho que estou saindo do meu corpo." Vendo sua expressão de descrença, eu continuei: "É verdade. Está acontecendo agora e não dá para parar." Então, ele me levou pelo braço até uma sala de sintonização e, sem dizer nada, ficou de pé me segurando nos braços por uns vinte minutos. Eu tremia, mas lembro que abraçá-lo ali, no silêncio da sala de sintonização, foi o espaço mais tranqüilo que conheci durante o curso.

Passei semanas sem conseguir dormir. Havia 'demônios na minha porta', pois parecia que todos os maus pensamentos que já tinha tido estavam ao pé da cama, tentando chamar a minha atenção, requisitando o meu amor, pedindo que eu adorasse o mal. Eu sabia que, custasse o que custasse, tinha que enfrentar aquilo sem ficar receptiva àqueles demônios. Ficava acordada à noite e dormia durante o dia. Não conseguia trabalhar e não lembro como sobrevivi financeiramente. Era como se todo o mal do mundo quisesse viver na minha consciência. Como a Jó, na Bíblia, convidavam-me a 'amaldiçoar a Deus e morrer'. Mas eu sabia que, se concordasse com aqueles demônios, uma grande parte de mim morreria e eu ficaria perdida na escuridão espiritual.

Do pouco que tinha aprendido no curso, sabia que minha tarefa no momento era manter a constância do padrão de vibração na mente e no coração, independentemente do que me vinha à consciência. Foi uma vigília, um teste para eu provar a Deus que estava presente. Eu não havia participado conscientemente do curso, e agora era o momento de me testar. E como o propósito da liderança espiritual e da sintonização é interceder pelos outros, percebi que estava enfrentando os demônios por mim e por muitas outras pessoas do planeta. Para me dar algum alívio desse processo intenso, eu fazia pipoca e assistia velhos filmes, repetindo sem parar para os demônios: "Vocês não são verdadeiros e não têm lugar em mim."

Senti que, nesse momento, minha ação era crítica para o meu despertar espiritual. Para manter a quietude no coração e na mente, compartilhei o que estava acontecendo com vários servidores da sintonização e todos eles compartilharam a sintonização a longa distância comigo. Achamos que a queda que eu tinha sofrido durante o curso e o processo de ascensão, que ainda não havia terminado, eram parte do meu despertar espiritual. E ele implicava, em especial, receber padrões de dissonância vibratória de outras pessoas. Com as ferramentas para elevar a consciência que tinha conhecido no curso (aparentemente tinha recebido mais informações do que pensava), tinha agora a oportunidade de dar clareza a alguns dos padrões de distorção vibratória do mundo, segurando-os em mim e deixando que se transformassem através de minha identificação consciente com a Fonte. No curso, por menos que tivesse aprendido, tinha aprendido como proceder, e não apenas em teoria. Não sabia se meus colegas estavam passando por uma experiência tão intensa, mas era como se eu tivesse levado o mundo inteiro para dentro de mim.

Foram semanas muito profundas, e eu procurei me expandir através da atenção vigilante e do compromisso de não ceder ao poder negativo. Esse trabalho de intercessão foi o que teve mais significado para mim. Eu sentia como se tivesse recebido uma oportunidade especial de testar a mim mesma no processo de sintonização, o que no momento parecia ser meu propósito na vida.

Depois de mais ou menos um mês, com o padrão mais claro, resolvi arrumar um emprego que me permitisse economizar algum dinheiro para outro curso, o World Service Class, que começaria dali a nove meses.

Ressonância

Quem fica descontente com uma condição empresta suas faculdades para manter a condição que perturba.

URANDA

Ressonância é um termo usado pelos físicos para explicar a interligação energética de dois ritmos com freqüências semelhantes. Importantes pensadores da área da ciência acham que o processo de pôr em ressonância sistemas biológicos através de métodos energéticos se dá através da manipulação externa ou através de sistemas biológicos internamente ressonantes. Existe um bom exemplo de ritmo interno de ressonância: mulheres que vivem juntas num alojamento passam a ter um ciclo menstrual sincronizado. E de ritmo externo: relógios com pêndulos do mesmo comprimento e pendurados na mesma parede começam a oscilar em exato sincronismo.[1]

Os seres humanos atuam com um mecanismo de ressonância igual ao de outros sistemas biológicos. Recentes pesquisas científicas revelaram que o tálamo cerebral age como um marca-passo ou gerador de ritmo talâmico, que produz um padrão de oscilação — em duas fases — de ondas cerebrais. Na primeira fase, íons de cálcio entram, a cada 1,5 a 2,8 segundos, em neurotransmissores presentes no tálamo, disparando oscilações de ondas cerebrais que se espalham pelo cérebro e sistema nervoso. Na segunda fase, silenciosa, os íons de cálcio se acumulam excessivamente, interrompendo assim a oscilação. Essa parte do processo leva de 5 a 25 segundos depois dos íons de cálcio se acumularem. Durante a fase silenciosa do processo, as ondas cerebrais tornam-se suscetíveis à ressonância de campos externos (terra, energias atmosféricas ou a energia das mãos de um agente da cura). Considera-se que esse padrão cerebral em duas fases regula toda a atividade e sensitividade do sistema nervoso, determinando também a sensibilidade aos estímulos enviados pelo sistema nervoso. Esse estado receptivo pode ser considerado como um parâmetro importante da saúde individual.

Ao observar o processo de ressonância, vemos que nos seres humanos é inata a capacidade de regular a padronização de ondas geradas pelo cérebro. No entanto, esse sistema diretor interno pode ser limitado ou estressado diante do mau alinhamento na consciência e de outros fatores externos de *stress*.

Aplicadas em áreas específicas do sistema nervoso, técnicas energéticas como Qi Gong, Terapia do Toque, Terapia Crânio-Sacral e Terapia da Sintonização, têm um efeito terapeuticamente organizador sobre o sistema nervoso, influenciando criativamente o processo de ressonância. A Terapia da Sintonização, quando aplicada às regiões cervical e cerebral, afeta criativamente o sistema gerador talâmico ao equilibrar e manter as energias associadas à fase mais longa, silenciosa, do padrão de ondas cerebrais. (Sobre efeitos terapêuticos da ressonância cerebral em traumas e ferimentos, ler *Capítulo 17*.)

Ao observar o processo de ressonância de uma perspectiva mais ampla, percebemos ramificações não tão benéficas. Há casos em que a energia negativa nos impõe sua freqüência, podendo alterar o padrão natural de nossas ondas cerebrais através da intervenção da ressonância externa: corrente elétrica de cabos de alta tensão, energia de microondas, a energia eletromagnética dos terremotos e muitos outros fatores. Além disso, nossa sociedade parece estar entrando em ressonância com um ritmo mais rápido do que o do mundo natural, o que pode ter conseqüências negativas para nossa civilização como um todo. Stephan Rechtschaffen escreve:

> *... não nos deixamos mais levar pelos sons dos pássaros, do vento nas árvores, das ondas na praia. Hoje nós nos movemos pelo ritmo dos computadores, dos alarmes e sirenes. Nós nos queixamos que nossos computadores funcionam muito devagar. Ficamos ansiosos diante do aparelho de fax. Queremos que tudo aconteça instantaneamente.*[3]

Nesse mundo acelerado, é benéfico sintonizar-nos com o que está naturalmente presente dentro de nós, praticando técnicas energéticas de cura que aumentam a harmonia interior.

Equilíbrio do Padrão Cervical

Quando você for sensivelmente tocado,
as escamas vão cair de seus olhos;
e pelos penetrantes olhos do amor
você vai discernir aquilo que seus outros olhos nunca verão.

ORIGEM DESCONHECIDA

A técnica de sintonização de corpo inteiro começa com um procedimento para o equilíbrio cervical: um trabalho energético que põe em ressonância o cérebro e o sistema nervoso central e tem um efeito geral relaxante. Para o equilíbrio cervical, o praticante deve colocar as mãos levemente em concha, com os dedos unidos, sem espaço entre eles. Essa posição é semelhante à que

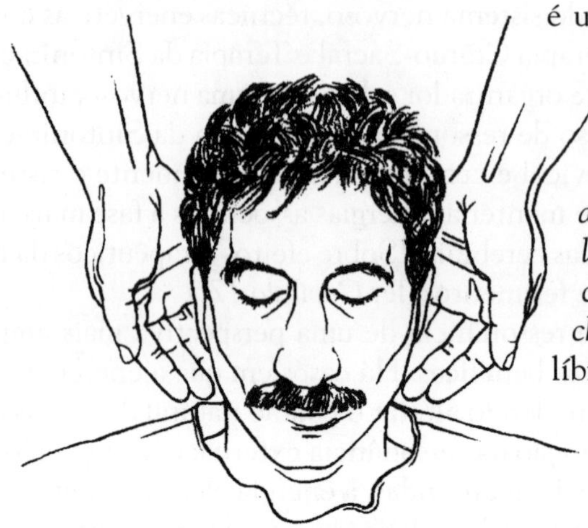

é usada nas sessões de sintonização a distância e de energia radiante. Em sânscrito oriental o nome dessa posição é *anjali*: "... *um gesto de adoração em que as mãos ficam lado a lado, com as palmas para cima, levemente em concha e cheias de oferendas*".[4] Para o equilíbrio cervical, as mãos ficam uma de cada lado do pescoço do cliente, a uns três centímetros da pele, com os dedos apontando para baixo, para a região da coluna. Para o praticante, essa posição simboliza o gesto de oferecer à Fonte a força vital do cliente e o resultado de cura da sessão.

O praticante de sintonização coloca as mãos uma de cada lado do pescoço do cliente, como é descrito mais adiante na seção intitulada *Exercício do Padrão Cervical*. Preste atenção à posição exata das mãos em relação ao pescoço e às orelhas para conseguir 'pegar' ou sentir o padrão de energia das vértebras cervicais, localizadas no topo da coluna. Se estiverem muito em cima ou muito embaixo, as mãos podem entrar em outros sistemas de energia, associados a partes do corpo que não têm relação com o padrão cervical, como a articulação temporomandibular, o nervo vago ou a artéria carótida. Se quiser abençoar seu mundo, o cliente deve colocar as mãos uma de cada lado do corpo na posição anjali e conscientemente estender a bênção às pessoas e situações que lhe vierem à mente durante a sessão de sintonização.

Ao equilibrar as vértebras cervicais, você harmoniza a energia que passa pela coluna e que tem seu foco na nuca. Aí, todos os nervos cranianos se cruzam e se separam em grupos que seguem depois para o resto do corpo. Colocando as mãos na base do pescoço para equilibrar as cervicais, você produz um estado de total relaxamento corporal no cliente e, através do silêncio, inicia um estado de meditação.

Elevação para o Redespertar

No caso apresentado acima, ficou claro que alguma coisa aconteceu no meu padrão cervical quando, graças à sabedoria interior, fiquei imóvel por algum tempo depois do tombo. Já vi a mesma coisa acontecer com outras pessoas e vou descrever esse processo com mais detalhes. Quem começa a agir conscientemente conforme a sabedoria interior (desperta) e depois modifica o padrão de receptividade para desobedecer, querer ou lutar (cai no sono de novo), pode sentir na nuca uma sensação de 'subir', que lhe dá a impressão de estar saindo do corpo. O *stress* interior também provoca essa sensação, especialmente se a pessoa está negando a própria integridade ou não está disposta a ouvir a voz da sabedoria interior ao fazer escolhas conscientes. Esse padrão de 'elevar-se para despertar' é uma maneira do espírito lhe dizer: "Escolhei hoje a quem quereis servir." Uranda fala sobre isso:

> *Quem começa a ser receptivo ao centro de amor do Raio Trino [o aspecto radiante da Fonte interior] e depois, devido a desejos tolos da mente exterior, se arma contra a força do amor, recusando-se a ser receptivo a ela, que já age no seu interior... [traz] a chamada tragédia à expressão do indivíduo.*[5]

A tragédia a que Uranda se refere está diretamente relacionada com o grau de reação que a pessoa expressou e com o grau de receptividade que ela experimentou antes de reagir. Em outras palavras, se você é fortemente compelido a ser receptivo ao centro de amor e o aceita por algum tempo, e depois abandona essa prática para reagir ao ambiente ou ao templo do corpo de maneira igualmente forte, pode, segundo Uranda, atrair para si mesmo uma situação com conseqüências negativas, que vai redespertá-lo para o centro de amor. Essa situação (de conseqüências muito menos negativas do que algumas outras) serve para lembrá-lo do centro de amor ao provocar essa sensação de elevação na nuca. Se tiver essa sensação depois de seguir por algum tempo o programa de sintonização, ela pode ser um sinal de seu guia interior, um lembrete para que você seja receptivo à Fonte interior de amor antes de qualquer outra coisa. Deixar de obedecer a esse empurrão suave favorece o surgimento de outros desafios, que vão ajudá-lo a avançar no processo de redespertar.

Prática da Sintonização do Padrão Cervical

O cliente deve ficar deitado de costas na mesa de massagem (ou em local semelhante). Sente-se à cabeceira da mesa e coloque as mãos na posição anjali, uma de cada lado da cabeça do cliente, chegando até a base do pescoço. As mãos devem ficar a uns três centímetros da pele, em torno do espaço atrás das orelhas. Os dedos, com exceção dos polegares, devem apontar ligeiramente para baixo, de modo que as pontas penetrem no fluxo de energia da coluna. O praticante deve deixar os ombros, os braços e os pulsos bem relaxados, apoiando as mãos numa cadeira ou na mesa de massagem para favorecer o relaxamento. Se as mãos, braços e ombros estiverem tensos, o praticante vai sentir nas mãos um padrão de tensão, muito diferente do padrão de relaxamento que é desejado.

Ao tocar o padrão cervical do cliente, você pode ter várias sensações. Eis como agir em cada caso:

- *Sinto mais energia numa das mãos do que na outra*: Essa experiência é comum para os praticantes de sintonização, mesmo para os mais experientes. A sensação vem de um desequilíbrio no padrão de energia das vértebras cervicais. Nesse caso, basta segurar o padrão para equilibrá-lo. Você não deve mover as mãos de maneira alguma. A técnica própria do trabalho de sintonização consiste em segurar o padrão até que ele se modifique. Isso leva alguns minutos.
- *Sinto formigamento, pressão ou calor numa das mãos ou nas duas*: Você está sentindo uma distorção ou padrão dissonante no sistema nervoso. Não é necessário descobrir onde está o problema — deixe que o espírito o faça. Também não é necessário remover o calor. Basta segurar o padrão cervical até que a dissonância se dissipe, o que vai ocorrer em poucos minutos.
- *Sinto uma única pulsação passando-me pelas mãos*: Muito bem! Isso significa que já conseguiu equilibrar o padrão cervical e que já pode passar para a fase seguinte da sessão da sintonização (abrir as glândulas endócrinas). Todos os praticantes procuram sentir nas mãos essa pulsação única e nítida, nas cervicais e em outros locais do corpo. Essa pulsação significa que a área está energeticamente limpa e equilibrada.

Equilíbrio da Vértebra Atlas

Como técnica afim, experimente equilibrar a vértebra atlas como ponto de partida para todo o trabalho de sintonização. Nesse procedimento, você põe em ressonância as oscilações das ondas cerebrais aplicando a energia da sintonização diretamente sobre a vértebra atlas (a vértebra que fica no topo da coluna e sustenta a cabeça ou crânio). Tom Fallon, historiador e praticante da sintonização, explica as idéias de Uranda sobre a sintonização do padrão cervical e da vértebra atlas:

> *O espaço atrás das orelhas está relacionado com a vértebra atlas. Esse ponto estabelece um centro para que as mãos do praticante fiquem na posição exata. A vértebra atlas age como um freio. Quando o corpo está doente, a vértebra atlas torna mais lenta a corrente vital e é nela que se pode estabelecer o controle do padrão de energia do corpo durante a sintonização. Uranda enfatizou várias vezes a necessidade de segurar a energia na vértebra atlas até que ela esteja bem equilibrada.*[6]

Para equilibrar a vértebra atlas, o cliente deve ficar deitado de costas na mesa de massagem e você deve colocar as mãos atrás de sua cabeça. Suavemente, posicione os dedos médios no espaço atrás das orelhas, com os polegares apontando para o crânio, mas sem tocá-lo. (Neste procedimento, você toca levemente a pele do cliente.) O equilíbrio da atlas deve preceder o equilíbrio cervical. A vértebra atlas deve ser considerada como ponto de contato para a sintonização cervical, podendo ser estimulada por um minuto antes que você abra as mãos na posição anjali para iniciar o equilíbrio cervical.

Pratique esses exercícios uma vez por dia, sozinho ou com outra pessoa, o que é sempre melhor. Sintonizar o próprio padrão cervical pode forçá-lo a manter as mãos e os braços numa posição rígida, que vai bloquear o fluxo de energia que passa pelas mãos e provocar cãibras nos braços. A auto-sintonização cervical é contra-indicada quando ocorre algum desses sintomas.

Equilibrar o Corpo através dos Pés

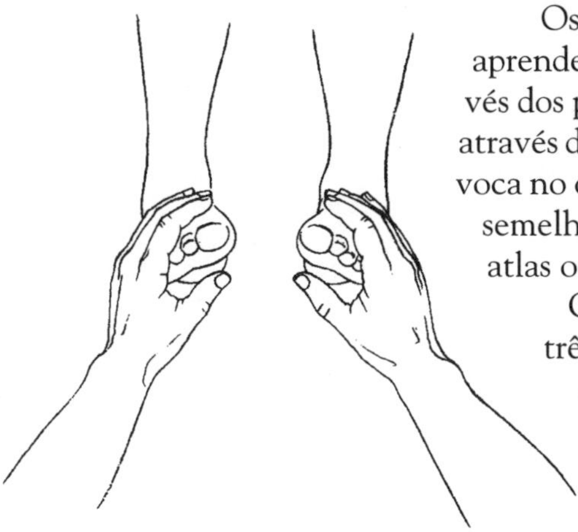

Os praticantes da sintonização devem aprender também a equilibrar o corpo através dos pés. Equilibrar as energias do corpo através dos pés é um procedimento que provoca no cliente uma reação de relaxamento semelhante à que é atingida na posição atlas ou cervical.

Coloque as mãos na posição anjali, três a cinco centímetros acima dos dedos dos pés, de maneira que eles fiquem cobertos pelas suas mãos (ver ilustração). As mãos, os pulsos, os braços e os ombros devem ficar relaxados nesse exercício. No início, você pode sentir discrepâncias de energia semelhantes às que sentiu nas cervicais, mas segure o padrão energético que elas também vão se dissipar. Para melhores resultados, duas pessoas podem trabalhar no cliente ao mesmo tempo, com uma delas equilibrando o ritmo do pescoço e a outra equilibrando o ritmo dos pés. (Mais informações sobre isso no Capítulo 20, *Sintonização em Equipe*.)

Capítulo 10 Notas

1. Dr. James Oschman, 'What is healing energy? Part 3: Silent Pulses', *Journal of Bodywork and Movement Therapies*, Volume 1, nº 3, abril de 1997, p. 184.

2. *Ibid.*
3. Stephan Rechtschaffen, 'Time Shifting, How to Pace Your Life to Natural Rhythms', *Noetic Sciences Review*, verão de 1997, nº 42, p. 18.
4. Earle Hitchner, sobre a faixa 'The Anjali Quartet', no CD *Celtic Spirit* (Milwaukee: Narada Media, 1996).
5. Uranda, *The Triune Ray*, p. 51.
6. Correspondência pessoal com Tom Fallon, de Cape Cod, Massachusetts, historiador e praticante da sintonização.

11. O Caminho Espiritual do Sistema Glandular Endócrino

A morte é parte da vida e às vezes a sintonização nos dá coragem para partir, com a calma certeza de nossa imortalidade.

Certa vez conheci um homem que não parava de se mexer. Nós nos encontramos num centro de referência da AIDS numa cidade onde eu estava iniciando a prática da sintonização. Eu queria entrar em contato com o pessoal de lá e aproveitava para dar uma olhada nas publicações do centro. Enquanto lia, fiquei observando o jeito desse homem com o canto dos olhos. Ele andava de um lado para o outro na sala de leitura, balançava os braços, olhava para todos os lados e ria para si mesmo de maneira consciente. Era magro e abatido, como se não comesse direito há semanas. Senti pena dele ao perceber que era um paciente do centro.

Começamos a conversar e ele me contou que era o soropositivo de sobrevida mais longa naquele Estado — mais de doze anos. Disse que tinha sido um dos apresentadores convidados num programa de grande audiência e um dos principais debatedores de um programa de entrevistas que teve como tema a prostituição masculina. Conversamos um pouco e eu lhe dei meu cartão. Poucos dias depois ele me ligou e marcamos uma sessão.

Pouco antes da hora marcada, rezei como sempre fazia, preparando o espaço da cura. Preparei conscientemente a atmosfera com a intenção de deixar a confiança fluir, estabelecendo uma conexão com a Fonte Superior e também entre o espírito e meu cliente. Visualizei que iria acontecer o que fosse necessário. Permanecendo centrada, larguei as bordas do conhecido para enfrentar o desconhecido. As velas e a música suave completaram o cenário. Era absoluta a minha fé em Deus como meu poder.

Ele chegou pouco tempo depois, cheio de força e vigor, mexendo-se sem parar. Ao me contar sua história, mencionou que só tomava refrigerantes, pois não gostava do gosto da água. Fiz uma anotação para checar seu padrão renal durante a sessão. Ele se vangloriou de nunca ter tido uma infecção oportunista. Perguntei-me o significado disso. Talvez sua tenacidade e sua identificação com o papel de 'sobrevivente da AIDS' fossem um escudo protetor contra o desconhecido. Proteção ou não, a longa identificação com algo alheio a seu verdadeiro Eu não era um padrão saudável de comportamento. Olhando seu rosto, disse a prece silenciosa: *Aquiete-se e conheça.*

Começamos a sessão de sintonização. Enquanto trabalhava com as glândulas endócrinas, meu corpo inteiro começou a suar. Quando cheguei às glândulas ad-renais, fiquei tonta e pensei que ia desmaiar, tal a intensidade da distorção do padrão vibratório que senti ali. Não sabia o que fazer porque nunca tinha sentido antes esse tipo de distorção. Sentia-me como se estivesse percorrendo um território desconhecido, envolta em mistério, confiando apenas na técnica de sintonização que tinha aprendido e nos meus instintos, que me diziam para segurar o padrão até ele clarear. A distorção do padrão renal desse homem era a mais forte que já tinha sentido.

A sintonização provocou as reações parassimpáticas de costume no meu cliente. Ele caiu num estado de meditação com lapsos de sono e seu padrão respiratório ficou mais profundo. Estava quieto e relaxado, talvez pela primeira vez em semanas. Vi que repousava em paz. Segurei o padrão das ad-renais o máximo que consegui, por uns vinte e cinco minutos. Quando parei, o padrão ainda não estava limpo e eu nem tinha chegado a entrar nos padrões de energia dos outros sistemas anatômicos. Mas nossa hora estava terminando e eu tinha outro cliente esperando.

O homem descansou por alguns instantes depois da sintonização. Era a primeira vez que eu o via consciente e calmo. Percebi que o fluxo de energia tinha purificado seu corpo etérico o suficiente para centrá-lo e que ele parecia estar atento ao silêncio interior. Falamos em voz baixa por algum tempo e ele saiu pouco depois, balançando a cabeça em descrédito. Percebi que tinha entrado em contato com um lugar interior silencioso, mas que não estava acostumado a viver ali. Sabia também que ele precisava de outra sessão de sintonização para manter essa quietude recém-descoberta.

Dois dias depois o homem me telefonou. Estava no hospital com pneumonia, uma infecção oportunista. Algo tinha mudado. Ele tinha se aberto à vida em outro nível, e agora ouvia a si mesmo e não à sua conversa fiada. Essa experiência influenciou tanto a sua vida que o deixou aberto à doença. Disse-me que tinha abandonado a identidade de sobrevivente, abrindo-se para aceitar o que a doença lhe traria. Sua mensagem para o mundo era agora aceitar e enfrentar a doença em vez de negá-la. A sessão de sintonização tinha aberto uma porta para curar-lhe o espírito trazendo doença para o corpo. Esse era o curso que o espírito tinha tomado em sua vida naquele momento. Nunca mais ouvi falar dele.

O *Sistema Glandular Endócrino*

É só através da ação do Pai interior,
irradiada pela glândula pineal,
que a freqüência vibratória da aura mental
é intensificada a um grau que favorece o pensamento,
a consciência de si mesmo e o livre-arbítrio.

URANDA

O sistema glandular endócrino do corpo humano é um sistema de sete glândulas que despejam sua secreção, ou hormônios, diretamente na corrente sangüínea, que os transporta diretamente para as células. Os hormônios das glândulas endócrinas provocam mudanças nas atividades metabólicas das células, regulando o crescimento, os processos metabólicos e as atividades funcionais dos tecidos e órgãos vitais. (Mais informações sobre a fisiologia das glândulas no *Apêndice A, Histologia do Sistema Glandular Endócrino.*)

Junto com o sistema nervoso, as glândulas endócrinas controlam o corpo inteiro através de um sistema eficiente e coordenado de operação e intercâmbio. As secreções endócrinas agem mais lentamente e têm efeitos mais duradouros do que as trocas do sistema nervoso, que têm ciclos de reação mais rápidos e curtos. Para a manutenção da saúde física, é enorme a importância combinada desses dois sistemas, assim como não se deve subestimar seu potencial de regeneração das formas de vida. É por isso que a sintonização de corpo inteiro começa com o equilíbrio cervical e em seguida abre as glândulas endócrinas, tocando e estimulando os dois sistemas mais importantes do corpo. Quando é sensível ao padrão único e característico de cada glândula, o praticante consegue provocar profundas mudanças positivas no organismo do cliente tocando apenas esses centros vitais de luz.

Alguns cientistas e praticantes de técnicas energéticas afirmam que o sistema glandular endócrino e o sistema de chakras são ligados, no nível de vibração ou de alguma outra maneira. O Doutor William Tiller, Professor Emérito da Universidade Stanford, sugere que esses dois sistemas agem como 'pares correlatos transduzidos', fisicamente ligados em algum lugar dentro do corpo.[1] A teoria do Doutor Tiller postula que esses dois sistemas transformam a energia física em energia do corpo etérico e vice-versa, graças a seus canais de interligação.

Da perspectiva da sintonização, as glândulas endócrinas representam a força positiva que há em qualquer transdução de energia. Como prática ocidental, a sintonização considera as glândulas endócrinas como positivas e o sistema de chakras como sua contrapartida negativa, ou receptiva. As glândulas endócrinas são conhecidas como 'portais de luz' do corpo. São de máxima importância para o corpo por causa de sua natureza inerentemente radiante, situadas mais perto do ser divino do que os chakras externos. Cada glândula representa um nível específico de expressão radiante ou espiritual, e cada pessoa é convidada a se identificar com esse níveis de luz através de seus pensamentos, palavras e obras, derramando assim a luz do ser em suas vidas.

Os Sete Níveis de Expressão Espiritual

... Cada momento de vida é um momento de doação...
Nossos momentos se somam como os dígitos de uma soma,
e o resultado nos diz claramente se virá a vida ou a morte.

MARTIN EXETER

Considere o quadro apresentado a seguir. Nele há sete níveis de expressão espiritual, sendo que cada um tem a própria representação glandular, a própria correspondência divina e a própria expressão humana de uma qualidade de luz e de seu oposto.

De acordo com esse quadro, os seres humanos podem manter a expressão radiante, positiva, em todos os momentos da vida — fortalecendo assim os níveis de expressão espiritual e a energia etérica que envolve suas glândulas — ou expressar uma atitude carente de luz. Tais atitudes produzem uma sensação interior de escuridão ou uma expressão sem amor, o que é tangivelmente sentido pela própria pessoa e pelos outros. Como é sugerido neste quadro e no seu programa de expressão espiritual, não há áreas cinzentas a serem expressas pelos seres humanos em relação ao tipo de luz que sentem interiormente e expressam exteriormente. Como disse Jesus: "Quem não está a meu favor, está contra mim, e quem não ajunta comigo, dispersa" (Mateus 12:30). Existe apenas a expressão de luz radiante ou expressão escura. Sugerimos meditação sobre esses pontos e suas sérias ramificações para a ação expressiva correta.

Observamos nesse quadro que o amor é considerado o sétimo nível de expressão espiritual. O amor é a única energia luminosa que abrange todas as outras. Isso significa que todas as substâncias ou energias espirituais dos seis outros níveis estão contidas no sétimo. A expressão de amor passa pelos outros níveis de expressão com poder ascendente, elevando em seu caminho toda a substância à própria natureza radiante. O amor é o poder transformador presente no aspecto radiante do ser interior e, quando expresso exteriormente, tem o poder de transmudar todas as coisas e pessoas que toca. Esse nível é associado à glândula pineal que, segundo a filosofia da sintonização, fica onde reside o Cordão de Prata — a ligação vibratória entre o ser divino encarnado e sua forma terrena. Uranda fala desse sétimo nível do amor:

OS SETE NÍVEIS DE EXPRESSÃO ESPIRITUAL

NÍVEL	GLÂNDULA	CORRES-PONDÊNCIA OU ESPÍRITO DIVINO	EXPRESSÃO HUMANA	OPOSTO
Sétimo	Pineal	Amor	Amor	Ódio
Sexto	Pituitária	Verdade	Sabedoria	Mentiras/Ignorância
Quinto	Tireóide	Vida	Radiância	Morte/Opacidade
Quarto	Timo	Purificação	Confiança	Corrupção/ Insegurança
Terceiro	Ilhotas de Langerhans	Bênção	Realização	Blasfêmia/Pontos Cegos Espirituais
Segundo	Ad-renais	Único Olho	Tranqüilidade	*Stress*/Dissipação Impaciência/
Primeiro	Gônadas	Nova Terra	Paciência	Solo infértil para a criação

O Amor é o Poder da Magnificência, e nele está a Essência Criativa. O amor é o Fogo da Fusão, pelo qual o eu exterior é elevado à unidade com o Mestre interior. O Amor não pode ser engendrado pelo intelecto exterior, e aquele que busca os Domínios da Luz através da própria atividade do intelecto está fadado ao fracasso... O único Caminho do Amor é o Amor. Fazendo tudo o que é feito na Radiância do Amor, a totalidade do Amor é experimentada e a união do Amor conhecida.[2]

De maneira descendente, cada um dos outros seis níveis de expressão abrange os níveis inferiores. Assim, o sexto nível de expressão, o da sabedoria, abrange os cinco níveis restantes, e o primeiro, o da paciência, abrange apenas a si mesmo.

A chave para compreender o que significa expressão espiritual está em perceber a diferença entre expressar a natureza espiritual de cada correspondência glandular (amor, verdade, vida, purificação, bênção, etc.) ou meramente compreender com a mente como seria essa experiência. Por exemplo: se você acha que sabe o que significa ser sábio e como é essa experiência, então está se expressando a partir do plano mental. Se você *é* sábio, a verdadeira *expressão* da sabedoria é diferente para você do que a mera idéia que faz dela, pois você está se expressando a partir do sexto nível de expressão espiritual. Como se expressar a partir do sexto nível de expressão espiritual significa abranger os outros cinco níveis através das suas atitudes, você:

- consegue sentir a forma da vibração da energia vital radiante,
- tem fé profunda e é seguro de si mesmo,
- está consciente do Eu e das bênçãos que concede ao seu mundo,
- está tranqüilo e em paz, e
- administra pacientemente seus processos vitais.

A sensação de tornar-se um com a vibração do nível de expressão espiritual é um novo tipo de experiência para a maioria das pessoas. Através da compreensão comum dos princípios espirituais, reconhecemos essas qualidades de caráter ou as vemos expressas em outras pessoas, mas quando nos perguntam qual é a sensação de expressá-las, não encontramos a resposta correta. Falamos de Madre Teresa ou de Gandhi como pessoas extraordinárias com qualidades de santo, quando na verdade são apenas pessoas que se expressavam a partir dos níveis de expressão espiritual, naturais a elas e a toda a humanidade. Mas a simples falta de familiaridade com o novo território vibratório que esses níveis apresentam não deve nos impedir de buscar ressonância com eles. Todos são santos em potencial. E para revelar a própria santidade basta se recolher, se abrir e oferecer aquela radiância que se tem dentro de si nesses níveis do ser.

Com referência às três primeiras glândulas (pineal, pituitária e tireóide) e às suas correspondências espirituais (amor, verdade e vida), encontramos um único tema nos ensinamentos judaicos, cristãos e da sintonização: a natureza trinitária de Deus. Os Filhos de Israel se referiam à sua Arca da Aliança como Shekinah, um fogo inextinguível. A chama Shekinah tinha três aspectos: *o fogo que arde, a luz que brilha e a nuvem de glória.* Segundo a tradição judaica, o amor, a verdade e a vida de Deus estão presentes no homem desde o início dos tempos, como natureza central da palavra de Deus. Da mesma forma, Jesus expressou a própria natureza como o caminho, a verdade e a vida, revelando a trindade de Deus em seus ensinamentos. Para a filosofia da sintonização, cada pessoa contém dentro de si essa mesma trindade sagrada — amor, verdade e vida — e pode se expressar através desses níveis de expressão espiritual para revelar a própria luz. Assim como as religiões judaica e cristã sabem que Deus é uma fonte de luz que não pode se extinguir, assim também cada um de nós pode revelar a própria fonte interior de luz divina.

O Caminho da Expressão Espiritual

O corpo físico é espiritual,
uma parte do processo divino de revelação espiritual,
para o que vem de Deus que está no céu,
possa encontrar forma na Terra.
URANDA

Você vai ver no próximo quadro que as glândulas endócrinas estão localizadas em áreas específicas do corpo. Três glândulas estão localizadas na região da cabeça (a sede da consciência), uma está localizada na região do peito (perto do coração) e as outras três estão localizadas na região do torso. Como as ramificações espirituais dessas localizações serão apresentadas mais adiante, basta dizer aqui que as glândulas da região da cabeça têm importantes qualidades de luz situadas no extremo superior do espectro. Através da expressão espiritual dessas verdades de nível superior, podemos revelar a natureza essencial de Deus (amor, verdade e vida).

Observe a correlação entre os sete níveis de expressão espiritual e suas glândulas correspondentes:

- As primeiras três glândulas — pineal, pituitária e tireóide — representam os aspectos espirituais — amor, verdade e vida — presentes em cada pessoa. Essa trindade representa o aspecto 'céu' de cada um, que tem uma natureza de vibração mais rarefeita, refinada e focalizada do que o aspecto 'terra'. Por isso, a natureza etérica dessas glândulas é sentida de maneira mais sutil do que a das outras.

- A glândula timo representa o ponto de cruzamento do 'céu' com a 'terra' de cada um. Localizada na cavidade central, próxima ao coração, o timo é uma entrada vibratória poderosa para a purificação e uma junção entre os aspectos celestiais e terrenos do ser.

- As ilhotas de Langerhans, ad-renais e gônadas, representam o aspecto 'terra' de cada um. Representam, respectivamente, bênção, sinceridade e a nova terra, proporcionando uma boa administração dos ciclos de vida. Por exemplo: a paciência, o nível de expressão associado às gônadas, é a atitude que se deve ter ao plantar ou semear (que é o que fazem as gônadas).

- A energia que passa pelas sete glândulas endócrinas é semelhante à energia em forma de oito, ou lemniscata, "símbolo da vida e do domínio eterno... interação harmoniosa do consciente e subconsciente".[3] Observe a seguinte ilustração desse conceito:

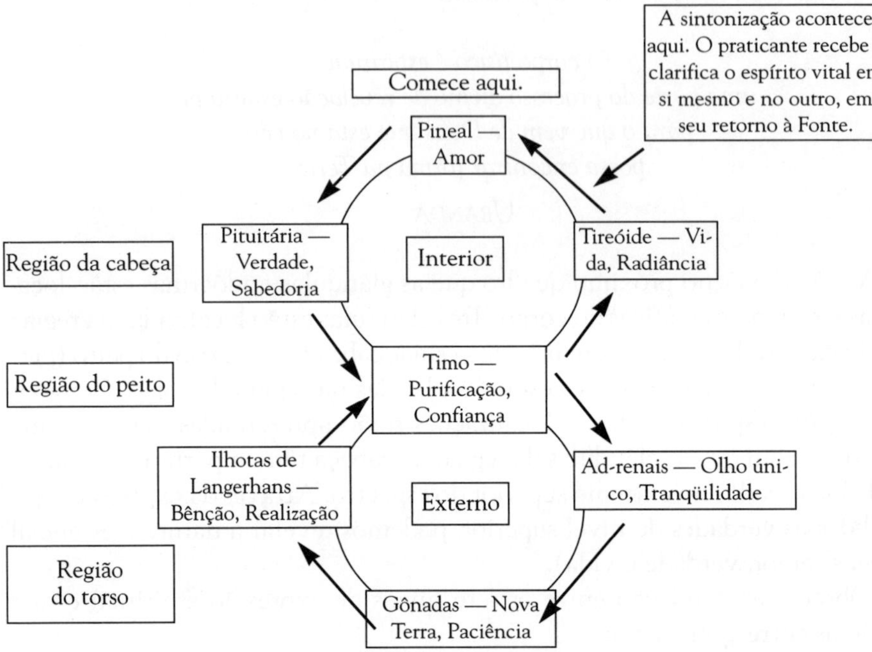

Observe como o circuito de energia passa por esse sistema: na sua forma original invisível, a verdade do amor passa por um processo de purificação ao entrar na forma terrena visível. Purificada, a tranqüila substância da terra traz agora a substância da nova terra. A substância da nova terra abençoa os domínios externos com a sua presença, trazendo as sementes de amor semeadas em seu ciclo de criação. O que foi abençoado ascende mais uma vez para o espírito vital, purificado de sua forma terrena, antes de se tornar um com o amor. Através desses ciclos vemos o poder transformador do amor se expressar através de nossa vida.

Roteiro da Sintonização das Glândulas Endócrinas

Agora que conhecemos a cosmologia espiritual associada às glândulas endócrinas, vamos aprender a sintonizar o corpo a esses portais de luz. Siga este roteiro:

1. Lembre-se que, em qualquer trabalho de sintonização, você usará as duas mãos ao mesmo tempo, sendo que elas vão alternar os papéis positivo e negativo. A mão positiva é colocada sobre a glândula que está sendo trabalhada e a mão negativa é colocada sobre o ponto de contato associado a ela. Nes-

QUADRO ANATÔMICO DAS GLÂNDULAS ENDÓCRINAS

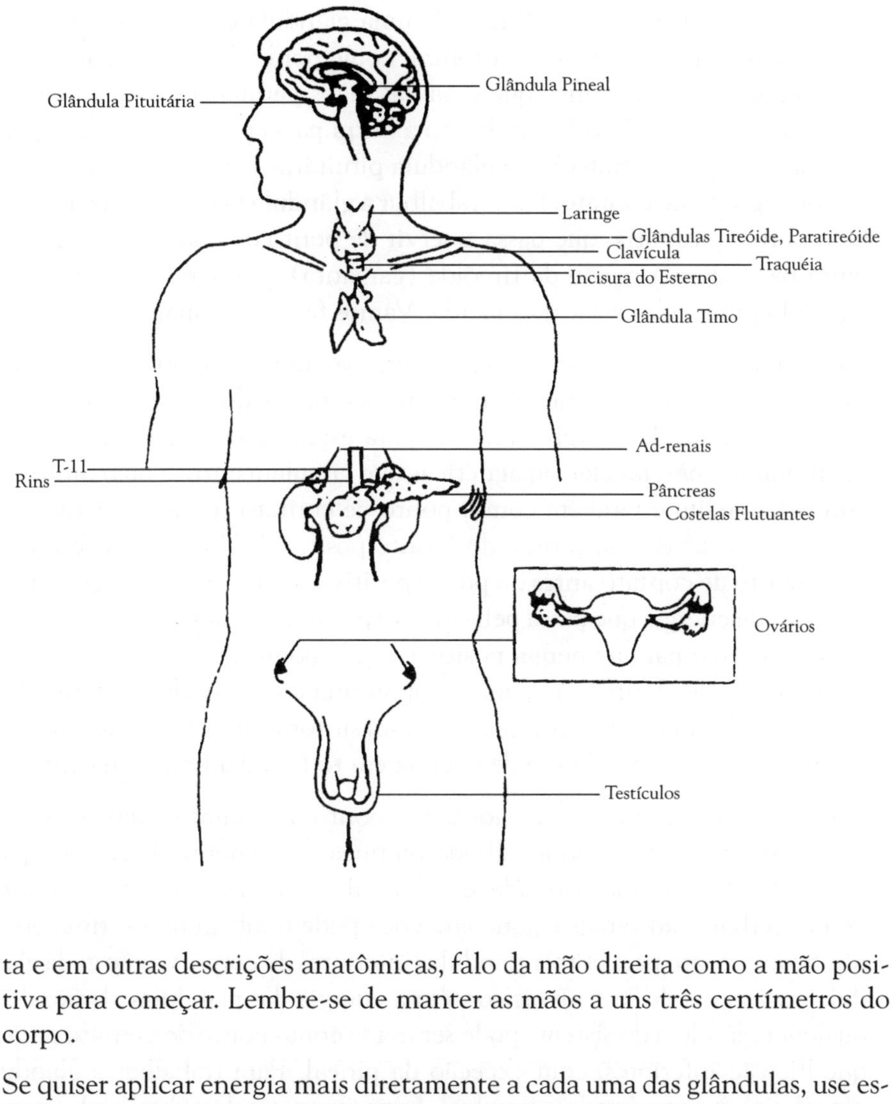

ta e em outras descrições anatômicas, falo da mão direita como a mão positiva para começar. Lembre-se de manter as mãos a uns três centímetros do corpo.

2. Se quiser aplicar energia mais diretamente a cada uma das glândulas, use esta técnica: junte o indicador e o dedo médio e aponte-os para baixo, na direção da glândula, mantendo-os a uns três centímetros da pele. Juntando esses dedos, você dirige um fluxo de energia mais poderoso ao local da sintonização.

3. Sugiro que estude os diagramas das glândulas endócrinas e/ou que tenha outros quadros à mão enquanto trabalha. Consulte-os quando precisar. É bom também prestar atenção nos dedos ao colocá-los sobre as glândulas, para mantê-los no lugar. (Você vai perceber que os dedos têm uma tendên-

cia a se afastarem, aparentemente por si mesmos!) Neste trabalho com as glândulas, as posições são bastante exatas e específicas.

4. Depois de começar a sintonização de uma glândula endócrina, você pode usar a glândula que acabou de sintonizar como ponto de contato para a glândula seguinte. Isso significa que uma das mãos permanece com a glândula que você está trabalhando, enquanto a outra passa para a glândula seguinte. Por exemplo: ao trabalhar a glândula pituitária, a glândula pineal é usada como ponto de contato. Para trabalhar a glândula tireóide, uma das mãos fica sobre a pituitária, que passa a servir de ponto de contato, enquanto a outra passa para a região da tireóide (garganta). (O ponto de contato da glândula pineal é a cervical esquerda. Vamos falar disso mais adiante.)

5. Uma palavra sobre pontos de contato: eles são muito importantes na sintonização e não devem ser negligenciados. Lembre-se do seu primeiro exercício com o fluxo de energia radiante: para estabelecer esse fluxo é preciso equilibrar as energias eletromagnéticas que circulam entre a mão direita e a esquerda. Assim é também com o ponto de contato (ponto negativo) e o ponto que você está sintonizando (ponto positivo). Você precisa estabelecer o ponto de contato antes do ponto positivo, ou não vai conseguir entrar no fluxo de energia que passa pela área. O ponto de contato é o ponto negativo, receptivo para a energia positiva. Cada ponto de contato vai iniciar um processo de clarificação para sua anatomia correspondente, estimulando o fluxo de energia na área que você está sintonizando. Os pontos de contato iniciam o fluxo radiante de energia em todo trabalho de sintonização.

6. Além de usar a glândula anterior como ponto de contato, é possível também usar o plexo nervoso localizado na nuca como ponto de contato para as glândulas pituitária e tireóide, e a glândula pituitária para o timo, ilhotas de Langerhans, ad-renais e gônadas. Você pode também usar o timo como ponto de contato para as três glândulas inferiores do corpo. Como cada glândula do sistema de sete níveis contém a energia das glândulas abaixo dela, qualquer glândula do sistema pode ser usada como ponto de contato para as que lhe são inferiores, com exceção da pineal. Para trabalhar a glândula pineal, use apenas o padrão cervical. Experimente e descubra qual o ponto de contato que funciona melhor para você, dadas as necessidades de seu cliente.

7. O padrão de vibração de cada glândula endócrina é sutil, intenso, distinto e específico a si mesmo. Não há duas glândulas endócrinas que contenham o mesmo tipo de energia etérica. Se a mão negativa estiver colocada corretamente sobre o ponto de contato da glândula que está sendo sintonizada, a mão direita vai sentir a glândula 'saltar'. Isso significa que ao estimular o

ponto de contato, você está estimulando automaticamente sua contrapartida positiva.

8. Se for difícil descobrir o padrão de energia de alguma glândula, verifique se a mão negativa está corretamente colocada sobre o ponto de contato. É provável que ela esteja no lugar errado. Se não, verifique a posição da mão positiva, que deve estar sobre a glândula positiva que você está sintonizando. Verifique então se seus braços e pulsos estão soltos e se os dedos estão apontados corretamente, na direção da glândula. Finalmente, espere alguns segundos até sentir a energia etérica se mover, trazendo consigo o padrão de energia correspondente. Assim como leva alguns segundos para estimular a energia na região do pescoço, às vezes também leva alguns segundos para estimular a energia nas glândulas.
9. Se quiser fazer uma sessão mais curta (cinco a dez minutos) do que a sintonização de corpo inteiro descrita na Parte II (20 a 30 minutos), limite-se a (i) equilibrar o padrão cervical, (ii) abrir os portais de luz equilibrando as glândulas endócrinas e (iii) equilibrar novamente o padrão cervical. Usando esse método abreviado e mais simples, é possível abrir o sistema de luz do corpo e, através da ressonância, influenciar o sistema nervoso.

Prática da Sintonização das Glândulas Endócrinas

Comece a sintonização das glândulas endócrinas sentando-se junto à cabeça do cliente. Equilibre as cervicais antes de começar a trabalhar as glândulas endócrinas. Use como referência o quadro com a descrição anatômica das glândulas endócrinas.

ABREVIATURAS: **MD** = *Mão Direita, Mão Positiva*
ME = *Mão Esquerda, Mão Negativa*
(Inverta, se for canhoto)

Pineal:

MD *topo da cabeça*
ME *permanece na cervical esquerda*

Pituitária:

MD *permanece na pineal. MD é agora a mão negativa, que mantém a pineal como ponto de contato da pituitária.*
ME *no canal do nariz, sobre a pituitária. ME é agora a mão positiva, sintonizando a glândula pituitária.*

Tireóide:

MD *move-se do pomo-de-adão ou região da garganta para a glândula tireóide. MD é agora a mão positiva, sintonizando a glândula tireóide.*

ME *permanece no canal do nariz, na glândula pituitária. ME é agora a mão negativa, mantendo a pituitária como ponto de contato da tireóide.*

Nesse momento, o praticante costuma levantar e passar para o lado esquerdo da mesa de massagem. MD fica sobre a tireóide enquanto o praticante levanta e muda de lugar.

Timo:

MD *permanece no pomo-de-adão e glândula tireóide. MD é agora a mão negativa, mantendo a tireóide como ponto de contato do timo.*

ME *passa da incisura do esterno para a glândula timo. ME é agora a mão positiva, sintonizando a glândula timo.*

Agora a posição das mãos se inverte. A mão direita vem para a timo e a esquerda vai para o pâncreas.

Ilhotas de Langerhans:

MD *vai da incisura do esterno para a glândula timo. MD é agora a mão negativa, mantendo o timo como ponto de contato do pâncreas.*

ME *na altura do cotovelo, começa na linha lateral esquerda e segue pela linha média do corpo, cobrindo todo o pâncreas. ME é agora a mão positiva, sintonizando as ilhotas de Langerhans no pâncreas.*

Ad-renais:

MD *a mão forma um V — os dedos, menos o polegar, se unem e apontam para baixo. O pulso fica erguido, mais alto do que os dedos. O polegar sintoniza um dos rins enquanto os outros dedos sintonizam o outro rim. Os rins estão localizados em T11-12 (vértebras torácicas — consulte o quadro ou outra referência anatômica). MD é agora a mão positiva, sintonizando as ad-renais.*

ME *permanece na linha lateral, nas ilhotas de Langerhans. ME é agora a mão negativa, mantendo o pâncreas como ponto de contato das ad-renais.*

Gônadas Masculinas:

MD *permanece na forma de V sobre as ad-renais. MD é agora a mão negativa, mantendo as ad-renais como ponto de contato das gônadas.*

ME *diretamente abaixo do osso púbico, sobre o escroto. ME é agora a mão positiva, sintonizando as gônadas.*

Gônadas Femininas:

MD *permanece em forma de V sobre as glândulas ad-renais. MD é agora a mão negativa, mantendo as ad-renais como ponto de contato das gônadas.*

ME *em forma de V (os dedos e as mãos espelham a posição da mão direita) vai até os ossos do quadril sobre os ovários. ME é agora a mão positiva, sintonizando as gônadas femininas.*

Segure os Polegares para a Auto-Sintonização

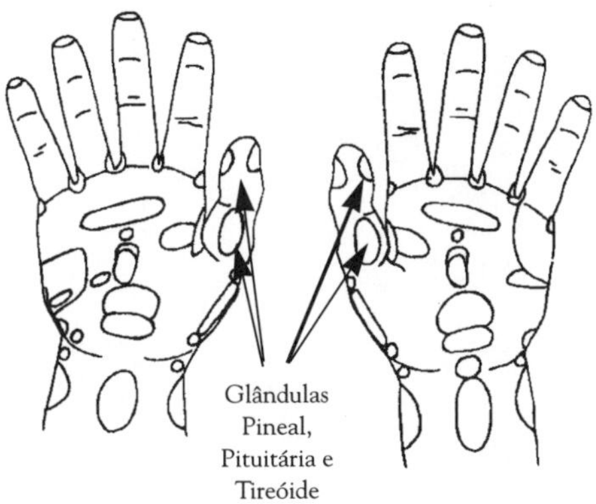

AUTO-SINTONIZAÇÃO

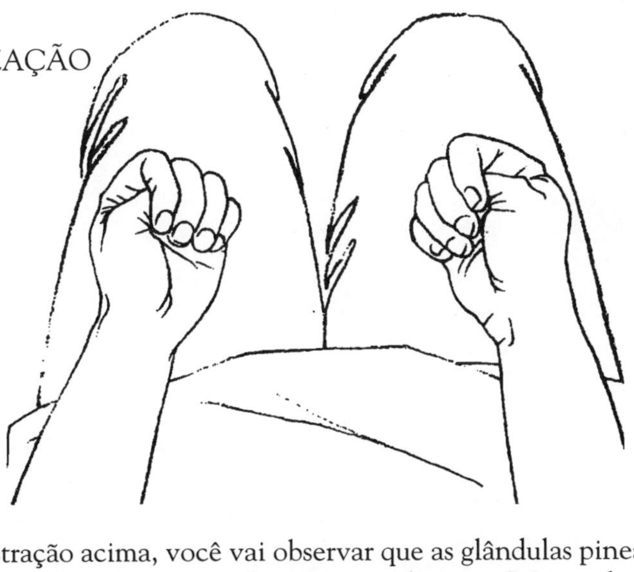

Na ilustração acima, você vai observar que as glândulas pineal, pituitária e tireóide têm pontos correspondentes nos polegares. Segurando suavemente os polegares durante 5 a 10 minutos, você pode equilibrar os sistemas de energia do seu corpo. Fique sentado ou deitado, com os braços ao lado do corpo. Observe as articulações das mãos: se ficarem brancas, é porque você está segurando os polegares com muita força. Basta tocar os pontos dos polegares com suavidade e pouca pressão para chegar ao efeito relaxante desejado.

Capítulo 11 Notas

1. Doutor William Tiller, PhD, 'A Symposium on Mind-Body Relationships in the Disease Process' (Edgar Cayce Foundation, Phoenix, AZ, 1972), pp. 74-78.
2. Uranda, *Seven Steps to the Temple of Light* (Loveland: Eden Valley Press, 1936), pp. 18-20.
3. Eden Gray, *A Complete Guide to the Tarot* (Nova York: Bantam Books, 1970), p. 20.

12. Sintonização do Sistema Digestivo

Esta história é contada por uma mulher que já segue o programa de sintonização há bastante tempo.

Ela conta que passou por várias cirurgias de abdômen, em conseqüência de um apêndice supurado e de outros fatores relacionados. O apêndice tinha supurado quando ela era jovem. Como na época ninguém percebeu, o organismo se defendeu das toxinas que vazavam produzindo grande quantidade de tecido conectivo em torno do rompimento. Por isso, ela precisou remover cirurgicamente parte do intestino grosso e as formações desse tecido.

Antes, durante e depois da cirurgia, ela fez muitas sessões de sintonização com o marido e com outros praticantes experientes, tendo assim um processo de cura rápido e descomplicado. A receptividade da mulher à Fonte e à energia da sintonização era absoluta, pois seu coração estava aberto ao espírito de Deus para todas as coisas.

Um dia, quando se recuperava de uma das cirurgias, a mulher começou a tremer. Tremia violentamente da cabeça aos pés e não conseguia parar. O marido começou a compartilhar a sintonização com ela, mas não adiantou. Parecia que o tremor era provocado por razões não identificadas, que poderiam estar relacionadas a outras complicações. Na tentativa de eliminar o padrão de distorção do tremor, foram chamados dois outros praticantes de sintonização. Os três trabalharam juntos por um tempo considerável, mas não conseguiram eliminar o padrão vibratório associado ao tremor. Decidiram chamar o Mestre Servidor da Sintonização, que morava lá perto. Os três tinham treinado com esse Mestre Servidor e sentiam que ele resolveria a situação.

Ao entrar na sala, o Mestre Servidor deu uma olhada na mulher, contornou lentamente o sofá em que ela estava deitada e parou. No mesmo instante a mulher parou de tremer. Ele não disse nada, não colocou as mãos em ponto algum, nenhum dos praticantes o ajudou.

Ao contar esta história, a mulher confessou que sabia por que tinha passado por todas as cirurgias (por causa do apêndice supurado), mas não tinha revelado isso a ninguém. Disse que os médicos achavam um espanto o fato de ela ainda estar viva: não sabiam como tinha sobrevivido ao apêndice supurado e aos outros problemas, sem falar das cirurgias. Para a medicina, ela era uma verdadeira maravilha.

A chave de sua cura foi a atmosfera de sintonização em que foi criada e o fato de ter vivido desde pequena na corrente da sintonização. As sessões constantes de sintonização fizeram com que uma corrente de força vital informasse a camada pneumaplásmica com poder integrativo. Ao longo dessas linhas sintonizadas de força, formou-se o tecido conectivo, que forneceu a proteção necessária contra as toxinas liberadas na área perigosa. Anos depois ela superou a necessidade de cirurgias.

Quando contou essa história, a mulher nos disse que, pelo que tinha entendido, o tremor incontrolável tinha sido causado pelo sentimento inconsciente de ter fracassado em sua espiritualidade. Por que tantas cirurgias se era uma pessoa espiritualmente consciente? Será que seu alinhamento com a Fonte não era suficiente para protegê-la do mal? Ela se culpava por seus problemas e, durante muito tempo, a culpa e a vergonha ficaram escondidas da consciência, correndo soltas pelo sistema emocional.

O Mestre Servidor percebeu a verdade que o tremor escondia: ela era um ser divino com forma humana e estava sob *stress* por causa das emoções descontroladas. O Mestre Servidor não se deixou iludir pelo tremor — continuou a ver o ser divino dentro da forma, e foi isso que o levou a lhe oferecer a energia de cura necessária. Embora até hoje ninguém saiba como ele conseguiu fazê-la parar de tremer, o Mestre Servidor viu claramente o que lhe dava poder para tremer e qual a reação dela àquele ser radiante. Ele sabia que seu coração estava no lugar certo — aberto para receber o amor de Deus. A partir daí, ele ajudou o espírito a tirar do corpo a energia negativa. Através do exemplo luminoso do Mestre e da própria receptividade, ela relaxou e se aquietou.

O Sistema Digestivo

O sistema digestivo contém órgãos vitais para a fragmentação e assimilação do alimento. Da perspectiva espiritual, o exame vibratório do trato digestivo fornece evidências de como o cliente se alimenta. As qualidades vibratórias da alimentação são sentidas através do corpo como ressonância de gratidão por tudo o que é e por tudo o que acontece conosco. Ao tocar o nível etérico do sistema digestivo, o praticante percebe como o cliente vê a si mesmo, como cuida de si mesmo, de seu mundo e dos outros. Siga este roteiro:

- Ao trabalhar com o sistema digestivo, o praticante deve procurar o padrão do espírito que fortifica e alimenta e segurá-lo, para que ocorra uma maior liberação do espírito. Essa pode ser sentida em qualquer parte do corpo, mas é mais perceptível no sistema digestivo. Um fluxo que alimenta provoca uma sensação específica: é como tocar um ambiente cheio de gratidão, maduro para a oportunidade criativa. Esse fluxo mais profundo é perceptível em todas as partes do trato digestivo. Ao senti-lo, segure esse padrão de vibração por mais tempo do que o usual, permitindo que o fluxo do espírito se solte com mais força.

- O praticante pode sentir um padrão de subnutrição, como se o corpo implorasse para ser alimentado no nível físico, emocional e espiritual. Se for esse o caso, lembre-se de permanecer sensível ao estado psicológico do cliente. Se você falar imediatamente do que descobriu, pode aumentar ainda mais o *stress* que atrapalha a capacidade de autocura do cliente. Não é bom carregar as faculdades do cliente com padrões de *stress* além dos que já estão presentes, já que até estes devem ser reduzidos. Em quase todas as situações de sintonização, é mais sensato ficar em silêncio, esperar e falar com segurança sobre os aspectos positivos da sessão. Fale com fé para induzir uma atitude receptiva e de coração aberto no cliente. Confie no amor: a seu tempo ele trará ciência.
- Às vezes, dá para perceber no cólon um grande padrão de distorção. Esse padrão de distorção vibratória geralmente é relacionado com dietas estressantes, mas pode envolver energias relacionadas com padrões de retenção anal. Geralmente há uma grande tensão espiritual no cólon ascendente e às vezes também no descendente se o cliente costuma ingerir muita cafeína (especialmente café).
- Para que você tenha uma compreensão melhor da anatomia com que está trabalhando, segue-se uma breve lição de anatomia sobre o sistema digestivo. Ao ler esta breve lição de histologia, estude o quadro da descrição anatômica do sistema digestivo e depois o quadro dos pontos de contato localizados no rosto:
    - O estômago recebe o alimento que já foi fragmentado pela ação das enzimas presentes na boca e no esôfago. O estômago decompõe então essas porções em substâncias microscópicas, algumas das quais são levadas pelo sangue até o fígado para serem metabolizadas, enquanto a maioria é levada para o intestino delgado para assimilação.
    - O intestino delgado (que tem uns 6 metros de comprimento) serve para absorver nutrientes previamente fragmentados pelo estômago, passando-os para a corrente sangüínea e depois para o fígado.
    - O intestino grosso (o cólon ascendente, transverso e descendente) serve para conduzir as porções não usadas do alimento para o reto, para serem excretadas pelo corpo.
    - O fígado é considerado o órgão mais eficiente do corpo, criando e decompondo uma ampla variedade de açúcares, ácidos graxos, enzimas, etc. O fígado é imensamente importante para o funcionamento

harmonioso do corpo humano, e é fundamental em seus ciclos de purificação. Quando estava na escola de medicina, ouvi a história de uma grande corporação que queria reorganizar sua estrutura com base na eficiência do fígado. A corporação não teve sucesso nessa tentativa, descobrindo que o fígado é um sistema eficiente demais para ser copiado por seres humanos, no estágio em que atualmente se encontram.

•• A vesícula serve para excretar a bile (produzida pelo fígado e outros órgãos) para o intestino delgado, favorecendo a assimilação de nutrientes.

Prática da Sintonização do Sistema Digestivo

Segue-se um esquema da seqüência dos pontos de contatos usados na sintonização do aparelho digestivo. No início, esses pontos devem ser seguidos na ordem apresentada, mas depois, quando estiver mais familiarizado com esse sistema de pontos de contato, você pode modificar a ordem (é uma questão intuitiva).

Lembre-se de observar a colocação dos dedos nos pontos de contato! Lembre-se de que os dedos precisam de prática para se colocarem sobre esses pontinhos. O quadro dos pontos de contato no rosto servirá como referência em capítulos posteriores.

Para começar, observe se os pontos de contato no rosto estão situados no lado oposto ao das partes do corpo a que correspondem (o ponto de contato do cólon ascendente fica no lado esquerdo do nariz, sendo que o órgão a que é associado, o cólon ascendente, fica no lado direito do corpo). Os pontos no rosto são opostos às partes do corpo que lhes correspondem porque os nervos cranianos se cruzam na nuca. Assim, todos os pontos de contato no rosto se associam ao lado oposto do corpo.

A menos que haja uma indicação em contrário, a mão direita vai agir como mão negativa e estabelecer os pontos de contato, enquanto a esquerda vai agir como mão positiva e sintonizar os órgãos. Durante a sintonização dos órgãos digestivos, a mão esquerda fica espalmada sobre o corpo etérico associado ao órgão indicado, sem tensão nem rigidez. Use apenas o indicador e/ou dedo médio da mão direita. Esses dois dedos devem ficar unidos, também sem rigidez. Esse tema varia apenas para dois outros pontos do fígado e bem no início do procedimento, como se segue:

Cólon Ascendente:

ME *os dedos médios e indicador ficam unidos e focalizados para baixo, para a base do pulso esquerdo. (ME estabelece o ponto de contato.)*

MD *sobre o ceco e a válvula iliocecal.*

QUADRO DOS PONTOS DE CONTATO — SINTONIZAÇÃO DO APARELHO DIGESTIVO

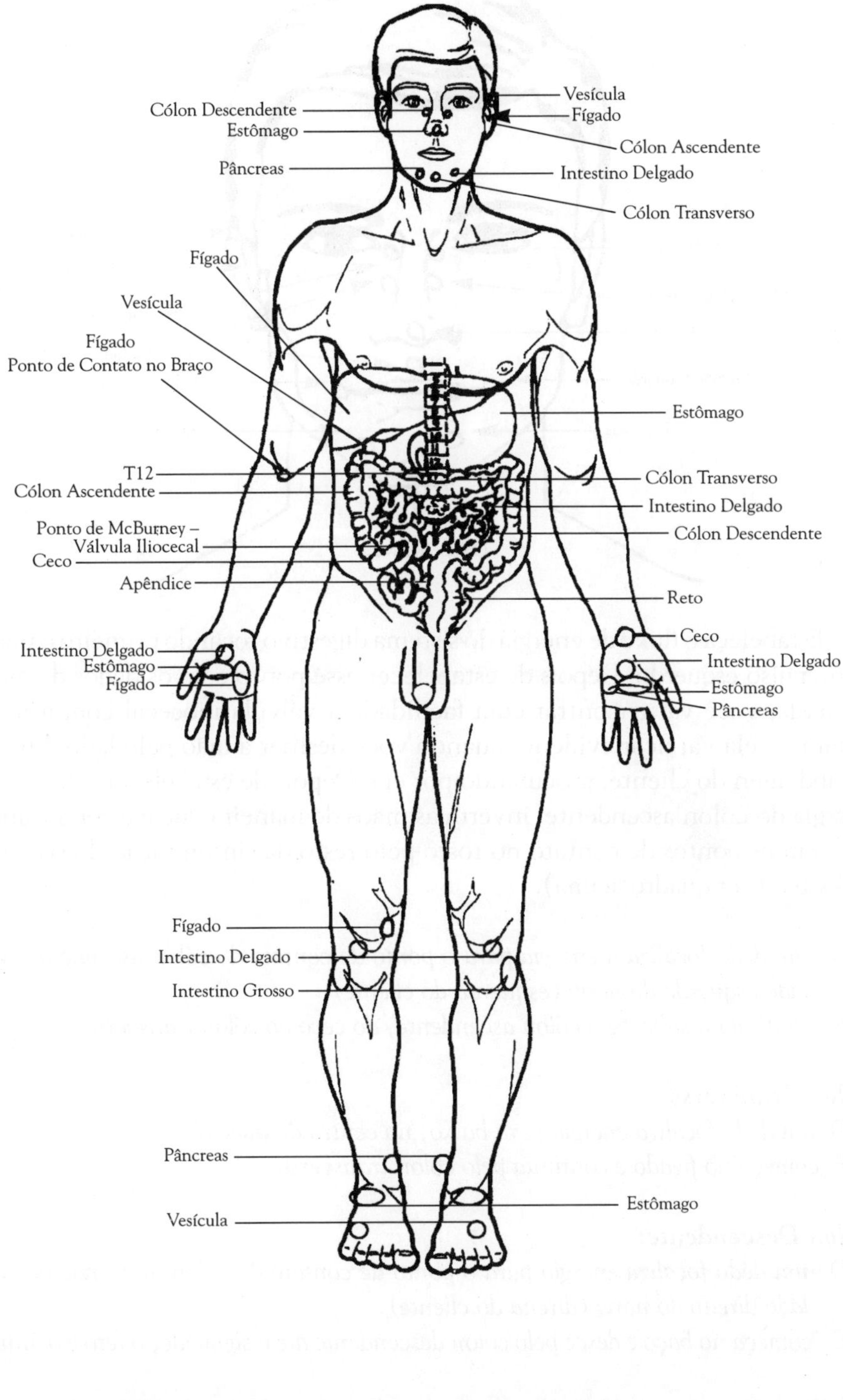

QUADRO DOS PONTOS DE CONTATO NO ROSTO

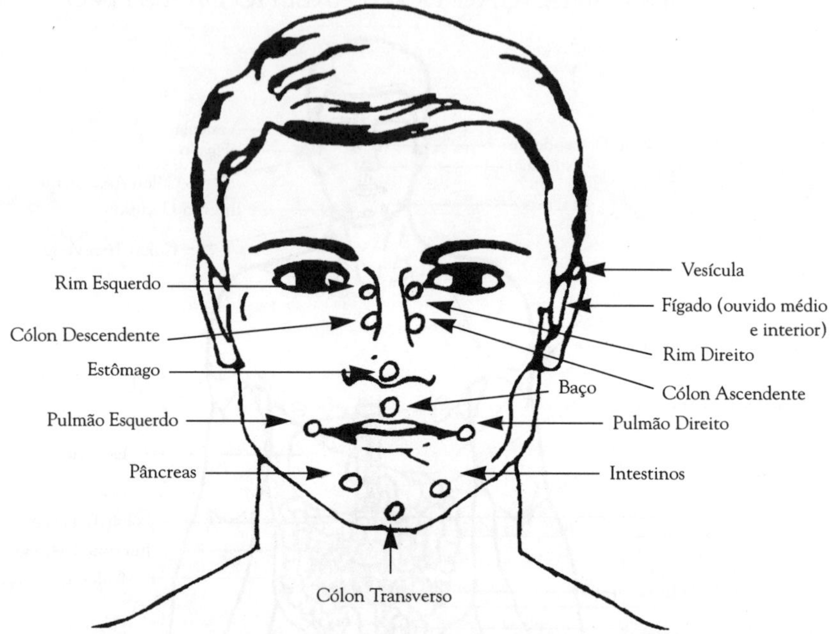

Estabeleça o fluxo de energia do sistema digestivo tocando primeiro o ponto no pulso esquerdo. Depois de estabelecer esse ponto com os dedos da mão esquerda, você vai encontrar com facilidade a válvula iliocecal com a mão direita — ela vai ficar evidente quando você deslizar a mão pelo lado direito do abdômen do cliente, procurando por ela. Depois de estabelecer o fluxo de energia do cólon ascendente, inverta as mãos de maneira que a direita trabalhe com os pontos de contato no rosto pelo resto da sintonização do sistema digestivo (ver quadro acima):

MD *um dedo focaliza a energia para o ponto de contato do cólon ascendente, no lado esquerdo do nariz (esquerda do cliente).*
ME *continua a subir pelo cólon ascendente, do ceco ao cólon transverso.*

Cólon Transverso:
MD *um dedo focaliza energia para baixo, no centro do queixo.*
ME *começa no fígado e continua pelo cólon transverso.*

Cólon Descendente:
MD *um dedo focaliza energia para o ponto de contato do cólon descendente, no lado direito do nariz (direita do cliente).*
ME *começa no baço e desce pelo cólon descendente até o sigmóide, o reto e o ânus.*

Intestino Delgado:

MD *um dedo focaliza a energia para baixo, para o ponto de contato do intestino delgado, no lado esquerdo do queixo (esquerda do cliente).*

ME *move-se lentamente pela área do intestino delgado.*

Lembre-se que há mais de 6 metros de intestino delgado enrolado na pequena cavidade abdominal. É preciso tocar vibratoriamente toda essa área!

Estômago:

MD *um ou dois dedos (unidos) focalizam energia para baixo, no ponto no topo do nariz.*

ME *sobre o estômago, logo à direita e abaixo do esterno.*

Pâncreas:

MD *dedos indicador e médio unidos focalizam energia para baixo, para o ponto de contato do pâncreas, no lado direito do queixo.*

ME *na altura da dobra do cotovelo esquerdo, ela cobre o pâncreas, que se estende da lateral à linha média do corpo (consulte o quadro acima).*

Fígado:

No quadro da página 137, observe que há três pontos de contato para o fígado. Verifique todos eles e escolha o que tiver o fluxo de energia mais forte.

MD *dedos médio e/ou indicador unidos, apontam para o ponto na orelha esquerda.*

ME *mão espalmada, passa por toda a superfície etérica da área do fígado, incluindo o lado direito do corpo. Para tocar outros pontos de contato do fígado, inverta as mãos:*

MD *mão espalmada sobre a área do fígado.*

ME *dedos unidos, dirigindo o fluxo de energia para o ponto na dobra do cotovelo direito e/ou*

ME *dedos unidos, apontando para o ponto de contato no joelho direito (consulte o quadro da página 137).*

Vesícula:

MD *um dedo focaliza a energia no ponto superior da orelha esquerda (consulte o quadro da página 137).*

ME *segue uma linha imaginária que desce (caudal) pelo lado direito do corpo, do pescoço até a vesícula (com a mão direita no ponto de contato, na parte superior do ouvido, a energia da vesícula deve ficar evidente para você).*

13. Sintonização dos Sistemas Circulatório, Excretor e Respiratório

Uma mulher que estava sob cuidados médicos, sofrendo de uma grande variedade de doenças e de co-dependência, me procurou para compartilhar a sintonização. Ela parecia estar em estado de crise, aterrorizada e confusa com o comportamento inconstante e abusivo de certas pessoas de sua família, sentindo-se indefesa diante delas. Achava que suas doenças eram causadas por "anos de *stress* traumático" e, pelo que me contou, tinha sempre se relacionado mal com os homens.

Além da sintonização, essa mulher tinha escolhido terapias alternativas para tratar suas doenças. Estava fazendo tratamentos de acupuntura, quiroprática e reflexologia, e tinha começado a tomar remédios homeopáticos.

Ela era muito bonita. Vendo-a, eu nunca teria adivinhado que havia alguma coisa errada. Tinha um sorriso brilhante, que não parecia automático, e era uma companhia gentil e agradável. Ela não se queixava das doenças, agindo como se elas fossem simplesmente sua tarefa de vida no momento. Quando falei de minhas impressões, ela disse que qualquer outra atitude seria uma grosseria. A partir dessa afirmação, comecei a perceber que seus sorrisos para o mundo exterior eram a sua maneira de esconder os verdadeiros sentimentos. Comecei a sentir que ela gritava por dentro. Parecia que havia um abismo escuro entre o que ela sentia interiormente e a atitude exterior que achava adequada. Decidi observá-la mais profundamente para descobrir onde a conexão mente-corpo estava desalinhada.

Depois de algumas sessões, vi emergir um padrão de consciência que espelhava seus males físicos. Ela me explicou, através de cartas e conversas, que equacionava o mundo interior com o mundo físico. Acreditava que suas doenças físicas habitavam dentro dela, impedindo a presença simultânea de qualquer outro estado consciente mais saudável. Eu lhe ensinei os princípios da orientação espiritual que fazem parte do programa de sintonização, segundo os quais somos seres divinos e não a soma de nossas faculdades. Semana após semana, à medida que nossas conversas prosseguiam, ela foi percebendo que escondia do mundo os verdadeiros sentimentos e que tinha o hábito de esmagá-los para mostrar ao mundo uma face de saúde e confiabilidade. Disse que se sentia na obrigação de mentir para todos sobre seus verdadeiros sentimentos, pois era assim que tinha sido educada e era assim que sempre agia com os homens. Em vez de revelar aos outros o seu fardo, ela sempre estava disponível para aliviar o peso dos problemas alheios. A mulher era uma verdadeira co-dependente.

Eu sabia que a energia que ela receberia, através de nossas conversas e da sintonização, a levaria a uma compreensão maior de si mesma e do mundo, libertando-a do antigo padrão de hábitos. Algo mais radiante estava vindo à tona em sua consciência e essa luz a obrigava a se modificar. No decorrer de nosso trabalho, ela começou a confiar na provisão de amor que havia para ela e para os membros de sua família, de quem começou lentamente a se afastar. Senti que o peso que ela tinha na área do timo (porta da purificação) começou a diminuir à medida que ela ia purificando a vida e se soltando, com a certeza de que estava agindo certo. Começou a perceber que assim como era plena em si mesma, as pessoas de sua família eram plenas em si mesmas e separadas dela. Tendo tido até então um comportamento co-dependente, ela precisava entender que há uma separação distinta entre o Eu e o Outro e que a vida passa de maneira autônoma por cada um.

Em sua última sessão, ela estava mais feliz, tinha mais energia 'positiva', estava dormindo melhor e as dores de cabeça tinham desaparecido. Os tratamentos naturopáticos iam bem, ela seguia o programa de cura prescrito e estava distante da família. Tinha processado bem a separação e estava agora começando a se concentrar nas coisas que lhe traziam felicidade e realização pessoal, como a carreira e os *hobbies*.

Percebi também que ela tinha começado a mostrar irritação, desespero e raiva em relação a mim. Notei rugas de preocupação num rosto que antes parecia suave e claro. A raiva reprimida por tantos anos estava começando a se soltar, trazendo equilíbrio para sua expressão e para sua vida física. Vi essa raiva nascente como um sinal positivo de afirmação da força interior e da vontade. Ao abandonar a mentalidade que vinculava a sobrevivência à co-dependência, sua expressão e sua corrente vital passaram a mostrar sinais de maior confiança e ela começou a se expressar como realmente era, sem disfarçar seus sentimentos. A vontade de expressar a verdade de sua vida era um componente necessário da cura, capacitando-a a enfrentar os desafios com integridade.

Durante as semanas que compartilhei a sintonização com ela, não sugeri que adotasse como principais objetivos o alinhamento com o Ser Divino interior e nem uma atitude de gratidão. Eu sabia que, naquele momento, ela precisava deixar que uma outra parte de sua expressão viesse à tona e que a gratidão mais profunda viria com o tempo. Vi que sua consciência estava despertando para outro tipo de padrões de fortalecimento, que ela precisava expressar ativamente. Limitei o aconselhamento e a prática da sintonização a sessões de imposição das mãos, com técnicas de autofortalecimento como base do diálogo. Ao atravessarmos juntas seu período de crise, percebemos que ele tinha sido, na verdade, um ciclo de crescimento e despertar pessoal.

Os Sistemas Circulatório, Excretor e Respiratório

Importa o que vai bem em você.
O que vai mal não importa!
BILL BAHAN, DC

Continuando com a técnica de sintonização de corpo inteiro, vamos a outros importantes sistemas do corpo: o circulatório (sistemas arterial e venoso), excretor (rins) e respiratório (pulmões). Com esses sistemas vitais, completamos a parte principal do treinamento em sintonização de corpo inteiro.

Lembre-se, durante qualquer sessão de sintonização, que você não deve focalizar o que vai mal com o cliente, nem se empenhar em tratar tecidos doentes. Permaneça focalizado no que vai bem, nos locais em que sente o movimento do espírito da vida. Ignore a doença. Focalize apenas o que é saudável. Deixe que a corrente da vida cuide do que está vivo e confie em seu movimento para a cura.

Prática de Sintonização do Sistema Circulatório

Deixe seu coração repousar. Tudo vai bem.
Confie na vida para governar todas as coisas.
MARTIN EXETER

Pois onde está o teu tesouro aí estará também o teu coração.
JESUS CRISTO, MATEUS 6:21

O coração é uma bomba que força o sangue a passar pelos grandes vasos arteriais que transportam nutrientes e ar oxigenado para os tecidos. A força da pressão exercida pelo coração é também sentida e usada pelos sistemas venoso e linfático. O sistema venoso devolve 'sangue usado' para os pulmões, que o reoxigenam e revitalizam. A força do sangue ajuda a levar os resíduos ao sistema linfático, para que sejam excretados e fagocitosados (destruídos).

O coração, com o sistema que o acompanha, representa aquilo que circula em nossa vida. Pessoas com doenças cardíacas, males degenerativos no coração e as que sofrem ataques cardíacos geralmente não têm apenas artérias obstruídas. O que fica preso no sistema arterial é apenas uma representação física do que se manifestou no nível vibratório da emoção. Uranda escreve sobre o coração: "Lembre-se de que o coração é o centro focal da mente exterior, e que a corrente sangüínea do corpo é o canal do fluxo ativo da mente exterior."[1] Das palavras de Uranda, depreendemos que muito do que pensamos, dizemos e fazemos no mundo à nossa volta e tudo o que passa por nossa consciência traz forte conseqüência vibratória para o sistema circulatório. Da perspectiva da sintonização, o coração é o ponto de contato do movimento do espírito em nossa vida.

No *Capítulo* 8 você ficou conhecendo as faculdades da mente e a necessidade de o coração estar aberto para expressar atitudes consistentes com a natureza do espírito e comparáveis a ela. Quando o espírito começa a passar pelas suas faculdades, é através do coração, e não da mente, que você sente esse movimento. A expressão espiritual não é um exercício mental, mas uma sensação em muitos níveis, que incorpora conhecimento consciente, sensação física e sentimento emocional.

Como o coração é o ponto de contato do espírito que penetra no mundo exterior, é importante treinar a sua capacidade de abrigar sentimentos profundos pelo que é certo, ou seja, por aquilo que dá a sensação de ser correto e apropriado no vasto esquema das coisas. No domínio do coração você aprende a discernir e a sentir o que está certo para você. Como o coração é seu poderoso ponto de contato para penetrar no mundo, é bom ensinar essa faculdade a expressar qualidades de gratidão, alegria e perdão. Esteja certo de que as expressões positivas terão um impacto criativo sobre você e sobre tudo o que seu espírito toca.

Ao compartilhar a sintonização com a faculdade do coração, você vai sentir o *stress* emocional subconsciente do cliente como um padrão de distorção vibratória no coração. Se o cliente tiver atitudes de ressentimento, culpa ou crítica, ou se tiver uma história de doenças cardíacas, você vai sentir pontadas e um vívido bloqueio no fluxo do espírito no local. Guardar atitudes de ressentimento ou outras atitudes de base negativa é como pisar numa mangueira ligada a uma poderosa bica d'água. O ressentimento causa doenças porque impede o fluxo da vida, que anseia passar à expressão pessoal no nível do coração.

Como o coração é o trono do reino espiritual e o ponto de contato do movimento do espírito, ajude o cliente a expressar atitudes que gerem uma natureza generosa, pois isso vai ajudá-lo a se abrir mais prontamente ao jorro do espírito. Quando pessoas com problemas cardíacos aprendem que a natureza generosa pode ser a chave da cura, elas começam a ver essa natureza como sua verdadeira fortuna. "A vida é doação!", disse Bill Bahan, um dos fundadores do programa de sintonização.

Observando outras sociedades, aprendemos muitas coisas sobre generosidade. Há uma tribo de norte-americanos nativos que é um ótimo exemplo.

Para esses índios do norte, chamados Pé Preto, o homem mais rico da tribo é o que dá tudo o que tem. Ao dar tudo o que tem para os pobres, crianças, viúvas e destituídos da tribo, o mais rico dos homens "demonstra que é capaz, inteligente, forte, trabalhador, generoso e, *portanto, rico*, pois nessa sociedade a riqueza é determinada pela posse desses atributos de caráter". Entre os Pé Preto, é mais pobre quem tem mais posses.[2] As lições contidas neste livro têm o objetivo de fortalecer atitudes de perdão, compaixão, honestidade, alegria e gratidão, que você pode depois passar para os outros. Abrindo a faculdade do coração ao movimento do fluxo espiritual, você vai deixar que o espírito se expresse através de você para o seu mundo.

Além de compartilhar a técnica tradicional da sintonização do coração, apresentada abaixo, lembre-se de seguir este roteiro quando compartilhar a sintonização do sistema circulatório:

Roteiro para a Prática da Sintonização Circulatória

- Para começar a sessão, estimule os pontos de contato do plexo solar, localizados nos pés do cliente. Isso vai pôr em movimento um fluxo mais sutil e mais silencioso de energia de cura em toda a área cardiovascular na região do peito. (Veja no *Capítulo 19* os pontos de contato, localizados nos pés, do plexo solar.)
- Para trabalhar todos os pontos de contato do coração, fique de pé à esquerda do cliente. Ao trabalhar o sistema circulatório, ambas as mãos agem como pólos positivo e negativo, alternando-se em diferentes pontos de contato. Deixe a mão esquerda espalmada sobre o corpo etérico associado ao coração. Os dedos indicador e médio da mão direita devem estar suavemente unidos, com a energia apontando para baixo, para os pontos de contato.
- Assim como o fígado, o coração e o sistema circulatório têm mais de um ponto de contato. Há quatro pontos de contato no coração. Lembre-se de verificar todos esses pontos ao sintonizar o sistema. Descubra em qual deles está o fluxo de energia mais forte e trabalhe com ele.
- Se por acaso você testemunhar um acidente de carro ou qualquer outro acidente que provoque muito sangramento, segure o padrão do coração nos pontos da artéria femoral e da carótida (dependendo de onde for o sangramento) enquanto outras pessoas aplicam técnicas de primeiros socorros.

Coração:

ME *mão espalmada sobre o corpo etérico associado ao coração (aqui a mão esquerda atua como positiva).*

MD *(Procure no quadro da página seguinte os pontos de contato.)*

1. *os dedos médio e indicador ficam suavemente unidos e apontam para baixo, no ponto médio entre o cotovelo esquerdo e o ombro esquerdo.*
2. *os dedos médio e indicador ficam suavemente unidos e apontam para baixo, no ângulo do lado esquerdo do maxilar, no sínus carótido (o lado esquerdo arterial é melhor).*
3. *os dedos indicador e médio ficam suavemente unidos e apontam para baixo, para a área do nervo vago. (O nervo vago (que não aparece no quadro) corre paralelo à artéria carótida e é um ponto de contato inibidor; inibindo o fluxo descendente de sangue para o corpo. Esse é um ponto muito bom para usar em trabalhos de emergência ou para acalmar o cliente.)*

QUADRO DOS PONTOS DE CONTATO — SINTONIZAÇÃO DO APARELHO CIRCULATÓRIO

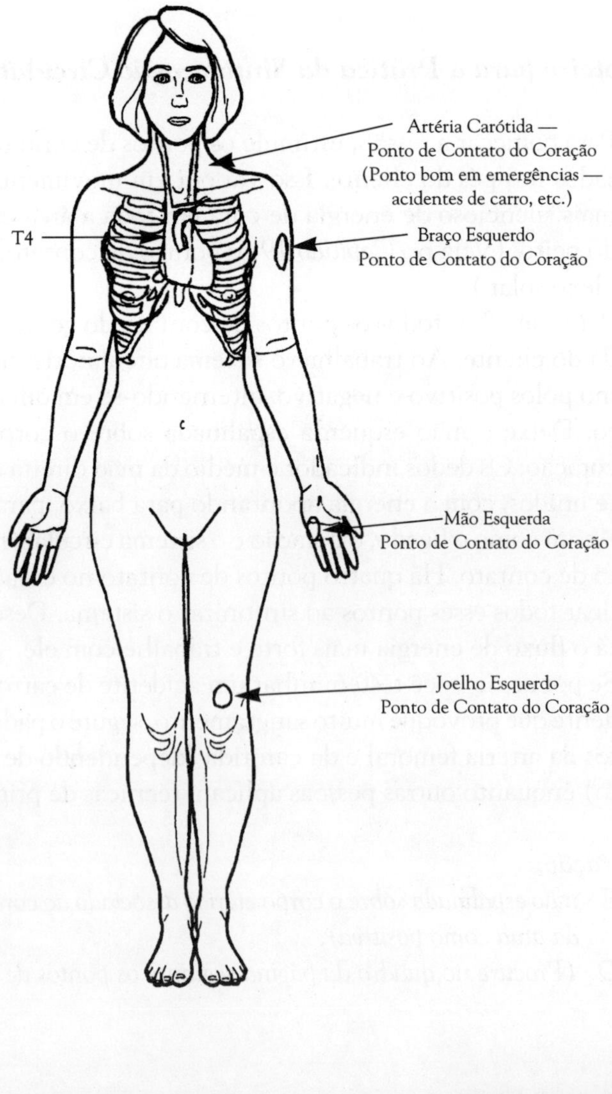

Alterne as mãos, positiva e negativa, neste último ponto de contato:

MD *4. palma para baixo, no corpo etérico associado ao coração.*
ME *dedos suavemente unidos, levam a energia da mão ao ponto de contato no joelho esquerdo (ver quadro).*

A veia cava inferior e a veia cava superior, assim como outras estruturas venosas e arteriais, são também pontos com que você pode trabalhar. Mantenha a mão positiva sobre a estrutura enquanto os dedos da mão negativa (suavemente unidos) entram em contato com o fluxo nos pontos de contato mencionados acima. Verifique cada ponto até encontrar o fluxo mais forte e fique lá, segurando, clarificando e equilibrando o padrão vibratório.

Prática da Sintonização do Sistema Excretor

Deixe que o estado irreal chegue ao fim, em você e à sua volta.
Não chore pelo que se vai, mas alegre-se pelo que chega.
Nada que seja real ou verdadeiro pode ser perdido.
Só os falsos valores e estados distorcidos vão desaparecer da Terra.
Não olhe para trás nem lamente o seu fim.

MARTIN EXETER

Do ponto de vista físico, o sistema excretor representa aquilo que precisa ir embora do corpo. Quando estiver trabalhando o sistema excretor, você vai observar o fator regulador do hormônio vasopressina. O fator regulador desse hormônio se manifesta na glândula pituitária posterior, que regula a reabsorção de água e o volume sangüíneo do corpo através da liberação normal do hormônio. Na sintonização dos rins e sistema excretor, você pode usar a glândula pituitária como ponto de contato principal, pois essa glândula governa boa parte da atividade do rim através da liberação hormonal. Utilize a glândula pituitária, particularmente com clientes que apresentam retenção de líquido, infecção no trato urinário ou incontinência urinária.

Em relação a esses pontos de contato, consulte o quadro da página 138. Lembre-se que esses pontos ficam no lado do rosto que é oposto ao lado de sua contrapartida física!

Rim Direito:

MD *o dedo indicador aponta para baixo, para o lado esquerdo do nariz (ver posição exata no quadro).*
ME *a mão fica suavemente espalmada sobre o corpo etérico associado ao rim direito.*

QUADRO DOS PONTOS DE CONTATO — SINTONIZAÇÃO DO SISTEMA EXCRETOR

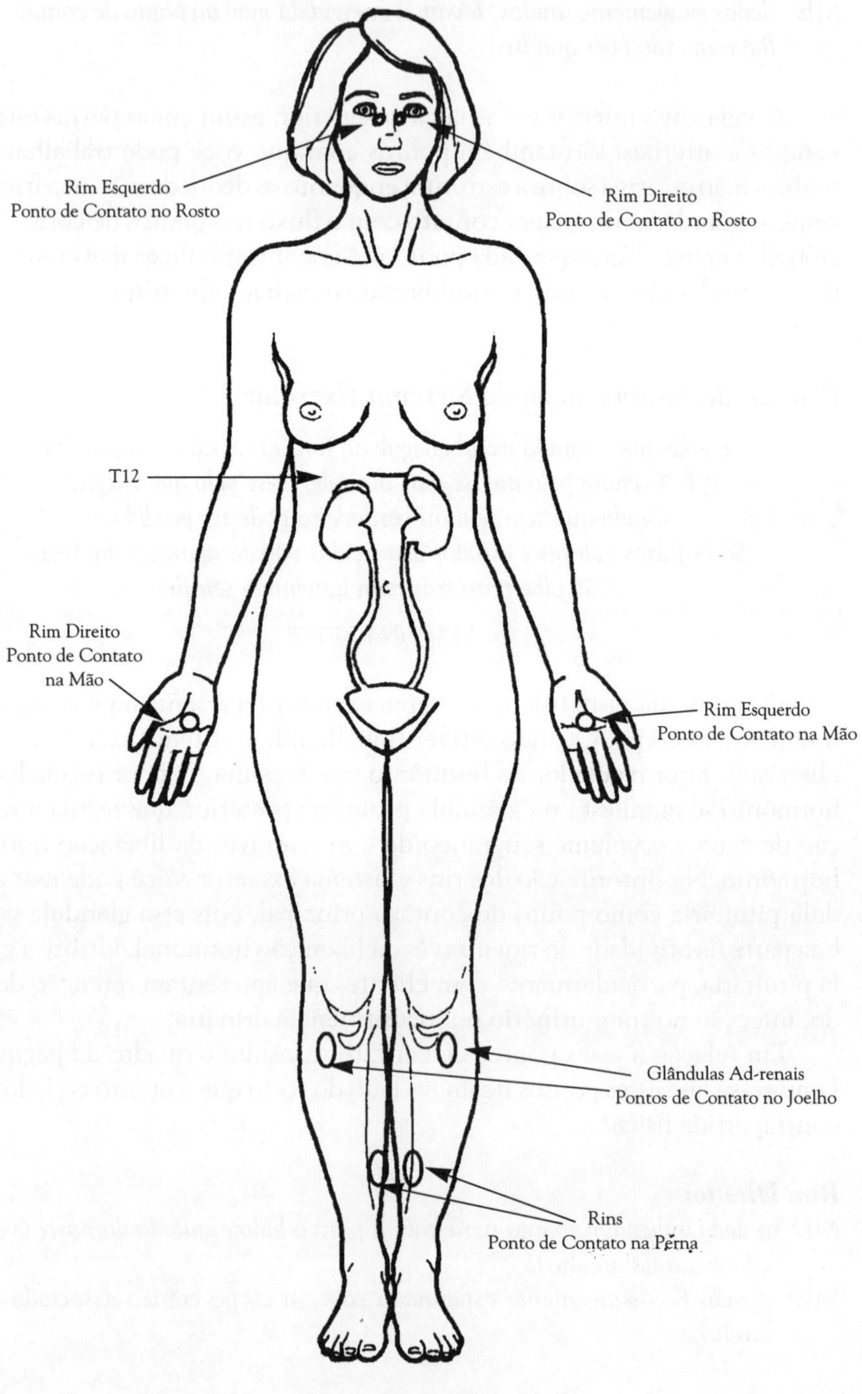

Rim Esquerdo:

MD *dedo indicador aponta para baixo, para o lado direito do nariz (ver posição correta no quadro).*

ME *mão suavemente espalmada sobre o corpo etérico associado ao rim esquerdo.*

Use a glândula pituitária (facial) ou seu ponto correspondente nos pés como pontos de contato adicionais para a sintonização do rim.

Prática da Sintonização do Sistema Respiratório

Aquele que aprende a se harmonizar com o amor,
de maneira a usá-lo construtivamente,
descobre que a força mais potente da Terra
está fluindo por ele.
URANDA

O sistema respiratório representa os mecanismos de 'deixar ir e deixar vir' na nossa vida. Inspirando o puro ar oxigenado e expirando o dióxido de carbono e o 'ar usado' depois que ele circulou pelo corpo, esse sistema proporciona o equilíbrio entre os atos de dar e receber e contribui para a restauração de tecido novo e danificado. O ato de respirar é básico para os seres humanos e representa o espírito do Ser Divino, que insufla nossa vida. O guru Ram Das, professor de meditação e Yoga Kundalini, evoca o poder da respiração e da cura através desta prece da inspiração e da expiração:

> *Inspire e segure a respiração pela paz do mundo, pela saúde de todos, para fazer todo mundo feliz, de modo que os que estão sozinhos possam ter seu companheiro e para que Deus tenha piedade de todos, de cada pessoa, diga esta prece ao inspirar e por favor expire. Esta é a caridade da respiração.*[3]

Nos que apresentam problemas pulmonares, você vai observar padrões de distorção principalmente nos pontos de inserção da artéria pulmonar, no plexo bronquial (mais no lado direito, onde os brônquios se dividem em três ramos, sendo que no esquerdo eles se dividem só em dois), e na base dos pulmões. Geralmente, o pulmão direito abriga um padrão de distorção mais nítido do que o esquerdo, a menos que este apresente algum problema específico. Veja se há padrões de depósitos vibratórios na base dos pulmões, devidos a maus hábitos respiratórios, falta de exercício aeróbico e/ou *stress*.

QUADRO DOS PONTOS DE CONTATO — SINTONIZAÇÃO DO SISTEMA RESPIRATÓRIO

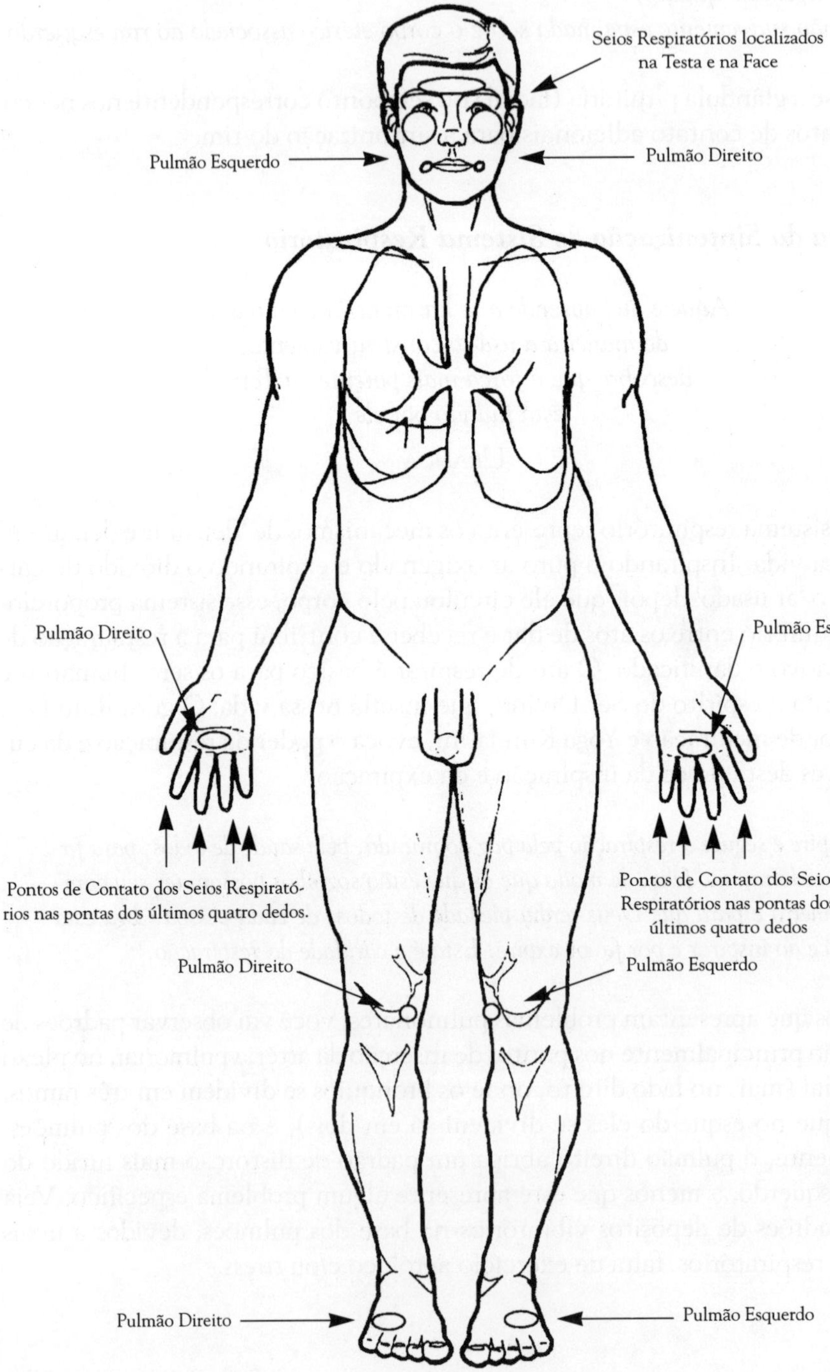

Consulte o quadro de pontos de contato no rosto apresentado na página 138. E lembre-se que esses pontos ficam no lado do rosto que é oposto ao lado de sua contrapartida física.

Pulmão Direito:

MD *dedo indicador dirige a energia para baixo, para o lado esquerdo dos lábios (esquerda do cliente).*

ME *mão espalmada no corpo etérico associado ao pulmão direito, move-se por toda a área do pulmão direito, do ápex, no ombro, até abaixo do pulmão, no revestimento da cavidade pulmonar.*

Pulmão Esquerdo:

MD *dedo indicador aponta a energia para baixo, no lado direito dos lábios.*

ME *mesma direção usada no pulmão direito.*

Capítulo 13 Notas

1. Uranda, *The Triune Ray*, p. 63.
2. Julie Glover, 'Is Serving Others Self-Serving', trecho encontrado em *Noetic Sciences Review*, verão de 1997, nº 42, p. 6.
3. Ashram do Guru Ram Das, *Kundalini Yoga* (Los Angeles: Arcline Publications, 1988), p. 22.

14. Sintonização do Sistema Imunológico

Fiz minha primeira sessão de sintonização em 1987, com uma mulher, Maureen, que me procurou por causa de um artigo que eu tinha escrito para um jornal local, sobre o Emissário e sobre encontros de sintonização. A experiência dela com a prática da sintonização é uma das histórias mais fascinantes que já ouvi de meus clientes.

Maureen sofria de um tipo raro de AIDS. Em 1987, quando comecei a tratá-la, ela morava sozinha e afastada do mundo, tendo se transformado numa mulher altamente sensível. Na verdade, quando iniciamos nosso trabalho, ela já sabia que tinha nascido 'sensitiva', uma pessoa altamente sintonizada com a energia vital, capaz de captar impressões psíquicas e de reagir a elas. Na época, eu não sabia que em 1986 Maureen tinha entrado numa fase terminal da doença e aceito conscientemente a morte. Ela escreveu o seguinte sobre esse momento da sua vida: "A intervenção divina envolveu a consciência de numerosas pessoas. No prazo de um mês, ela [Maureen] passou por três experiências de quase-morte e ficou curada." Essa cura significava que, num período de nove meses, as experiências de quase-morte tinham eliminado a AIDS de seu corpo. Essa mudança foi confirmada pelos exames de sangue.

Depois de experimentar a medicina alopática, Maureen decidiu viver uma vida completamente natural: começou a fazer sessões de quiroprática duas vezes por semana (em casa), comia só alimentos integrais e naturais, tomava suplementos para fortalecer o sistema imunológico, bebia água pura e filtrava o ar de sua casa. Como raramente saía, os amigos e a família a ajudavam com as compras e outros serviços de rua. Na porta de sua casa havia um aviso alertando os recém-chegados para tirarem os sapatos e lavarem imediatamente as mãos.

Comecei a compartilhar a sintonização com Maureen uma vez por semana. Numa das sessões, ao começar a sintonizar as vértebras cervicais, senti terríveis choques elétricos numa das mãos. Maureen me disse para colocar um grande cone preto entre os pés, para aterrar a eletricidade. Os choques, que vinham de seu sistema nervoso, eram vestígios dos tratamentos com choques elétricos que tinha feito havia alguns anos e que ainda estavam presentes em seu sistema nervoso. Com o cone preto entre os pés, os choques diminuíram e continuei a sintonização.

Em outra visita, logo que cheguei ela disse que recebera um golpe de vento que tinha descido pela chaminé, soprando uma lufada de cinzas dentro de casa. Ela estava numa situação desesperada, sofrendo e com dificuldade para respirar. Trabalhei os sistemas circulatório e respiratório, estabelecendo o equilíbrio e clarificando os padrões de distorção que encontrei ali.

Compartilhei a sintonização com Maureen por muitos meses, até que precisei mudar da cidade para terminar a faculdade. Deixei-a nas mãos de outro praticante de sintonização, que continuou a tratá-la por mais dois anos.

Tempos depois voltei à cidade para um grande evento público do Emissário. Sentados atrás de mim, estavam meu amigo praticante e uma mulher. Voltei-me para cumprimentá-lo e fiquei surpresa ao ser reapresentada a Maureen, que não tinha reconhecido. Ela estava radicalmente diferente — tinha ganho uns 15 quilos e parecia vibratoriamente completa em todos os níveis do ser. Disse-me que sua vida ia bem e que já freqüentava locais públicos. O estilo de vida natural, combinado às sintonizações semanais, tinha clareado seu padrão vital, permitindo-lhe viver uma vida mais normal.

Em 1996 retomei o contato com Maureen, para me inteirar de seu progresso. Foi nessa época que ela me contou das experiências de quase-morte e das modificações em seu sistema imunológico. Maureen me contou que estava trabalhando como sensitiva: dava aconselhamento espiritual e intuitivo para outras pessoas e já tinha uma clientela. Mencionou também que fazia sintonizações com seus clientes. Tempos depois ela me escreveu sobre suas experiências com a sintonização:

> *"Quando compartilho a sintonização, sinto fortes torrentes de energia que se juntam e se canalizam de maneira coesa até atingir a força e a cura profunda. Sinto o cérebro banhado em energia fortalecedora, assim como a coluna. Sinto paz e integração dentro de mim quando aquilo que 'EU SOU' chega à síntese. Tudo o que há dentro de mim a ser expresso e conhecido passa rapidamente à expressão ao se liberar, geralmente com profundas emoções. A consciência de meu próprio progresso energético e multidimensional fica palpável e viva. Minha experiência cinestésica é ampliada e eu fico cheia de brilho dourado, conhecendo minha luz interior e o amor que eu sou. Fico me sentindo purificada por dentro, como se tivesse entrado numa cachoeira brilhante.*
>
> *Começo quase todas as sessões de cura com a sintonização. A sintonização dá o tom do trabalho que faço para atingir o alinhamento, a quietude e a receptividade."* [1]

De vez em quando ainda faço sintonização à distância com Maureen. Recentemente (fevereiro de 1998), ela me disse que está no estágio final de sua vida, aproximando-se do encerramento de seu tempo na Terra.

Prática da Sintonização dos Sistemas Imunológico e Linfático

Você não vai crescer se ficar sentado num belo jardim florido,
mas vai crescer se ficar doente, se sofrer,
se passar por perdas, se não enterrar a cabeça na areia,
assumindo a dor e aprendendo a aceitá-la, não como maldição nem castigo,
mas como uma dádiva, com um propósito muito definido.
ELIZABETH KÜBLER-ROSS

No nível físico, os sistemas imunológico e linfático servem para purificar e proteger o corpo de invasores estranhos. Um elemento importante para uma boa função imunológica é a glândula timo, que, da perspectiva da sintonização, é a sede da purificação. A glândula timo está localizada alguns centímetros abaixo da tireóide, atrás do esterno. Antes da puberdade, ela produz linfócitos T, muito importantes na luta do sistema imunológico contra a infecção e a doença. Produzidos no timo, os linfócitos T migram para regiões específicas do corpo, como os gânglios linfáticos e o baço, onde se fixam e combatem infecções virais. Outros agentes de defesa contra as bactérias são os linfócitos B, produzidos na medula óssea e que também circulam pelo corpo. Os linfócitos T agem como a guarda de proteção, expulsando a doença: cercam o inimigo e depois atacam com antígenos, como metralhadoras. Os resíduos produzidos por essa invasão são fagocitosados (comidos) pelos linfócitos, que são como lixeiras microscópicas presentes na corrente sangüínea e nos gânglios linfáticos.

Siga este roteiro do sistema imunológico ao sintonizar seu cliente:

- É bom fazer a sintonização do sistema imunológico quando o cliente se queixa de lembranças não processadas ou de padrões emocionais negativos. Ao trabalhar com os gânglios linfáticos, você vai encontrar padrões de energia dissonante. Segure esses padrões entre as mãos (positiva e negativa) para ajudar a dissolver e a soltar a dissonância num fluxo de energia mais calmo.

- O sistema imunológico procura livrar o corpo de invasões bacterianas, mas só é eficaz quando a pessoa trabalha o processo de cura de maneira a favorecer sua atuação através de seu modo de vida. Esgotar-se, trabalhar demais, trabalhar por períodos muito prolongados, não descansar nem tirar férias, são fatores que levam o sistema imunológico a uma sobrecarga de distorções. O Doutor Stuart White, quiroprático, fala sobre o repouso que garante aos seres humanos um sistema imunológico saudável: "O sistema imunológico viceja com o sono, o descanso, o relaxamento e, mais fortemente, com o amor e a paixão, enquanto o *stress*, a preocupação e a ansiedade interrompem a atividade imunológica."[2] Se o cliente se queixar de esgotamento provocado por excesso de trabalho, por crises ou brigas familiares, ensine-o a compartilhar diariamente a *Santificação* ou a segurar os polegares, uma técnica de relaxamento e auto-sintonização.

- Dê um foco de atenção suave e paciente a seu trabalho de sintonização para despertar ativamente a linfa, levando-a a um fluxo mais tranqüilo. No trabalho com a linfa e com o sistema imunológico, é muito importante que o praticante — você — esteja conscientemente tranqüilo. O fluxo calmo de energia passa ao trabalho e pode inspirar um fluxo semelhante na consciência do cliente.

Parece que pouco acontece na sintonização do sistema imunológico. Mas, quando ela terminar, você e o cliente vão se sentir completamente renovados, transpirando relaxamento a ponto de perceberem que entraram num estado mais luminoso e suave. Lembre-se de eliminar qualquer expressão de ambição, especialmente quanto a resultados específicos, para aprofundar ainda mais a experiência conjunta de purificação.

- Em momentos de humor, gosto de comparar o sistema imunológico a sistemas de proteção, como a CIA, com *walkie-talkies*, armas *laser* e roupas à prova de vírus. Talvez, durante uma sessão de sintonização do sistema imunológico, você e o cliente consigam visualizar uma defesa bem-sucedida contra uma seqüência de ataques de inimigos bacterianos. Será que seu cliente prefere sugerir outras visualizações, que fortaleçam sua fé no bom funcionamento do sistema imunológico? Conversem sobre várias situações até escolherem a mais adequada à situação. As técnicas de visualização usadas em tratamentos médicos geralmente utilizam carnívoros poderosos como os tubarões, rapineiros como os abutres e guardas do território, como os tatus. Consulte desenhos médicos e de animais para descobrir o animal perfeito às suas necessidades de visualização.

- Sintonize os sistemas imunológico/linfático no caso do cliente sofrer de lúpus, síndrome do implante nos seios (para um bom resultado, é bom que o implante tenha sido removido), fibromialgia, síndrome da fadiga crônica, câncer ou pós-câncer, gripe e todas as outras doenças agudas e crônicas.

- O cliente pode fazer também o *Exercício do Ponto na Folha de Papel* (Capítulo 9), usando o sistema imunológico como foco central.

Prática da Sintonização do Sistema Imunológico

A sintonização do sistema imunológico deve vir depois da sintonização cervical, da sintonização das glândulas endócrinas e dos outros órgãos. Assim, depois de trabalhar com o corpo inteiro e em especial com a glândula timo, você já terá estimulado o padrão vibratório para o sistema imunológico. Para uma purificação ainda maior, use a glândula timo como principal ponto de contato do sistema imunológico. Você pode também usar as glândulas pineal, pituitária e tireóide para introduzir amor, verdade e contato radiante no processo de sintonização.

De pé, à esquerda do cliente, use as glândulas endócrinas como pontos de contato do sistema imunológico. Comece colocando a mão esquerda (pólo negativo) sobre a glândulas timo (os dedos indicador e médio devem estar unidos, dirigindo energia para a glândula), usando-a como primeiro ponto de contato. Coloque a mão direita (pólo positivo) sobre as áreas linfáticas do corpo, uma por vez, fazendo pequenos movimentos circulares, acompanhando o fluxo ao longo do percurso da linfa. Ao sintonizar o sistema linfático, siga o fluxo linfático, especificado abaixo, para uma melhor performance técnica. Veja no quadro a localização das áreas linfáticas:

Roteiro do Fluxo Linfático

- A linfa dos membros superiores escoa para os **Gânglios Linfáticos Axilares.**
- A linfa da cabeça e do pescoço escoa para os **Gânglios Linfáticos Cervicais.**
- O **Duto Torácico** coleta a linfa do corpo inteiro, exceto a que flui para o **Duto Linfático Direito.**
- O **Duto Linfático Direito** coleta a linfa da parte superior direita do corpo, incluindo o braço direito, a mão direita, o lado direito da cabeça e a região que vai até abaixo do fígado.
- Os **Gânglios Linfáticos Inguinais Superficiais** drenam a região glútea, os genitais externos, as paredes abdominais laterais e anteriores, parte do útero e a parte inferior do canal anal.

Prática de Sintonização do Baço

Este órgão pequeno, mas vitalmente importante, ajuda a regular o sistema sangüíneo forçando todos os vasos sangüíneos através de pequenas cisternas. Essas cisternas agem como uma 'barreira policial' para o sistema circulatório, testando cada glóbulo vermelho para que as células saudáveis voltem à corrente sangüínea para fornecer oxigênio, dióxido de carbono e nutrientes vitais.

DESCRIÇÃO ANATÔMICA — SINTONIZAÇÃO DO SISTEMA LINFÁTICO

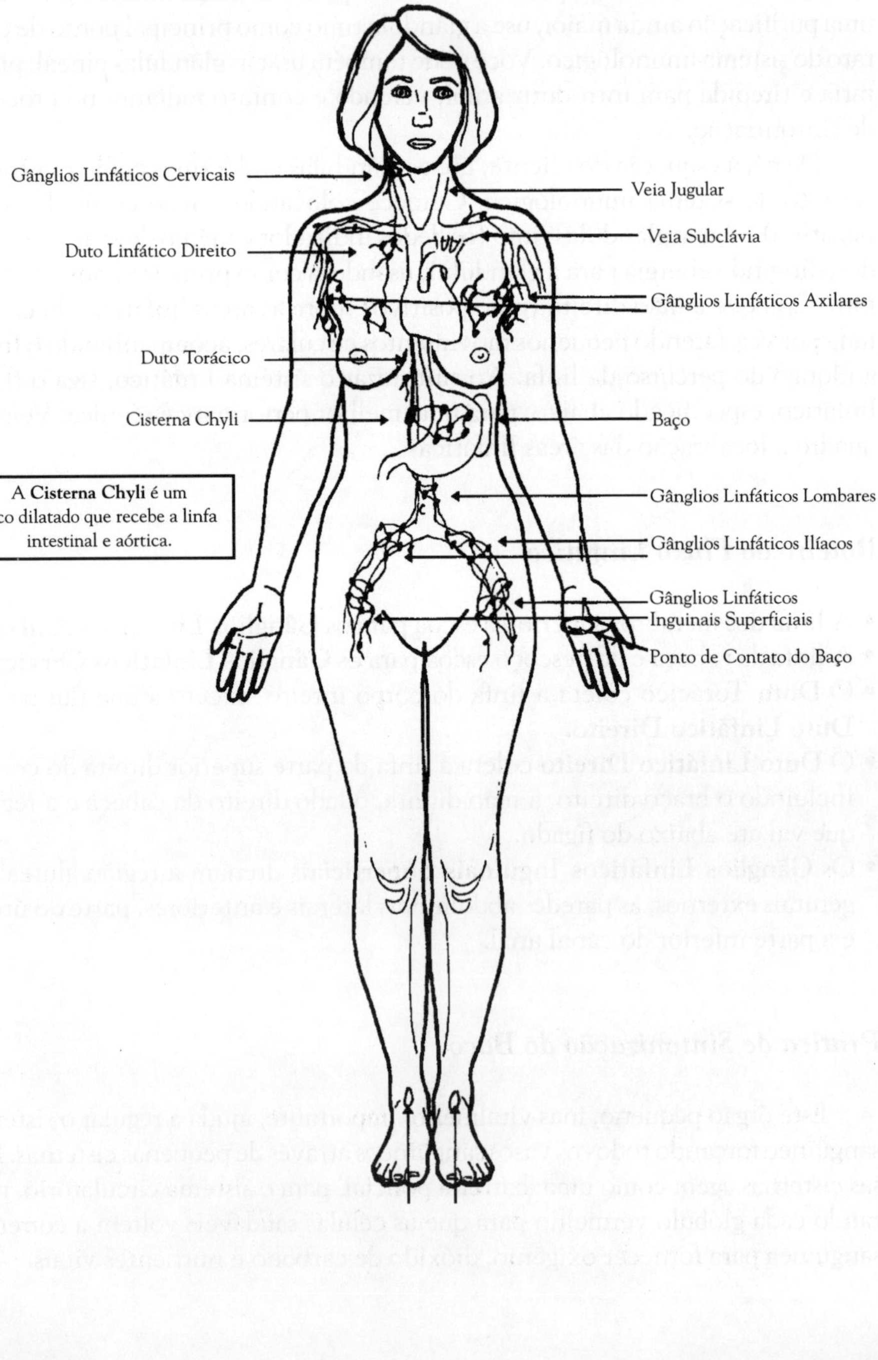

A **Cisterna Chyli** é um saco dilatado que recebe a linfa intestinal e aórtica.

Consulte o Quadro Anatômico do Sistema Linfático para saber onde está localizado o baço. De pé, à esquerda do cliente, sintonize o baço seguindo esta técnica:

Baço:

MD *os dedos indicador e médio, suavemente unidos, apontam para o sulco acima do lábio superior.*

ME *dedos juntos, sobre o lado esquerdo do corpo, apontam para a área do baço, à esquerda da área torácica, logo abaixo das costelas.*

Foco no Sistema Linfático e nos Seios

Lembre-se destas observações ao trabalhar com os tecidos do seio, especialmente se sua cliente teve ou tem câncer de mama. Fazendo pequenos movimentos circulares com a mão positiva (a mão negativa deve estar no timo ou em outra glândula endócrina) ao longo do corpo etérico associado ao tecido dos seios, preste atenção nestes pontos:

1. A linfa dos seios escoa para áreas linfáticas cutâneas — ou superficiais — e profundas.
2. O câncer do seio geralmente se espalha através de canais venosos, indo para os pulmões, fígado e ossos. No caso dos ossos, o câncer se espalha pelas veias intercostais que se comunicam com o plexo venoso vertebral.
3. O diagnóstico do câncer é baseado na drenagem linfática e o seio é dividido em 4 quadrantes iguais para precisar a posição do tumor. A posição mais favorável é no quadrante superior externo, e a menos favorável é no quadrante inferior interno (mais próximo da cavidade peritoneal).[3]

Consulte o quadro descritivo do sistema linfático da página 158 para saber a localização das diversas áreas linfáticas. A sessão de sintonização do sistema imunológico/linfático deve durar uns 20 minutos.

Capítulo 14 Notas

1. Correspondência pessoal com Maureen, 19 de julho de 1996.
2. Stuart White, DC, 'Immune-Lymph System Awareness', *The Capstone*, fevereiro de 1994, nº 2, p. 3.
3. As informações da seção Foco no Sistema Linfático e nos Seios foram retiradas de minhas anotações de aula da escola de medicina.

15. Padrões de Retenção — Sintonização do Cérebro e da Coluna Espinhal

Uma mulher que tinha sofrido um trauma na coluna me procurou várias vezes para fazer sessões de sintonização. Anos antes, um acidente de carro tinha-lhe afetado os nervos da coluna, fazendo-a passar por várias cirurgias. Ainda sofria de um distúrbio nervoso que a deixava fisicamente fraca, incapaz de erguer ou carregar objetos e psicologicamente insegura em relação a si mesma.

Ela tinha começado a fazer um curso prático de massagem terapêutica. Ciente das rigorosas exigências físicas desse curso, ela estava determinada a provar a si mesma e aos outros que era uma agente da cura. Acreditava que sua cura viria gradualmente, à medida que aprendesse a curar os outros. Como outros terapeutas portadores de deficiências que conheci e outras tantas pessoas que praticam artes da cura, essa mulher possuía sabedoria interior e fé no processo de cura da vida.

Ao longo de algumas semanas, fizemos várias sessões de sintonização. Depois de cada uma delas, ela dizia que se sentia melhor, que estava mais relaxada e em contato com seu poder interior. Mas eu sentia que havia dentro dela alguma coisa que devia mudar para liberar um padrão de retenção mais profundo que, me parecia, estava preso à coluna. Depois de uma das sessões, perguntei-lhe sobre seu relacionamento com o marido. Ela respondeu, de maneira vaga, que ele apoiava seu interesse pelas artes da cura e que era um cristão devoto. Sugeri que o incluíssemos no processo de sintonização, dizendo que ele poderia me ajudar a sintonizá-la, compartilhando a sintonização através dos pontos de contato nos pés, que eu lhe mostraria. A mulher gostou da sugestão e ficou de trazer o marido na sessão seguinte.

E, assim, na sessão seguinte, vieram os dois. Depois de algumas explicações a respeito dos pés e dos pontos em que deveria colocar as mãos, ele me perguntou: "A sintonização funciona junto com a prece?" Eu disse que sim e lhe expliquei o uso da prece não-dirigida: se quisesse rezar durante nossa sessão conjunta, seria melhor dar à prece uma orientação de não-resultado, que buscasse a realização da vontade do Poder Superior e não da própria vontade. O marido gostou da idéia, baixou a cabeça para rezar e começamos.

A atitude fervorosa do marido me fascinou e eu o fiquei observando enquanto prosseguia no processo de sintonização. Quando chegou a hora de trabalhar a coluna da mulher, percebi que o marido estava quase chorando. Um momento depois, percebi que ele tinha se arrependido no fundo do coração, sentindo a liberação das emoções através do trabalho na coluna da mulher. Senti que o padrão sob meus dedos passava da tensão ao relaxamento. Percebi então que o marido tinha se arrependido no fundo do coração pela atitude exigente que aparentemente tinha em relação à mulher. A mulher tinha reagido a essa atitude do marido permitindo que ela 'se instalasse' em suas costas, na área da antiga lesão. Mas, através da humildade e da prece, o marido começava a abandonar a necessidade de controlar a mulher. Como ela já vinha acompanhando há semanas o espírito da sintonização, seu padrão mudou com facilidade, deixando-a liberta no interior da coluna.

Depois da sessão, conversei com os dois sobre minhas descobertas. Eles soltaram uma exclamação e concordaram com a cabeça. Com amor nas mãos e no coração, eu os deixei na sala das sessões, abraçados e atentos um ao outro pela primeira vez em muitos dias.

Padrões de Retenção

Ninguém pode revelar a Deus, mas todos podem ter o privilégio sagrado de ***deixar que Deus se revele****... Deixe que cada mudança se comprove...* ***Deixe-a funcionar****... Deixe que a luz de Sua presença libere a radiância da realidade através do templo do seu ser.*

URANDA

Às vezes buscamos, no nível mental, controlar o desenrolar de nossas relações e ações. Deixar que a mente nos governe é como colocá-la no banco do motorista que, como já vimos, não é lugar para ela. Para a mente, o lugar certo é num veículo aberto ao movimento do espírito, e sua função é agir como serva d'*Aquele que Habita*. O fluxo espiritual do amor que emana de dentro é a influência que dirige e inspira todos os feitos humanos. *Aquele que Habita* é a Fonte que rege todas as coisas e, quando aceito pela mente e pelo coração, é perfeitamente capaz de administrar qualquer situação com propósito espiritual e inteligência divina.

O Doutor Eric Leskowitz escreve que o cérebro tem como principal função ser um "filtro ou receptáculo, não o gerador ou transmissor de pensamentos".[1] Os pensamentos não são criados pelo cérebro, mas por uma fonte e por um poder muito maiores do que esses construtos físicos. Todos nós já alimentamos pensamentos autogerados (gerados pela mente e não pelo espírito). Esse é um ato fora de alinhamento com o espírito divino, que passa a agir como um padrão de retenção que confina o espírito e deixa fora de seu fluxo os propósitos pessoais autopretendidos. Os propósitos autopretendidos prendem as pessoas e as situações, impedindo que o espírito as toque ou influencie.

Um padrão de retenção mental que exclui o espírito sempre traz conseqüências negativas para nós mesmos e para outros seres humanos. Esses padrões de retenção são acionados pela identificação exclusiva com a mente exterior, e portanto com todas as lembranças, mágoas, emoções não processadas e informações do mundo exterior presentes em seu raio de percepção. Em outras palavras, os padrões de retenção são acionados pela energia não receptiva de quem se identifica apenas com os próprios processos mentais. Quando o espírito divino não flui através das faculdades mentais, a consciência individual e de grupo fica exposta a males como doenças, sofrimentos e catástrofes. A ganância e o egoísmo são importantes padrões de retenção auto-atuantes. Buscam excluir o fluxo da inteligência espiritual que quer a providência divina para todos.

A partir dos sistemas dinâmicos de energia, os cientistas descobriram que o papel da mente humana é funcionar em unidade com o coração, sincronizando, organizando e integrando a função celular coordenada. Potencialmente, ela interagiria de maneira semelhante entre as pessoas.[2] Pondo as faculdades da mente e do coração em ressonância com o fluxo de energia radiante que vem de dentro de nós, permitimos que o espírito toque todas as nossas ações e relações com graça e orientação divinas. Como sugere a história acima, ao abandonar o querer pessoal libertamos o espírito dentro de nós e seu movimento em direção aos outros, sem nossa intervenção. A identificação com o espírito favorece esse processo de abandono.

Sintonização do Cérebro — na Fissura de Rolando ou Sulco Central

É possível sintonizar o cérebro e colocá-lo em ressonância com o seu ritmo natural focalizando a atenção no Sulco Central ou Fissura de Rolando, uma sutura craniana em forma de cruz localizada no topo da cabeça. O Sulco Central é o ponto de encontro de todos os pontos de contato vibratórios do corpo. Sintonizando a energia do corpo ao Sulco Central é possível penetrar nas energias associadas à memória, associações pessoais, projeções motoras e sensoriais.

O Sulco Central divide o cérebro em quatro regiões distintas, ou lóbulos. Cada lóbulo abriga o próprio conjunto de pontos de contato vibratórios que influenciam diretamente uma área específica da função humana. Use o quadro da página seguinte ao seguir este roteiro dos pontos de contato:

SINTONIZAÇÃO DO CÓRTEX CEREBRAL (FISSURA DE ROLANDO — SULCO CENTRAL)

VISTA LATERAL

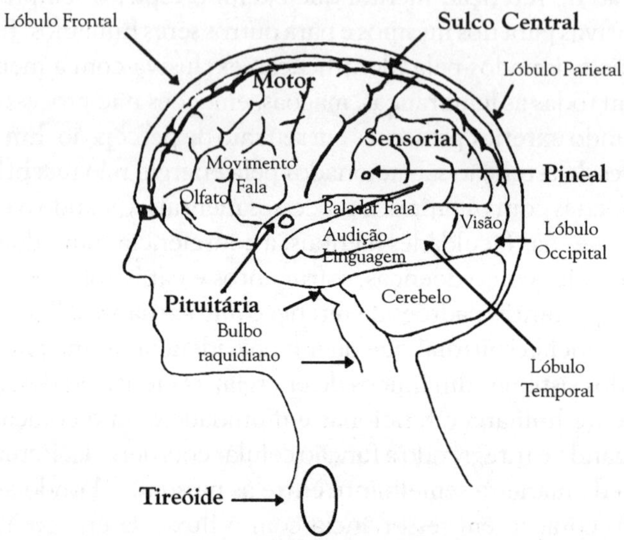

VISTA SUPERIOR

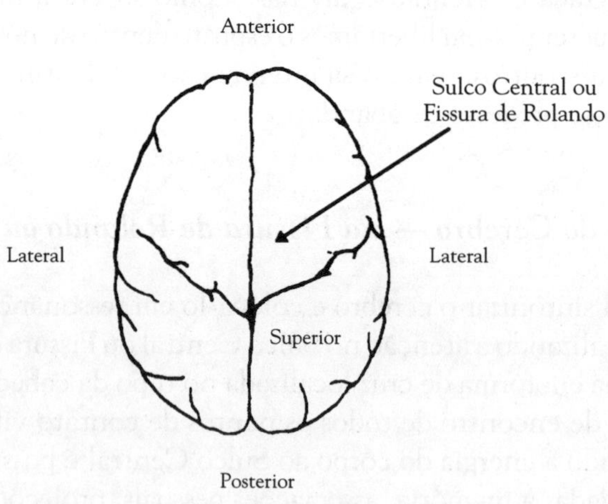

- *Lóbulo Frontal*: intelecto, intimidade e função sexual, tendência à agressividade, raciocínio, pensamento abstrato, linguagem, movimento motor e fala.
- *Lóbulo Parietal:* símbolos e idéias, linguagem, paladar sensorial e fala.
- *Lóbulo Occipital*: visão, atenção e discriminação.
- *Lóbulo Temporal*: função auditiva, linguagem, substratos simpático e emocional.

- *Mesencéfalo*: liga os hemisférios cerebrais.
- *Bulbo raquidiano*: Centro respiratório e centro cardiovascular do sistema nervoso autônomo. Observe também que Uranda especificou que o bulbo raquidiano é o local de descanso das vibrações associadas aos átomos ascendentes do corpo. Ali essas vibrações esperam 3 dias antes de subirem aos domínios invisíveis do ser.[3]
- *Canal Sensorial e Motor do Sulco Central*: (i) Superior — dor, toque, temperatura, pressão, posição, pé, perna, coxa, abdômen, costas; (ii) Lateral — ombro, braço, dedos, cabeça, boca, rosto, posição.[4,5]

Técnica:

Junte as mãos em posição de prece, com as palmas voltadas para fora, os polegares unidos e os outros dedos estendidos lateralmente. Embora essa posição não seja natural para as mãos, você não deve flexioná-las ou estendê-las demais para chegar à posição correta.

Depois, tomando como referência a Vista Superior do Cérebro, na página anterior, coloque as mãos na posição acima mencionada, uns 3 a 5 centímetros acima da região da cabeça do cliente, e desça-as lentamente ao longo do eixo central da cabeça até sentir ou perceber um fluxo de energia emanar dessa área. Esse fluxo de energia, estimulado por seus dedos, é o local do Sulco Central. Mantenha as mãos na posição por alguns minutos, com os pulsos, braços e ombros o mais relaxados possível. Segure e equilibre silenciosamente as energias que está sentindo até perceber uma única pulsação passando pelas mãos. Deixe o quadro dos pontos de contato onde possa consultá-lo quando precisar. No início, você vai sentir um formigamento que logo se transforma numa radiância suave, um sinal de que o padrão vibratório está sintonizado.

Como geralmente o trabalho com o Sulco Central é feito no final da sessão de sintonização de corpo inteiro, você vai sentir com facilidade os pontos desse sulco, pois já estabeleceu um fluxo de energia em todo o corpo.

Prática da Sintonização da Medula Espinhal

A coluna espinhal é o principal sistema de pontos de contato, que permite alcançar todos os sistemas anatômicos através do sistema nervoso. O quadro descritivo na página 167 é de domínio público e consta dos livros de referência *Gray's Anatomy*. Observe nele que o sistema nervoso, cercado e protegido pelas vértebras, associa-se a cada sistema anatômico através de plexos nervosos específicos. Esse quadro permite ver com facilidade de que ponto da coluna espinhal parte a inervação de cada sistema anatômico. Dessa forma, você pode sintonizar a anatomia do cliente aplicando energia de sintonização em pontos específicos da coluna espinhal.

Técnica para Equilibrar a Medula Espinhal

Para começar, faça o cliente deitar de lado. Ele precisa ficar confortável, com travesseiros ao lado do corpo, para que não escorregue da mesa de massagem.

Coloque as mãos nos extremos opostos do sistema nervoso parassimpático do cliente: a mão direita fica na área das vértebras cervicais (entre as vértebras cervicais 1 – 7) antes de passar para a leve elevação da coluna (vértebra cervical 7). A mão esquerda fica no plexo nervoso sacral, localizado na área do sacro e do cóccix (procure no quadro ao lado as localizações exatas). Lembre-se que no trabalho de sintonização você não toca o corpo, mas apenas o campo etérico de energia, 3 a 5 centímetros acima da forma física. Procure no quadro essas posições. Os ombros, os braços, os pulsos e as mãos devem estar o mais relaxados possível. Começando com o sistema nervoso parassimpático, você vai desencadear um fluxo de energia profundamente relaxante no corpo do cliente. Equilibre as energias até sentir uma única pulsação passando pelas mãos. O formigamento vai diminuir e talvez você sinta uma onda de calor se espalhando entre as mãos. Esses sinais indicam que o sistema parassimpático foi sintonizado.

Técnica de Ascensão da Medula Espinhal

Uranda chamou o plexo sacral de 'bateria de reserva' do corpo, onde a substância vibratória que ainda não ascendeu fica estocada, antes de subir pela coluna até o bulbo raquidiano.[6] Você pode ajudar o cliente nesse processo de ascensão movendo para cima, em direção ao cérebro, o padrão vibratório perceptível na coluna. Quando é completa, essa técnica de ascensão é bem meticulosa e dura de 15 a 20 minutos.

1. *Mantenha a mão direita na posição do bulbo raquidiano, na base do pescoço. Traga a mão esquerda para cima, ao encontro da direita, indo lentamente do sacro ao pescoço. Enquanto sobe pela coluna, a mão esquerda deve ficar com a palma voltada para baixo ou com os dedos unidos para focalizar a energia como uma só unidade. Pare ao longo do caminho e segure as energias que sentir em alguns pontos da coluna. Verifique esses pontos no quadro da página ao lado, para descobrir onde há possíveis padrões de distorção e quais os sistemas orgânicos que lhes correspondem. Compartilhando a sintonização com cada plexo nervoso da coluna,*

QUADRO DESCRITIVO DA MEDULA ESPINHAL E DOS NERVOS

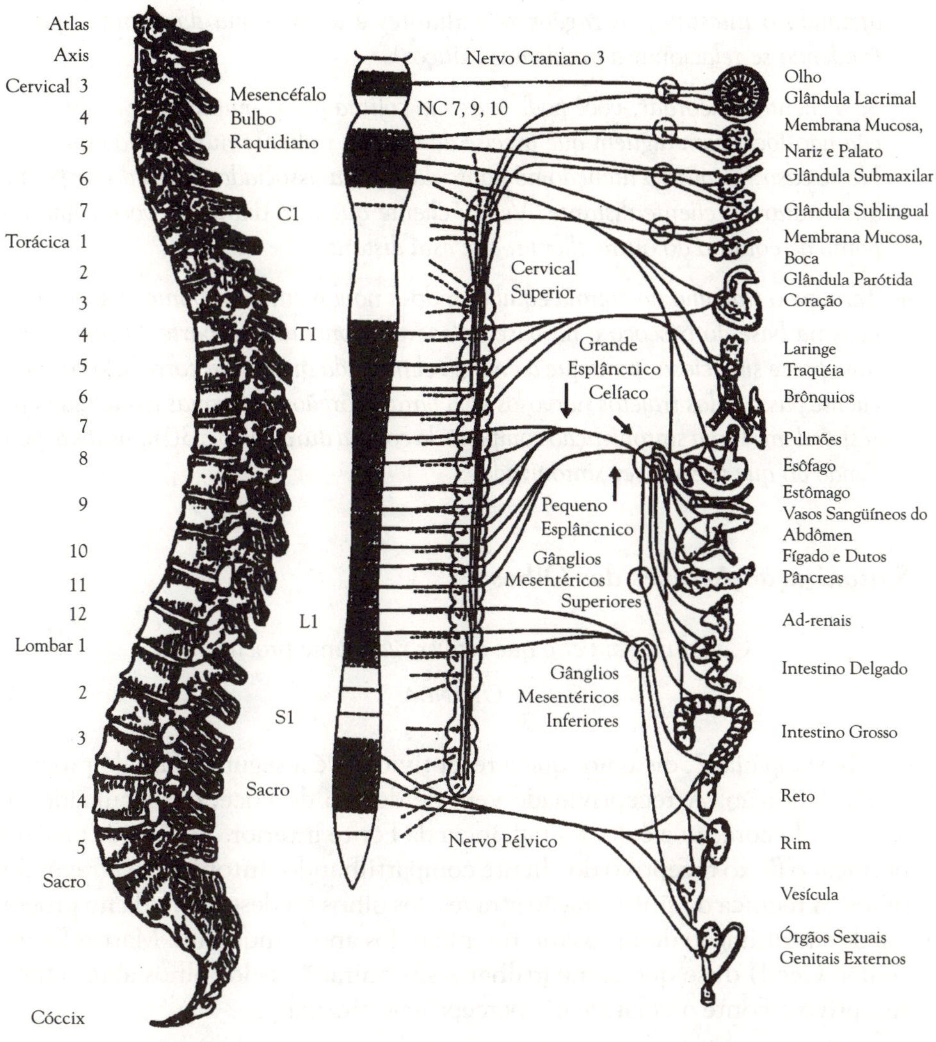

você vai deslocar para cima o corpo vibratório da medula espinhal, em direção ao bulbo raquidiano. Para ótimos resultados terapêuticos, essa técnica de ascensão, chamada também de 'Técnica Miller', deve seguir a técnica de equilíbrio descrita acima. A Técnica Miller foi desenvolvida no início dos anos cinqüenta por Eddie e Gladys Miller, praticantes pessoais de Uranda. Parece que essa técnica foi demonstrada pela primeira vez a Uranda na mesa da cozinha dos Miller![7]

2. *Ao parar em pontos específicos, tenha em mente os problemas que o cliente apresenta. Por exemplo: a vértebra torácica 4 corresponde à aorta e à veia cava superior, o que pode ser significativo se o cliente tiver um problema cardíaco. As vértebras lombares 1 a 5 correspondem às funções nervosas anatômicas inferiores, afetando o intestino, os órgãos reprodutores e a anatomia da perna esquerda (podendo se relacionar a problemas ciáticos).*

3. *Se o cliente concordar, você pode usar sua coluna para compartilhar a sintonização não-local com alguém que precise da energia radiante num órgão específico. Neste caso, focalize a atenção no ponto da coluna associado à área do corpo que quer tratar no cliente distante. Veja o cliente que está diante de você como um ponto de contato do outro cliente, que está distante.*

4. *Termine o trabalho na coluna equilibrando-a novamente nos pontos parassimpáticos na base do pescoço e na base do sacro. Conclua esta parte da sessão com uma prece silenciosa, para que a energia clarificada que agora corre pelo corpo do cliente passe pelos trajetos nervosos e vá para os órgãos e sistemas a que estes correspondem. Uma sintonização completa da coluna dura de 15 a 30 minutos dependendo do que precisa ser sintonizado.*

Sintonização Através dos Olhos

Cada um vai ver o que estiver realmente procurando.

URANDA

No *Capítulo 7*, dissemos que a receptividade é a segunda fase do processo de sintonização. A receptividade vem de dentro de você, das faculdades da mente e do coração e é dada à radiância da Fonte interior. Você pode ajudar a purificar o fluxo receptivo do cliente compartilhando sintonização através dos olhos. A técnica da sintonização através dos olhos foi desenvolvida no programa de sintonização do Emissário no início dos anos cinqüenta. Martin Exeter (então Cecil) disse que compartilhar a sintonização pelos olhos abre o fluxo receptivo à Fonte ao clarificar a percepção espiritual:

> *Os padrões de distorção na faculdade de percepção espiritual impedem que a pessoa veja as coisas como são. Assim, seja em relação ao corpo e aos olhos físicos, seja em relação à capacidade de percepção espiritual, é evidente que há necessidade de clarificar, necessidade de operar mudanças para que haja uma visão clara.*[8]

Ele diz também que durante a sintonização pelos olhos, outros "podem receber radiação através dos olhos para todas as partes de seu ser".[9] Como escreveu Uranda anos antes: "... de acordo com sua Visão ou Percepção, é assim que você avança. Você vai na direção daquilo que está procurando."[10] A sintonização através dos olhos ajuda a clarificar o que o cliente vê e como discerne o mundo, espiritualmente ou de outras maneiras.

Compartilhar a sintonização através dos olhos é também uma forma de sintonizar a glândula pineal, alimentada através do espectro eletromagnético da luz (o *Apêndice A – Histologia do Sistema Glandular Endócrino* – traz mais informações sobre este ponto). A energia de sintonização que você passa à glândula pineal através do olhos vai, por sua vez, alimentar diretamente a glândula pituitária. Isso ocorre porque a pituitária está muito próxima da pineal, da qual recebe sinais neurológicos para enviar os próprios estímulos hormonais às outras glândulas do corpo. Assim, a sintonização através dos olhos sintoniza a pineal, sintoniza a pituitária via pineal, sintoniza as outras glândulas endócrinas via pituitária, e sintoniza as percepções espirituais do cliente clarificando sua maneira de ver o mundo.

Técnica de Sintonização pelos Olhos:

Depois de sintonizar a medula espinhal, faça o cliente deitar de costas outra vez. Com as palmas das mãos sobre os olhos do cliente, dirija para eles o fluxo de energia, através dos chakras das palmas das mãos. Se quiser aplicar radiação a cada olho separadamente, dirija energia a cada um deles com os dedos unidos. No caso de sintonizar um olho por vez, use a glândula pituitária, a pineal ou o lóbulo occipital como pontos de contato. Enquanto isso, o cliente pode ficar com os olhos abertos ou fechados.

Se o cliente tiver irritação nos olhos, catarata ou outros problemas oculares, a sintonização através dos olhos vai acelerar o processo de cura. Além disso, é bom compartilhar essa sintonização antes, durante ou depois de cirurgias oculares.

A energia da sintonização pode também reverter algumas deficiências oculares. Por exemplo: conheci uma menina que nasceu cega de um olho. O pai, um experiente praticante da sintonização, começou a sintonizá-la através dos olhos quando ela era adolescente. Aos poucos, ela começou a ver a luz com o olho cego! É claro que essa menina tinha sido sintonizada com o fluxo de energia da sintonização por muitos anos, o que pode ter favorecido a reação à luz na adolescência.

Há uma passagem do Novo Testamento que fala da cura do cego. "Eu era cego e agora vejo", disse o cego sobre sua cura pelas mãos de Jesus. Nesse incidente, Jesus cobriu os olhos do homem com um tipo específico de lama, que misturou com a própria saliva. Podemos meditar sobre o significado espiritual da afirmação do homem assim como sobre o fato de o homem ter sido curado da cegueira graças à sintonização que o Mestre compartilhou com ele através dos olhos.

Capítulo 15 Notas

1. Eric Leskowitz, MD, 'Metaphors in the Teaching of Holistic Medicine', *Alternative Therapies*, julho de 1997, Volume 3, nº 4, p. 111.
2. Linda G. Russek e Gary E. Schwartz, 'Energy Cardiology: A Dynamical Energy Systems Approach for Integrating Conventional and Alternative Medicine', *ADVANCES: The Journal of Mind-Body Health*, outono de 1996, Volume 12, nº 4, p. 4.
3. Correspondência pessoal com Tom Fallon.
4. Keith L. Moore, *Clinical Anatomy*, terceira edição (Baltimore: Williams & Wilkins, 1992), p. 693.
5. Os Emissários, *Anatomical Diagrams* (Loveland: Eden Valley Press, 1984), p. 6.
6. Correspondência pessoal com Tom Fallon.
7. *Ibid*.
8. Martin Cecil, 'Almsgiving', Serviço de Adoração Extemporâneo realizado na 100 Mile House, B.C., Canadá, 9 de agosto de 1953.
9. *Ibid*., p. 14.
10. Uranda, *Letters to You*, p. 23.

16. Sintonização do Sistema Ósseo

Um homem, que compartilhou a sintonização durante a vida inteira, conta que uma vez, ainda garoto, quebrou a perna e depois ajudou a curá-la.

Na ocasião ele estava andando a cavalo, mas sua atitude pouco propícia afetou o animal e ele acabou perdendo o controle. O cavalo parou de repente diante de uma árvore e ele saiu voando, com o pé ainda preso no estribo.

Ficou inconsciente por algum tempo e, quando recuperou os sentidos, descobriu que não conseguia mexer a perna esquerda. Foi um choque. Alguns amigos chegaram e o levaram à casa do Mestre Servidor da Sintonização, que morava perto dali. O Mestre Servidor compartilhou a sintonização com ele e lhe deu uma bebida especial com suplementos de cálcio.

Depois, os amigos o levaram ao hospital. Os raios X confirmaram a fratura na perna, só que o inchaço era tamanho que foi impossível engessá-la. O médico o mandou para casa, recomendando que pusesse gelo sobre o local para diminuir o inchaço e voltasse depois para engessar a perna.

Ajudado pela família, o menino passou alguns dias colocando gelo na perna, enquanto o Mestre Servidor da Sintonização continuava a compartilhar a sintonização com ele. Aos poucos, o menino começou a se sentir melhor, graças à corrente reconfortante de energia que o Mestre Servidor fazia passar por seu corpo a cada sintonização. Começou a relaxar e a se ressentir menos do ferimento, grato pelas sintonizações que favoreciam seu progresso.

Depois de alguns dias, o menino voltou ao hospital para receber o gesso. O caminho para o hospital era cheio de buracos e o balanço do carro prejudicou a perna, mas desta vez o Mestre Servidor foi com ele. Sentindo o calor da energia da sintonização, não se importou tanto com a dor.

Quando chegou a hora de engessar a perna, o médico não conseguia acreditar no que estava vendo. O osso tinha se endireitado e o anestesista nem precisou ser chamado para a cirurgia. Os novos raios X confirmaram que o progresso tinha sido tamanho que o menino nem precisou ser operado. O gesso foi colocado com muita facilidade.

O médico estava surpreso com a evolução do caso ("Nunca vi coisa igual"), mas o Mestre Servidor e o menino sabiam que o poder de cura do espírito, livre para se ampliar, tinha realizado a cura sozinho.[1]

Prática da Sintonização do Sistema Ósseo

O trabalho com o sistema ósseo estabelece uma clara conexão com a integridade estrutural do corpo. É possível realinhar naturalmente o esqueleto sem a manipulação forçada, estimulando e levando ao lugar certo as linhas naturais de força presentes em sua contrapartida etérica. Segurando o padrão de energia encontrado nos pulsos, tornozelos, articulações e ossos longos, é possível realinhar o esqueleto. Siga os métodos apresentados a seguir:

1. O primeiro método, desenvolvido por Uranda em 1951, utiliza as articulações dos pulsos e dos tornozelos. É uma técnica simples e eficaz: sem tocar o corpo do cliente, envolva com os dedos seus pulsos ou tornozelos. Aponte os polegares para a cavidade do osso (fenda que fica no centro da parte de trás do pulso ou tornozelo). Espere até começar a sentir um fluxo de energia e equilibre esse padrão como fez no pescoço, com o padrão cervical. Uranda observa que essa técnica para equilibrar a energia é muito boa nos casos de clientes acamados, quando fica muito difícil para o praticante sintonizar a área do pescoço. Ele descobriu que como trazem uma extensão do padrão energético encontrado nas cervicais, as articulações do pulso e do tornozelo podem ser usadas com igual eficácia para equilibrar o corpo.[2]
2. O segundo método é chamado *Técnica dos Ossos Longos* e foi criado por Paul Price, um canadense que pratica a sintonização. Sua abordagem elimina o toque e parece desencadear uma ressonância de cura a partir do sistema ósseo. O método beneficia os clientes que sofrem de dor na base das costas, de dor ciática e de dificuldade para movimentar os joelhos e os quadris.

Comece a trabalhar com os ombros, irradiando para cada osso longo do braço através da articulação do ombro, até que haja equilíbrio. Mantenha a mão esquerda numa das articulações do ombro e leve a direita à articulação oposta do quadril. Eu uso o mesmo procedimento, trabalhando com outras diagonais (ombros e articulações do quadril) até que a corrente se equilibre. Levo então ambas as mãos para a articulação do quadril e equilibro de novo... Ao trabalhar no tronco, você vai perceber que leva mais tempo para encontrar o equilíbrio por causa dos órgãos ali localizados.

A abordagem é a mesma à medida que se desce pelo corpo. Ponha uma das mãos no quadril e a outra no joelho, formando uma diagonal. Repita usando a outra diagonal e passe ambas as mãos para os joelhos, sempre procurando o equilíbrio da cor-

O ESQUELETO HUMANO — DESCRIÇÃO ANATÔMICA DOS OSSOS LONGOS

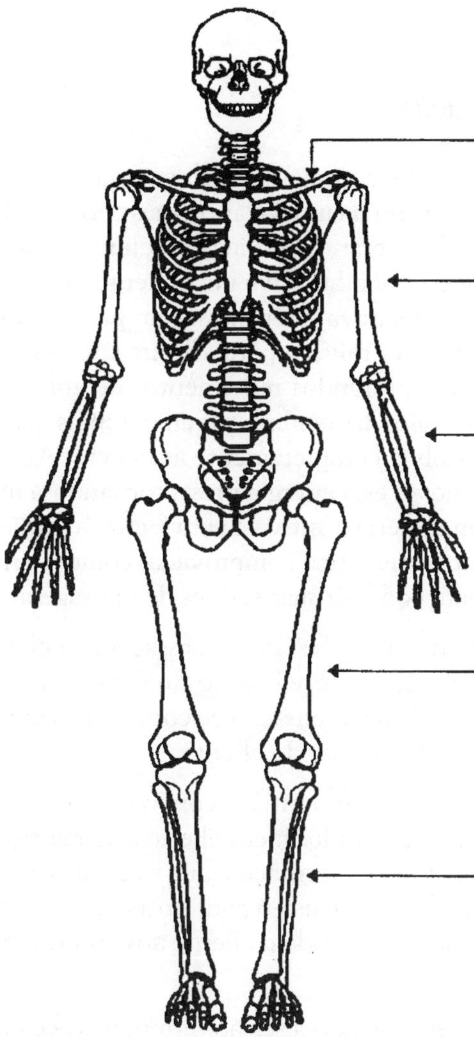

rente. Eu geralmente mantenho a mão esquerda acima da direta (isto é, esquerda no quadril, direita no joelho, etc.). Use novamente as diagonais nas articulações do joelho e do tornozelo, terminando com ambas as mãos nos tornozelos. Para finalizar, eu volto ao padrão cervical, onde geralmente encontro um fluxo mais forte e uma sensação de equilíbrio mais intensa do que no início da sintonização.[3]

Para estimular a formação de novas células sangüíneas e sintonizar as outras funções fisiológicas dos ossos longos, coloque as mãos longitudinalmente sobre os ossos longos, uma de cada lado do corpo. Estabeleça o campo de energia e deixe o equilíbrio chegar a essas áreas. Você pode também ir colocando uma mão de cada vez em cada um dos ossos longos e usar a pituitária como ponto de contato para essa sintonização (a glândula pituitária secreta estimuladores hormonais que agem sobre os ossos longos).

Sessões de Massagem e Sintonização

As pessoas guardam marcas de padrões conscientes e emocionais nos tecidos do corpo. Trabalho na área de massagem há muitos anos, mas continuo fascinada com sua ação mágica, capaz de liberar distúrbios emocionais, *stress* e ansiedade depois de poucos minutos de trabalho. Tive uma cliente que reprimia constantemente a raiva e depois precisava fazer massagem para retirá-la da base das costas. Toda vez que expressava raiva, a parte de cima de suas costas doía numa angústia paralela. Meus profundos movimentos de *effleurage*, *petrissage* e *tapotement* soltavam os vestígios das lembranças emocionais que ela retinha nos tecidos, mas isso não dissolvia completamente as marcas. Ao que parecia, a massagem só afrouxava e movia essa energia presa, tornando-a mais fluida. Para transformar a energia em matéria positiva e para fechar a sessão, o praticante precisa aplicar uma técnica energética comprovada, como a sintonização. Sugiro o seguinte roteiro para concluir suas sessões de massagem:

1. Sintonize o padrão cervical para encerrar a sessão de massagem (o cliente deve estar deitado de costas). Equilibrar as cervicais no final da sessão fortalece o fluxo de energia nas costas e dá uma sensação de conclusão, aumentando a sensação de tranqüilidade e bem-estar do cliente.

2. Procure compartilhar a sintonização de corpo inteiro com o cliente depois de terminar a sessão de massagem. Quase todos meus clientes de massagem gostam de ficar mais meia hora para fazer sintonização, que traz uma profunda sensação de paz. Ou, se o tempo for curto, use-o para sintonizar as cervicais e o sistema de glândulas endócrinas, abrindo o cliente aos próprios portais de luz.

3. Se o cliente estiver deitado de bruços quando a sessão terminar, você pode lhe dar um maior nível de paz e tranqüilidade fazendo uma sintonização da coluna. De pé, à esquerda do cliente, coloque as mãos nos pontos parassimpáticos da coluna (áreas cervical e sacral). Abra os dedos da mão direita no ponto da vértebra atlas, estendendo o polegar e o dedo mínimo até o espaço atrás das orelhas. Os outros três dedos da mão direita ficam unidos e apontam para a posição da atlas. A mão esquerda deve ficar sobre a linha sacroilíaca do cliente. Segure esse padrão de energia — não toque o cliente, nem com suaves movimentos de balanço, como fazem alguns praticantes. Segurando esse padrão de energia, você vai 'acalmar as águas' do tratamento de massagem e dar a vocês dois uma sensação de serenidade e paz.

Capítulo 16 Notas

1. Versão condensada de 'The Humbling', de *The Boy, a Coming of Age* (Loveland: Foundation House Publications, Inc., 1991, pp. 172-176.
2. Correspondência pessoal com Tom Fallon.
3. Paul Price, 'The Long Bone Attunement Technique', *The Capstone* (Nova York: Center for Health, Healing and Attunement), janeiro de 1993, p. 2.

17. Cura de Ferimentos

"Pronto, meu bem. Agora vamos jantar e ver um filme!"

"Claro!" ele respondeu, e lá fomos nós. Meu marido e eu tínhamos acabado de fazer compras e estávamos loucos para comer em nosso restaurante favorito. Tínhamos decidido tirar uma folga no meio da semana para aproveitar a companhia um do outro. Com a agenda de trabalho muito apertada, estávamos contentes com essa folga não programada.

Ele parou o carro para virar à esquerda e eu me voltei para falar sobre o filme que íamos ver. Em algum lugar da minha cabeça registrei o barulho de um carro derrapando. A batida me pegou de surpresa: foi um choque inesperado e dolorido. Não era para acontecer aquilo com a gente! Minha cabeça bateu com força contra o apoio de cabeça do banco, o cinto de segurança deteve com violência o movimento brusco e senti um choque descendo em ondas pela espinha. Fiquei sem fala por alguns segundos e percebi intuitivamente que tinha acontecido alguma coisa no meu pescoço e nas minhas costas, e que era melhor não me mexer. Meu marido estava bem e saiu do carro para avaliar os danos. Segurei a cabeça com a mãos para evitar que se movesse e comecei a compartilhar auto-sintonização com meu padrão cervical.

O homem que tinha parado o carro à nossa frente viu a batida e veio ajudar. Assim, enquanto os outros tomavam as providências necessárias e chamavam o 911 para me socorrer, fiquei sozinha no carro, segurando a cabeça, com os dedos sobre a pulsação que sentia no vão atrás das orelhas.

Naquele silêncio, observando a cena que se desenrolava à minha frente, avaliei a situação. Eu sabia que alguma coisa tinha acontecido às minhas costas e que, provavelmente, precisaria de cuidados médicos. Isso significava que todo nosso esforço para conseguir uma noite livre para relaxar tinha sido em vão. Mas um novo espaço começou a se abrir dentro de mim. Percebi que essa experiência, da qual eu era um personagem importante, tinha acionado uma série totalmente nova de acontecimentos, que eu desconhecia. Sem saber o que tinha pela frente, podia apenas esperar pelo melhor. Pelo menos o carro que tinha batido em nós vinha a uns 20 por hora e tinha provocado poucos estragos; eu estava consciente e conseguia mexer todos os membros e, embora precisasse de cuidados médicos, o ferimento devia ser insignificante. Meu marido estava tomando todas as providências e tínhamos seguro total; portanto, eu não tinha com que me preocupar. Comecei a me sentir grata por esses fatores, receptiva e com confiança no processo e nas pessoas nele envolvidas. Percebi também que, pela primeira vez em muitas semanas, eu estava numa situação em que era necessário ficar completamente parada, o que era uma bênção. Sorri ao pensar que os outros estavam fazendo tudo o que era necessário. Esse era realmente um novo espaço, e portanto comecei a relaxar no fluxo de ajuda que me envolvia.

A mulher que tinha batido em nós veio até a janela do carro e, com o celular na mão, disse-me que estava falando com o 911 e queria saber como eu estava. Eu disse: "Só sei que não devo mover o pescoço." Ela passou a informação ao 911 e em poucos minutos eu ouvi a ambulância se aproximando. Fiquei muito impressionada com a rapidez! A equipe de paramédicos logo estava à minha volta, fazendo um exame inicial. Mike, que me examinava à procura de fraturas, disse: "Parece que foi só um mau jeito, mas por segurança é melhor imobilizá-la e levá-la ao hospital para fazer radiografias." Achei que era o melhor a fazer (embora achasse que não havia fraturas) e eles me imobilizaram o pescoço e me amarraram à maca para me levar à ambulância. A gratidão tornou-se o meu sentimento dominante. Fiquei dizendo às pessoas que me ajudavam: "Estou tão contente por não estar chovendo!" (tinha chovido no início da noite). E agradeci por terem me atendido com tanta eficiência.

Eu estava agradecida também por estar totalmente consciente e sem muita dor (pelo menos até aquele momento). O episódio inteiro me fascinou pela fluência dos detalhes e dos cuidados. Fui levada rapidamente até o hospital mais próximo, onde a ambulância parou sem um único tranco. Na ambulância, comecei a segurar os polegares, pois essa era a única técnica de sintonização ao meu alcance (meus braços estavam amarrados na maca). A caminho do hospital, senti no corpo inteiro a pulsação do fluxo equilibrado de energia. Disse a Mike e à sua equipe que estava muito impressionada com a eficiência deles, e que estava muito grata por isso. Mike agradeceu e telefonou para o hospital para avisar que estávamos chegando. Ainda na ambulância, comecei a sentir dor no lado esquerdo das costas e mencionei o fato a Mike apenas uma vez, para compartilhar a informação com ele. Quando chegamos, outra equipe de profissionais nos encontrou na entrada de emergências. Minha situação era estável, estava em boas mãos e agradecida por terem me levado ao pronto-socorro.

Fui levada a uma sala de exames, onde as enfermeiras me fizeram as perguntas necessárias, anotaram meus sinais vitais e tiraram minhas roupas, preparando-me para as radiografias. E então eu me dei conta da situação, ri alto e disse a elas: "Eu não devia estar aqui. Eu é que sou a massagista. Hoje mesmo comecei uma série de massagens num cliente que foi vítima de acidente. Agora sei como ele se sente!" Elas sorriram e conversamos sobre como essa experiência seria instrutiva para mim. Disse-lhes então que estava muito impressionada com a eficiência, o comportamento e a habilidade dos enfermeiros. Tudo acontecia com facilidade e rapidez inacreditáveis. Meu marido ainda não tinha chegado (uma das enfermeiras disse que ele estava preenchendo a ficha), mas as enfermeiras disseram que ficariam atentas e o chamariam logo que chegasse. A atmosfera à nossa volta estava leve e alegre. Elas me cobriram com um cobertor aquecido e saíram quando o médico entrou na sala para me examinar.

Logo que o médico saiu, Pete, o técnico de raio X, entrou para me levar ao centro de radiologia. Mais uma vez fui recebida por rostos sorridentes, mãos fortes, atenção às possibilidades do meu caso e uma conversa bem-humorada. Agradeci por terem feito as radiografias e por terem cuidado tão bem de mim. Eles sorriram e disseram que estavam felizes por trabalharem juntos. Pete me levou de volta à sala de exames, onde meu marido esperava por mim. Eu lhe disse que estava agradecida por vê-lo e ficamos de mãos dadas conversando sobre o jantar (estávamos famintos). O médico voltou com boas notícias: não havia fraturas nem ossos trincados, apenas um mau jeito. Ele tirou as ataduras que me imobilizavam e testou a mobilidade do meu pescoço. Eu estava rígida e começando a sentir dor na parte de cima das costas, mas sabia que era uma sorte ter passado por aquela provação com um ferimento tão pequeno. Com uma receita de antiinflamatório nas mãos, saímos do hospital e fomos jantar.

Voltamos para casa muito tarde, tarde demais para telefonar ao meu praticante de sintonização. Assim, na manhã seguinte, a primeira coisa que fiz foi telefonar a ele para contar o que tinha acontecido. Como já tínhamos combinado fazer uma sintonização a longa distância naquela manhã, ele iniciou a sessão imediatamente e, nas semanas seguintes, continuou a compartilhar a sintonização comigo.

Recordando essa experiência, fiquei encantada com o novo espaço que surgiu na minha vida graças ao fato de ter ficado imobilizada, precisando que os outros fizessem tudo para mim. Fiquei livre para apenas existir, sem precisar pensar nos detalhes. Fiquei deitada numa sala do hospital, olhando para o teto. A vida não me deu alternativas além de ficar quieta e isso foi uma maravilha! Agradecida pelo novo espaço, em vez de atrapalhar o processo, eu me senti aliviada, à vontade e agradecida por ter as melhores mãos do mundo para me ajudar. A experiência do acidente foi de relaxamento, não de *stress* e expectativa em relação ao futuro. A frase da Bíblia: "Fique tranqüila e saiba que eu sou Deus" assumiu um novo significado para mim, pois quando, dessa quietude, levantei os olhos, vi a face de Deus no rosto de todos os que me ajudavam. Percebi que enquanto continuasse a expressar gratidão, essa atitude sintonizada aumentaria o fluxo de energia de cura que passava por mim, o que, por sua vez, manteria o meu foco consciente no processo de cura. A definição de "Primeiros Socorros" também adquiriu um novo significado. Primeiros socorros significa, na verdade, socorrer alguém primeiro, antes de si mesmo. Essa experiência me lembrou que somos os guardiães uns dos outros.

A Natureza dos Ferimentos

Ferimentos são como rasgões no tecido do nosso ser. Quando você se machuca, passa por cirurgias ou sofre algum trauma e/ou choque, quando alguma coisa penetra no corpo para romper sua coerência, rompe-se o denso tecido da substância do corpo etérico que envolve e interpenetra a forma física. Como esse revestimento invisível contém partes de você que não dá para ver, como emoções e processos mentais, um rasgão no campo etérico sinaliza automaticamente um traço de memória nos corpos mental e emocional, que registram sua associação àquele ferimento específico. Essas lembranças somáticas geralmente têm causas ocultas para se enraizarem dentro de você com força destrutiva, às vezes desarranjando sua vida depois do ferimento.

Ao falar sobre a natureza do trauma, a Doutora Judith Lewis Herman diz que a causa subjacente a todos os distúrbios do *stress* pós-traumático é o sentimento de impotência que a vítima sente no momento do acidente. "No momento do trauma, a vítima fica indefesa diante de uma força avassaladora..." que faz com que ela se sinta sem controle, sem conexão com as estruturas à sua volta e seu significado, desligada do momento presente e sem o poder de julgar. Herman cita três sintomas principais de distúrbios relacionados com o trauma: hiperestimulação do sistema nervoso simpático que causa uma persistente expectativa de perigo; intrusão contínua na consciência da lembrança do acontecimento; constrição de qualquer reação razoável ao acontecimento no momento em que ele ocorre, com conseqüente supressão de atividade corporal.[1] Todas essas reações podem se expressar de maneira exagerada e inesperada, gerando uma perturbação mental que sufoca os poderes criativos.

Compartilhar um trabalho de luz com uma vítima de ferimento ou com um paciente hospitalizado, no momento do trauma, é um procedimento que sabidamente dissolve e atenua os traços de memória antes que eles se enraízem na estrutura do corpo etérico. O Doutor James Oschman explica que o trabalho energético feito no momento do acidente ou cirurgia ou logo depois tende a impedir que o traço de memória ocorra. Ele escreve: "O trauma se instala quase que instantaneamente, uma fração de segundo antes da percepção consciente do fato. Mas sua dissolução pode ser igualmente rápida e quase imperceptível."

Oschman escreve sobre o trabalho de William Redpath, um praticante de cura energética que descobriu como liberar os sistemas de energia bloqueados.

Redpath descobriu que não é através de terapias do movimento que as pessoas se curam de doenças ou de *stress* relacionados com o trauma, mas através de técnicas que, sem usar o movimento, estabelecem uma energia em ressonância, produzida pelo tálamo. Não é o movimento que inicia o que ele chama de ação crítica (ação de cura) do sistema nervoso, mas a imobilidade, aquele padrão de energia em ressonância que o cérebro procura para fomentar a saúde e o bem-estar.[2]

Compartilhar sintonização consigo mesmo e com o ambiente no momento do acidente ou da cirurgia pode desbloquear o fluxo de energia comprimida que tende a ficar presa em torno do trauma. Nesse momento, é melhor que um praticante o ajude no processo de clarificação, mas se não tiver ninguém com quem compartilhar a sintonização, a solução é fazer a sintonização consigo mesmo, para que o padrão de energia mantenha o equilíbrio e a serenidade. Tom Johnston conta que, certa vez, reteve as emoções negativas que acompanharam o mau jeito provocado por uma batida de carro, permitindo que elas se instalassem em seu corpo, onde permaneceram por muitos anos:

> *... ferimentos físicos têm conseqüências emocionais. Quando bateram atrás do meu carro, eu me senti traído. Fiquei com raiva da pessoa que tinha batido em mim. Eu me senti sobrecarregado pelos transtornos e pelas providências que precisei tomar... Guardei todas essas emoções no meu corpo... Minha parte ferida nunca foi tratada e nem teve permissão de sentir ou liberar a mágoa, a raiva e o abandono emocional que guardei nos tecidos no momento do dano.*[3]

Em vez de sentir raiva, ressentimento, depressão, ansiedade, perturbação ou culpa (se foi você que prejudicou a outra pessoa), siga este roteiro simples para ter um padrão de reação ao ferimento ou à cirurgia que seja mais saudável:

1. Faça sintonização consigo mesmo ou com outra pessoa só depois de terem sido administrados os primeiros socorros. A sintonização não substitui os procedimentos padrão de emergência.

2. Compartilhe a sintonização, consigo mesmo ou com outra pessoa, logo depois do acidente. No caso de uma cirurgia, o praticante deve trabalhar o padrão energético antes, durante e depois da cirurgia e prosseguir com a sintonização (local ou a longa distância) até que a cicatrização seja completa.

3. Nos momentos em que estiver consciente, logo depois do acidente ou da cirurgia, agradeça por tudo. Diga às pessoas que estiverem ajudando como você está agradecido por essa ajuda. Os elogios abrem as portas para que o fluxo positivo de energia volte para você e envolva a todos na graça da cura.

4. Procure ficar o mais quieto possível. Deixe que as outras pessoas cuidem de você. Deixe de querer controlar o desenrolar das coisas. Deixe que a vida continue sem mais tensões.
5. Abra o coração e a mente: fale de seus sentimentos, de sua dor e de suas preocupações. Num recente estudo médico, descobriu-se que os pacientes que falam abertamente de sua experiência tendem a revelar "mais otimismo e fé na capacidade de cura do corpo e da mente. Os participantes começaram a compreender o poder de identificar e expressar honestamente os pensamentos e emoções, o que por sua vez dá mais poder pessoal para enfrentar qualquer acontecimento da vida".[4]
6. Repouse. Saiba que a falta de concentração depois de um acidente ou cirurgia é a maneira do corpo lhe dizer para descansar e se recuperar.
7. Em caso de um ferimento ou cirurgia, se a sintonização for feita muito depois de o corpo estar curado, o padrão de energia não será o mesmo nem será tão intenso quanto se a sintonização fosse imediata. Chris Jorgensen, praticante de sintonização, escreve: "Quando se começa a trabalhar com um ferimento, como uma queimadura, horas ou mesmo dias depois de ter acontecido, o padrão se estabelece e por isso o processo de recriação é mais longo. Isso acontece porque o padrão já se cristalizou como real na mente consciente e subconsciente da pessoa."[5] Como o padrão já se estabeleceu, deslocar os substratos físicos do fluxo invisível pode levar mais tempo e exigir mais atenção do praticante.

Roteiro da Sintonização para Tratar Ferimentos

Siga este roteiro quando compartilhar a sintonização com áreas feridas, que devem ser sempre minuciosamente trabalhadas: elimine aos poucos o padrão de distorção, faça pequenas interrupções e volte à área para eliminar outras distorções. Geralmente, numa fratura, queimadura ou operação, o padrão de energia é muito intenso no início do trabalho e, ao longo de algumas horas, vai se dissipando e acalmando. (Nos *Capítulos 19* e *20* há histórias que ilustram este ponto.)

- Ao sintonizar alguém que sofreu um ferimento, a atenção deve ir antes para os padrões cervical e endócrino e depois para o local do ferimento. Se perceber que o cliente tem sentimentos negativos travados, utilize as glândulas como pontos de contato. Por exemplo: se o cliente mostrar ressentimento em relação ao acidente, utilize o fluxo de energia purificador da glândula timo como ponto de contato para a área ferida.

- Segue-se uma descrição de como fazer para dissipar o fluxo de um padrão de distorção: para eliminar a distorção, permaneça focalizado na área ferida até sentir uma espécie de calmaria na intensidade do padrão. Se fizer um pequeno intervalo ao alcançar essa calmaria e voltar ao padrão depois de alguns momentos, vai sentir um grande aumento da distorção, só que agora a força do padrão vai diminuir muito mais depressa. Trabalhe com esse padrão de aumento-diminuição até ele desaparecer (isso pode levar horas, dependendo da natureza do ferimento), depois interrompa o trabalho até o dia seguinte. O padrão estará muito mais relaxado que na véspera, indicando que parte da distorção se dissipou e que o processo de cura está caminhando. Esse padrão funciona tanto para a sintonização local quanto a longa distância.
- Envie energia radiante ao ferimento fazendo com que os dedos da mão positiva tomem a forma da área ferida. Se o ferimento for pequeno, junte suavemente os dedos indicador e médio e focalize no local a energia que sai deles. Se o ferimento for grande, use a superfície da palma da mão, enviando energia para a área através do chakra palmar. Nos dois casos, dobre levemente o pulso para posicionar bem a mão em relação à área ferida, mas não o force, dobrando-o de maneira desconfortável. Use o bom senso ao moldar a mão ao ferimento, pois é provável que fique nessa posição por um bom tempo!
- Se você compartilhar (dar e receber) sintonização regularmente e praticar a santificação, o recolhimento e outras técnicas encontradas em sistemas de fé espiritual de base positiva, achará natural receber a sintonização durante um acidente e seu processo de cura será mais rápido. Com as emoções e pensamentos já sintonizados ao sistema de orientação interior radiante, você passará pelo processo com mais facilidade (como demonstra minha história), vai se machucar menos e não terá seqüelas depois do acidente. Manter um programa de sintonização saudável é parte de um programa de prevenção!
- É bom fazer com que os membros de sua família aprendam a técnica da sintonização para que um possa ajudar o outro em casos de emergência.

Auto-Sintonização Pré-Cirúrgica

Para sintonizar a si mesmo antes de uma cirurgia, é importante convidar a consciência e as células diretamente envolvidas a relaxarem. Favoreça esse processo enviando mensagens de apoio ao corpo. Diga-lhe que o padrão e o estilo de vida que virão depois serão mais saudáveis e que pode confiar no processo de cura. Diga-lhe que a cirurgia é necessária, que no momento é a melhor coisa a ser feita. Faça com que as células que serão 'sacrificadas' saibam que vão morrer e agradeça pelo serviço que lhe prestaram até agora. Ajude o corpo a se soltar afirmando os pontos positivos em relação à cirurgia: ela vai permitir que nasça algo melhor para o corpo inteiro e vai transcorrer sem contratempos. Convide suas células a se prepararem com você para o desconhecido, mantendo a fé no Poder Superior que cura todas as feridas.

Se não houver um praticante para compartilhar a sintonização com você antes da cirurgia, sintonize suas células ao processo de relaxamento colocando a mão no corpo etérico diretamente sobre o local a ser operado. Sinta o padrão de energia nesse local, estimule-o e convide-o a se modificar. Informe as células dentro do padrão energético que elas precisam partir (seja simples, mas firme nesse convite) para que nasça algo novo e melhor para o corpo. Dirija o fluxo de energia para o local com os dedos unidos ou use a mão espalmada, mantendo suavemente a energia de cura no corpo etérico do local. Não é preciso usar um ponto de contato para realizar essa sintonização pré-cirúrgica. Você vai ficar surpreso com a facilidade do processo de cura se fizer a sintonização da área da cirurgia.

Um bom exemplo de auto-sintonização pré-cirúrgica é o exercício que fiz antes de uma cirurgia na gengiva em 1997. Por causa da posição de um dos meus dentes do siso, a raiz do dente vizinho a ele não se desenvolveu completamente e por isso criou-se um espaço vazio à sua volta. Era preciso fazer uma cirurgia para preencher essa cavidade. Dois dias antes da cirurgia, comecei a avisar minha boca que haveria um tratamento invasivo naquela área, pedindo que abandonasse seu padrão de energia. Convidei o espaço vazio a avançar comigo na consciência, permitindo a vinda de alguma coisa nova e mais saudável para o meu corpo. Então, antes da cirurgia, parei o carro na frente do consultório do periodontista e fiquei ali durante trinta minutos. Nesse tempo, sintonizei o local da cirurgia e disse a ele, através de pensamentos conscientes e da energia da mão, que tudo daria certo, que o médico era muito bom, que no momento essa era a melhor coisa para o meu corpo e que a cirurgia transcorreria bem. Depois da cirurgia segui todos os procedimentos indicados pelo dentista. Seis meses depois ele me disse que a cicatrização tinha sido uma das melhores que já tinha visto nesse tipo de operação e que minha boca estava completamente curada.

Além da Feridologia

Pois, se perdoardes aos homens os seus delitos,
também o vosso Pai celeste vos perdoará;
mas, se não perdoardes aos homens,
o vosso Pai também não perdoará os vossos delitos.

Jesus Cristo, Mateus 6:14-15

Caroline Myss fala sobre 'feridologia', um fenômeno de nossa cultura: pessoas feridas gostam de se associar a outras pessoas feridas. Ela diz que esse relacionamento pressupõe a existência de 'colegas de sofrimento': "Toda uma cultura tribal foi criada em torno da feridologia, em que fazemos um acordo inconsciente para apoiar nossas sombras e não a nossa saúde." Ela diz ainda que na nossa sociedade há um amplo sistema de apoio, em que damos créditos uns aos outros por falarmos sobre nossas feridas. Grupos de ajuda, grupos de interesse, sessões de autocrítica e terapias de grupo, por exemplo, são como "pegar um barco para atravessar o rio e esquecer de descer do outro lado".[6] Toda essa conversa e esse vai-e-volta emocional nos impedem de dar os passos necessários para nos libertarmos do poder que nossas feridas exercem sobre nós. E isso significa: *perdoar a pessoa ou a situação que o feriu, sentir-se transformado no processo e permitir que quem o feriu seja também transformado no processo*. Ao tratar a causa para que todos sejam curados, você se livra dos sintomas.

Quem perdoa seu agressor ilumina o processo. Recentemente, apresentaram na TV um bom exemplo disso: uma moça americana, que tinha ido para a África do Sul para colaborar no processo pós-*apartheid*, foi assassinada na cidade onde estava prestando ajuda. A família foi à África do Sul, conheceu os assassinos e suas famílias e houve uma reconciliação que influenciou muitas outras pessoas além dos diretamente envolvidos. Neste e em outros exemplos, o ato de perdoar transforma o que perdoa, mas transforma também o perdoado. Quando o Filho do Homem (Jesus Cristo) perdoou seus algozes, o perdão começou a fluir para a humanidade em ondas que continuam há milênios. Os perdoados também foram transformados e a semente plantada cresce até o nosso tempo, onde esperamos que floresça. Gandhi e seu povo aprenderam que o ato da não-violência tem o poder de mudar o curso de uma nação inteira. Oferecer a outra face e perdoar o agressor gera transformações criativas, de efeitos duradouros, em nós mesmos e nos outros.

Uranda sugere que é possível dar e receber o perdão porque Deus já nos perdoou por todos os nossos pecados antes mesmo de contemplarmos a possibilidade de praticá-los:

> *Na verdade, o Pai já o perdoou. Deus, ou seja qual for o nome que você lhe dê, seja como for que o conceba, Deus, desde o início do mundo, em relação a cada ser humano, Deus perdoou todos os males que o homem já fez, que você já tenha feito, que qualquer outro já tenha feito... mas você precisa receber o seu perdão. Não é uma questão de Deus perdoar você; a questão é você receber o perdão que Deus já concedeu.*[7]

Nosso desafio é receber individualmente o perdão que Deus nos concedeu e estender essa mesma natureza clemente a todos os outros, completando assim o ciclo que Deus iniciou. Se não recebemos o perdão nem o estendemos aos outros, interrompemos o fluxo de energia do amor que vem ao nosso encontro para nos fazer avançar na vida.

Mas às vezes não compreendemos, ou não somos capazes de aceitar, que quando recebemos o perdão (ao completar o ciclo), um novo padrão de energia entra na nossa vida, modificando nosso futuro. As más sementes, plantadas através do delito, não vão mais crescer nem ser colhidas. O perdão modifica o padrão vibratório associado aos padrões vitais. O perdão traz consigo uma natureza de cura assim como uma mudança de comportamento. Em geral, a cura do corpo se segue à cura e ao perdão do padrão vital.

Amar a Deus e receber o perdão divino é a chave para libertar as relações feridas. Para receber o perdão de Deus, basta a energia necessária para olhar para cima, com a mente e o coração, para aceitá-lo. Ao estender esse mesmo movimento à outra pessoa, você lhe dá poder para avançar na vida, livre dos momentos de delito. O poder do perdão *é* o poder do amor. Ao perdoar alguém que cometeu um delito contra mim, começo a amar essa pessoa, uma expressão muito mais poderosa do que simplesmente agradecer-lhe pela lição.

Afinal, a quem estamos agradecendo? Quando atribuímos o crédito da cura emocional uns aos outros, ou mesmo ao processo de aprendizado, esquecemos de quem é na verdade esse crédito, atrapalhando assim o processo ascendente da vida. O poder de expressar perdão e de expressar amor vem da Fonte. Quando devolvo esse amor à Fonte, o poder do perdão flui através de mim para meus agressores com força transformadora, que desperta o Eu e inicia o mesmo processo nos outros. Na minha experiência, agradecer a Deus, sempre e antes de tudo, é o movimento ascendente que preciso para impulsionar meu mundo para a frente.

Falando no templo de Jerusalém, Jesus disse: "O primeiro (mandamento) é: ... *amarás o Senhor teu Deus de todo o coração, de toda a alma, de todo o entendimento, e com todas as tuas forças*. O segundo é: *Amarás o teu próximo como a ti mesmo*. Não existe nenhum outro mandamento maior do que estes" (Marcos 12:30-31). Quem seríamos nós se realmente fizéssemos isso a todos os momentos? Amar a Fonte reduz o impacto de nossas feridas, tornando mais fácil administrar as perdas, e ao mesmo tempo abre nossa consciência para realizar o segundo grande mandamento: "Amarás o teu próximo como a ti mesmo." Quando amamos a Fonte, nada perdemos e ainda ganhamos mais amor ao Eu e ao Outro no processo. Amo a meu próximo como amo a mim mesmo e como amo a Fonte. Nessa trilogia, meus ferimentos são curados.

Capítulo 17 Notas

1. Judith Lewis Herman, MD, *Trauma and Recovery* (Basic Books, uma divisão da HarperCollins, 1992), pp. 33-35.

2. Doutor James Oschman, 'Therapeutic Entrainment', *Journal of Bodywork and Movement Therapies*, abril de 1997, p. 192.
3. Tom Johnston, 'Massage and Emotion Release', *Massage*, nº 34, nov/dez de 1991, p. 68.
4. Rodgers D., Beltz G., Oven M., 'Psychospiritual therapy as adjunctive treatment for cancer', *Alternative Therapies*, julho de 1997, volume 3, nº 4, p. 99.
5. Chris Jorgensen, *Attunement: Love Made Visible* (Kansas City: publicação do autor, 1996), p. VII-180.
6. Caroline Myss, 'The Courage to be Healthy', *Noetic Sciences Review*, primavera de 1997, p. 26.
7. Uranda, 'Forgiveness', Serviço de Adoração Extemporâneo realizado no Sunrise Ranch (Loveland, CO: Eden Valley Press, 1953), p. 3.

Parte Três

O Campo Criativo

O que é a cura, além da remoção de uma
condição caótica, da remoção da discórdia?
O que é a cura, além da paz que penetra nos tecidos,
na mente, no coração?...
Abençoados, para haver cura deve haver
mais do que a cura de um ser humano;
deve haver a cura do mundo dos seres humanos,
para que possam chegar a uma disposição em harmonia
com o Desígnio Divino,
abençoando todos os que a aceitarem.

URANDA

18. O Processo Vital

O Doutor Michael J. Moore, um quiroprático de Redding, Califórnia, conta a história do nascimento de sua filha, Alisha:

"Uma noite, cerca de uma semana antes da data prevista para o parto, minha mulher Donna começou a ter 'contrações', que ocorriam esporadicamente, a cada cinco, quinze ou trinta minutos, sem padrão estabelecido. Ela sentia uma intensidade de energia, mas nada que nos indicasse que os trabalhos de parto tinham começado. Às 2:30 da manhã decidimos compartilhar a sintonização. Enquanto eu realizava os procedimentos, estimulando todos os pontos de contato na ordem certa, ela observou que a intensidade das contrações estava aumentando com a sintonização. Quando terminei, uns trinta minutos depois, as contrações estavam fortes, com intervalos de cinco minutos. Foi o suficiente para nos convencer de que os trabalhos de parto tinham começado.

"Chamamos a parteira, pedindo que se apressasse, mas ao criarmos a atmosfera para receber a criança no mundo, os trabalhos se aceleraram. Nossa filha nasceu nas horas calmas da manhã do primeiro dia de primavera. Chegou sem a ajuda da parteira e sem complicações. Foi uma linda experiência permitir que o equilíbrio e a harmonia naturais da vida se restabelecessem no corpo, permitindo que o milagre da vida se revelasse."

Concepção e Nascimento

A maior influência sobre uma criança
é a vida não vivida dos pais.
CARL JUNG

Os padrões de concordância e de relacionamento que mantemos fora do útero espelham os padrões de concordância que sentimos dentro do útero. O padrão energético de boas-vindas à criança prestes a entrar no mundo pode ser claramente identificado e mantido com a sintonização. No Serviço do Emissário, os praticantes de sintonização sempre tiveram papel ativo na criação de uma atmosfera de amor nos momentos que antecedem o parto e se seguem a ele, estando sempre por perto para compartilhar a sintonização com os membros da família em todas as grandes transições da vida.

Durante o processo de concepção, gestação e nascimento, o praticante compartilha semanalmente a sintonização com a mãe, com o futuro pai e com o feto em desenvolvimento, ensina o casal a praticar a sintonização entre si e a liberar as emoções negativas, monitora seu progresso e se mantém disponível para segurar o padrão energético durante o ciclo do nascimento e depois dele. Através da sintonização local ou não-local, o praticante cria uma atmosfera de concordância, tranqüilidade e gratidão ao clarificar suavemente o padrão energético associado ao ciclo do nascimento. Assim, é visto tradicionalmente como uma figura necessária nos partos feitos em casa ou no hospital. Agindo com discrição, sem atrapalhar a família nem o médico, o praticante de sintonização segura e equilibra o padrão energético durante o parto, enquanto os profissionais treinados cuidam do fenômeno que ocorre no nível físico.

Se possível, o praticante deve receber informações sobre a história clínica dos pais, incluindo descrições detalhadas de casos de doenças na família (até a geração dos avós) que surgem através da transferência genética, recessiva ou dominante. Além disso, o praticante deve saber se os pais tomam hormônios, se usam métodos de controle da natalidade, se sofreram abuso sexual ou se tomam alguma droga. Compartilhando essas informações com o seu praticante de sintonização, você vai permitir que a luz flua pelo nível etérico do ser, informando o bebê em gestação com força criativa. Informado sobre uso de drogas ou violência doméstica, por exemplo, o praticante estará alerta, durante a sessão, para enviar energia radiante de amor ao longo de determinadas linhas conscientes de força, o que vai ajudar a moldar criativamente o curso do amor durante a gestação. Assim, a formação da criança e as relações que a cercam vão desabrochar com clareza de intenção e propósito. Os pais devem ser aconselhados também a ingerir apenas alimentos integrais durante o processo de gestação e a cercar a criança de amor e de interações belas e harmoniosas.

Embora a terapia de sintonização não possa eliminar certas distorções genéticas antes do nascimento do bebê, ela fornece um canal para que o espírito passe sem obstruções, curando quaisquer doenças funcionais durante a gravidez. Chris Jorgensen, que compartilhou a sintonização com muitas mulheres grávidas ao longo dos anos, fala de sua experiência pessoal:

As primeiras doze a quatorze semanas são vitais para a radiação da sintonização. Cheguei à conclusão de que o ser chega nesse período. Se antes havia ape-

nas fatores físicos agindo para desenvolver substância pneumaplásmica, agora faz parte do quadro outro ser-espírito.[1]

Chris diz que as futuras mães devem compartilhar a sintonização uma a duas vezes por semana no primeiro trimestre, três a quatro vezes por semana no segundo e todos os dias no último mês. Sugere também que o praticante comece a compartilhar a sintonização diretamente com o feto em desenvolvimento no fim da gestação, quando a cabeça e o torso já são aparentes.

Ao longo dos anos, os casais do Emissário, que compartilharam a sintonização durante a gravidez e o parto, relatam fatos positivos sobre os filhos. Como o processo da sintonização favorece o fluxo de energia vital, os 'bebês da sintonização' apresentam as seguintes características: são saudáveis, pesam mais, passam por poucas complicações no parto, reconhecem os pais, têm um incomum senso de si mesmos e da própria identidade, comunicando-se mais facilmente com os outros e com o processo vital.

Em geral, as crianças do Emissário, que foram concebidas e banhadas no espírito da sintonização durante a gestação e que continuaram a compartilhar a sintonização na infância, adolescência e vida adulta, têm um autêntico senso de si mesmas, são bem ajustadas à natureza em mutação da vida, apresentam poucos problemas relacionados ao medo ou à auto-estima na vida adulta e têm o apoio da família e dos amigos em relação à avaliação que fazem do próprio valor e do próprio futuro. Sua auto-estima é inabalável porque a sintonização que compartilham semanalmente favorece o comportamento e a consciência radiante. Para a unidade familiar, o alinhamento individual ou coletivo com o espírito abre um espaço que favorece talentos pessoais. Esse alinhamento estimula a confiança e a boa vontade recíproca, enquanto cultiva a honestidade e a integridade pessoal diante dos desafios da vida. Está atualmente em andamento um projeto de pesquisa qualitativo subjetivo que pode comprovar essas observações.

A prática da sintonização favorece uma atitude carinhosa naqueles que a compartilham na prática, além de melhorar os padrões de saúde ao longo da vida. No *Harvard Mastery of Stress Study*, recentemente concluído, foi mostrado que o cuidado que os pais têm pelos filhos beneficia a saúde ao longo da vida. Nesse estudo, dos sujeitos que classificaram o cuidado dos pais como insuficiente, 87% apresentaram doenças na meia-idade, enquanto só 25% dos sujeitos que classificaram o cuidado dos pais como satisfatório apresentaram essas doenças.[2] Através do exemplo, ensine a todos os membros da família atitudes positivas, carinhosas, que afirmem a vida, treinando assim a nova geração para influenciar positivamente o próprio ciclo vital.

As Crianças e a Sintonização nos Pés

As crianças são especialmente receptivas às massagens e às sintonizações nos pés, especialmente na hora de dormir. Como a sintonização nos pés favorece um fluxo sutil de energia, você pode fazer as crianças dormirem massageando e sintonizando suavemente seus pés, enquanto conversa sobre o dia que tiveram e afasta seus medos. Feita à noite, a sintonização nos pés faz as crianças dormirem com uma suave corrente espiritual, que reafirma que tudo vai bem. (O *Capítulo 19* traz mais informações sobre a sintonização nos pés e um quadro dos pontos de contato nos pés.)

Sintonização nos Animais de Estimação

Certa vez, uma mulher me telefonou pedindo que eu compartilhasse a sintonização com seu cachorro. Alguns anos antes, um acidente de carro tinha inutilizado os nervos que ligavam o cérebro do animal à pata esquerda dianteira. Com essa pata inutilizada, ele pulava com as três patas restantes. Fui à casa da mulher e conheci o cachorro: um pastor voraz e brincalhão, que pulava pela casa toda com três patas, muito excitado com a visita de uma estranha. Não dava nenhum sinal de estar com problemas por causa dos nervos cortados.

Ouvi a história da mulher e comecei a compartilhar a sintonização com o cachorro, enviando energia sintonizada para a pata do animal. Ele me pareceu muito bem, pois não encontrei padrões dissonantes. Quando terminei a sessão, a mulher me perguntou se eu tinha curado o cachorro. Eu lhe disse que não havia nada de 'errado' com ele no sentido etérico, e que o padrão dissonante, se é que existia, estava dentro dela. Era ela que sentia pena do cachorro, mas ele estava muito bem, pulando e lambendo todo mundo, totalmente envolvido na própria felicidade. O padrão de amor do cachorro era radiante e não precisava ser tratado. Eu me ofereci para compartilhar a sintonização com a mulher, mas ela não quis e eu fui embora.

Essa história revela uma diferença importante entre nós e nossos animais. Eles (principalmente os gatos e os cães) são criaturas receptivas à própria natureza radiante. Como temos responsabilidade pela vida deles, ao serem receptivos à vida são receptivos a nós, mas isso não é um convite para despejarmos neles o que gostaríamos que eles fizessem ou fossem. Na verdade, ao instigar o nosso próprio querer na vida de nossos animais, estamos apenas complicando o padrão de energia, porque esse processo de pensamento reside dentro de nós e não dentro deles. O sensato é amar os animais e prezar sua presença em nosso mundo com a mesma inocência, felicidade e luz que sua presença nos concede.

Jovens Adultos

Trabalhe como se não precisasse do dinheiro.
Ame como se nunca tivesse sido magoado.
Dance como se ninguém estivesse olhando.
KAROL LEE MCLEOD

A filosofia da sintonização pode encontrar solo fértil na consciência dos jovens adultos de hoje. Defendendo a paz interior e a sintonização com a Fonte como uma sólida maneira de enfrentar os desafios da vida, os membros da Geração X encontram consolo e força para enfrentar seu mundo frenético indo ao local sagrado que há dentro de todos nós. Matt Frazer, um membro de 23 anos da Geração X, aluno de último ano da Universidade Loyola, de Chicago, acredita que sua geração vai encontrar a força e a integridade de que precisam para enfrentar os desafios voltando-se para dentro de si mesmos, aumentando a consciência pessoal e harmonizando o sistema de valores com o que vêem interiormente. Diz ele: "Sugiro um 'olhar para dentro' como ponto de partida para nossa meta porque tenho certeza de que a auto-reflexão vai revelar o que a natureza de todos nós tem em comum e exigir seu desenvolvimento." [3] Frazer sugere que a outra parte de sua visão inclui a criação do tipo de comunidade que atue como receptáculo para receber e favorecer as jornadas exteriores e interiores dos outros.

Outros jovens adultos também vêem a necessidade de seu grupo etário partir de um ponto estável na consciência para enfrentar com sucesso os desafios que têm pela frente. Stacey Ann Wolf, membro da Geração X que vive em Nova York, escreve: "Quanto mais firmarmos nosso poder pessoal e amadurecermos para ocupar nosso lugar único no planeta, melhor compreenderemos o legado que recebemos ao nascer."[4] A sintonização pode dar a esse jovens confiantes o santuário interior que procuram. Recolhendo-se ao Local Sagrado, abrindo-se à Fonte e oferecendo a própria sabedoria interior, os jovens adultos podem se ligar a outros, que têm as próprias verdades interiores.

As Quatro Forças do Processo Criativo

Segundo a filosofia da sintonização, a vida tem quatro forças criativas que se movimentam para realizar a nova criação. Essas forças são semelhantes aos 'elementos' que, segundo os gregos antigos e os filósofos medievais, constituíam o mundo material e a psique humana. Cada elemento tem uma qualidade particular, que é sua essência espiritual, da qual podemos ter consciência e com a qual podemos conscientemente nos identificar. Cada uma das forças vitais é dominante em diferentes fases de nossa vida e de nossos empreendimentos. A

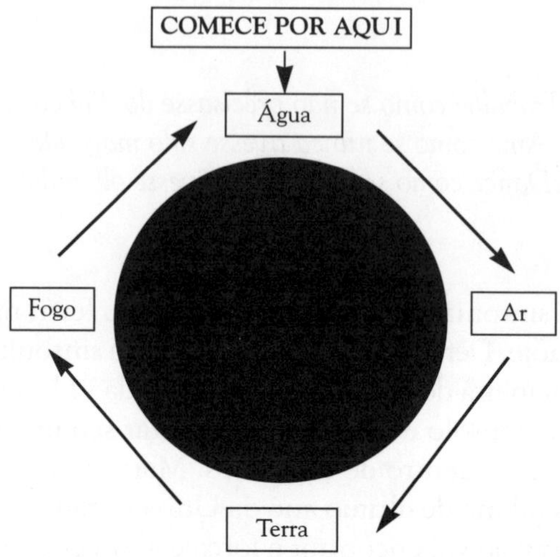

identificação com cada uma delas, à medida que se apresentam, nos permite aumentar a conexão consciente com o fluxo vital criativo que penetra em nossos projetos, atividades e relacionamentos, sentindo menos tensão no processo. A tensão diminui porque estamos nos identificando com a própria natureza da vida, permitindo que ela crie através de nós, naturalmente e com controle.

No diagrama acima, o círculo representa o ciclo criativo cercado pelas quatro forças, sendo que cada qual focaliza o próprio aspecto de poder criativo para completar o ciclo. Cada força funciona na seqüência para estabelecer e gerar uma determinada parte da criação. O quadro a seguir apresenta na ordem essas quatro forças e oferece várias maneiras simbólicas de ver sua natureza única:

As Quatro Forças

Água	Quietude	Relaxamento	Intento
Ar	Conexão	Confiança	Ativação
Terra	Ação	Abandono	Ressonância
Fogo	Realização	Saber	Fusão

Esse quadro delineia em seqüência a progressão de cada atividade que ocorre durante o processo de criação da forma. Segundo a filosofia da sintonização, todos os novos projetos e atividades, tanto no mundo terreno quanto no cosmos que nos cerca, seguem essas linhas de força criativa nessa ordem natural. Segue-se a descrição de cada estágio:

1. *Água — Quietude, Relaxamento, Intento.* No início de qualquer projeto, a consciência que envolve sua formação tem pouca substância física com que trabalhar. Por exemplo, segundo o relato bíblico do primeiro dia da criação: "*No princípio, Deus criou o céu e a terra. Ora, a terra estava vazia e vaga, as trevas cobriam o abismo...*" (Gênesis 1: 1-2). Essa é uma descrição muito competente da fase Água do processo criativo. Primeiro havia o céu, o domínio da essência invisível, anterior ao plano terreno. Havia quietude, atitude relaxada e intenção criativa de formar substância sólida em algum momento do futuro.

2. *Ar — Conexão, Confiança, Ativação.* Continuando o discurso bíblico: "*um vento de Deus pairava sobre as águas*". Agora há movimento, ativação, uma conexão com as essências invisíveis presentes no domínio celeste. As coisas começam a se mover, a vibrar, especialmente com a ordem criativa: "*Haja luz.*" Agora temos um campo criativo estimulado, pulsando com freqüência e força luminosa, penetrando nas essências vibratórias do espaço. As coisas começam a se ligar, a substância energética colide com outras energias, explodindo numa dança celestial da matéria que interage com outra matéria.

3. *Terra — Ação, Abandono, Ressonância.* Agora as coisas estão realmente pululando. Com a explosão criativa, evoluem os níveis biológico e físico do ser. Começa a aparecer a substância terrena, em ressonância com seus aspectos celestiais e terrenos.

4. *Fogo — Realização, Saber, Fusão.* A substância que agora tem forma terrena é capaz de abrigar a centelha divina, de realizar o trabalho da ação criativa pela própria iniciativa e pelo próprio poder. O poder do amor, a suprema força radiante, flui pela forma terrena, imbuindo-a e à sua vizinhança cósmica, de luz.

O processo criativo do nosso mundo, como foi resumido aqui, é também o que dá poder a todas as formas de vida que abrigam a centelha divina. É importante saber que o processo criativo é um procedimento universalmente estabelecido que não muda, pelo menos para os seres humanos. A vida se move conforme leis universais, imutáveis. Como vimos no quadro apresentado no *Capítulo 3*, a Fonte interior, aquilo que somos em espírito, não muda nem se move (mesmo que nos afastemos dela). Como Fonte, a natureza da vida é estável e imutável. Podemos ter a certeza de que essas forças da vida vão continuar para sempre em seu caminho designado.

Compreenda o Stress

Quando ficamos firmes e agimos corretamente,
a oposição permite que dominemos o padrão.
URANDA

Com nosso estilo de vida cada vez mais apressado, enfrentamos o *stress* todos os dias. Ficamos estressados quando alguma coisa fora de nós não funciona de acordo com os nossos desejos. Na verdade, se nos distanciarmos um pouco, veremos que o *stress* e as doenças a ele associadas existem porque nossas faculdades exteriores não estão sintonizadas, abertas e receptivas à divindade interior. Elas foram criadas para isso: para servir ao Mestre interior. Quando fora de alinhamento, as faculdades da mente e do coração passam a querer coisas que o espírito lhes daria naturalmente, pois sentem que precisam produzi-las por si mesmas: dinheiro, fama, poder, relacionamentos, saúde.

Na era moderna, o simples fato de buscar uma vida próspera e gratificante, causa *stress*. Trabalhamos, temos famílias, conhecemos pessoas e situações novas, etc. Dado o momento em que vivemos, administramos nossas responsabilidades da melhor forma possível, procurando fazer demais em pouco tempo: filhos, trabalho, lazer, tarefas domésticas e viagens. Dirigimos nas horas de pico do trânsito para chegar a casa, esquentar o jantar no microondas e sair correndo para o curso noturno. Na corrida para conquistar uma 'vida melhor' ou para nos melhorar, tendemos a negligenciar o cuidado com o corpo, esgotando nossos recursos básicos de energia. O *stress* aparece porque a mente e o coração querem as coisas sem antes se renderem ao amor. Rendendo-se ao amor, o relaxamento vem fácil, sem desgaste. Contrariando o propósito do amor em nossa vida, ficamos estressados diante de todas as agruras que precisamos enfrentar.

Uranda fala sobre o advento da era do computador, que ele viu se aproximar antes de morrer, e diz que a identificação com esse *stress* provoca mais doenças ainda:

> *... estamos vivendo num mundo de pressa e grandes mudanças. Onde há esse ritmo acelerado e onde precisamos passar por constantes ajustes às condições da vida, é aí que se desenvolve a tensão, que é o fator mais importante do aumento dos problemas cardíacos e de muitos outros — condições subjacentes aos distúrbios mentais e emocionais.*[5]

Não podemos viver no vácuo, longe de qualquer tipo de *stress*, pois na verdade a vida é mudança e a mudança traz necessariamente uma certa dose de *stress*. Há um ciclo natural de *stress* que desempenha um papel inerente a qualquer ciclo criativo. Se sintonizarmos nossa compreensão a ele, diminuiremos os efeitos nocivos do excesso de *stress* na nossa vida. O quadro a seguir apresenta a progressão do ciclo do *stress* que ocorre naturalmente, pontilhada pelos estágios do processo criativo mencionado acima. Seguindo o roteiro apresentado mais adiante, compreenderemos a natureza do processo criativo da vida e nos sintonizaremos com ela:

O PROCESSO CRIATIVO

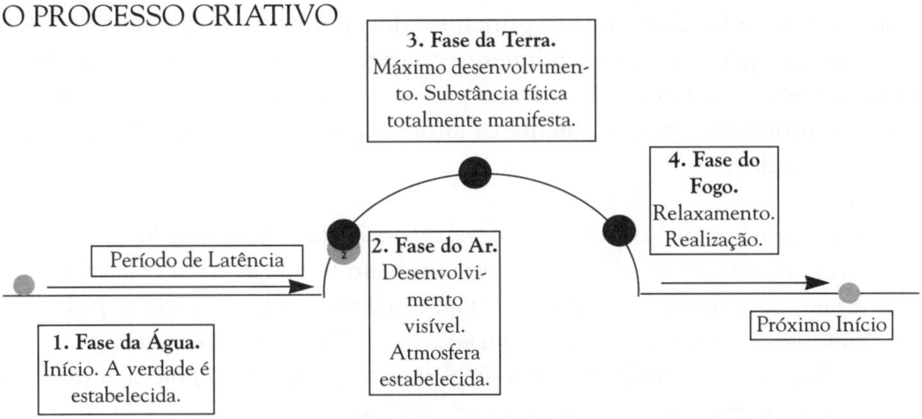

Roteiro do Processo Criativo

1. Logo depois do início, há sempre um período de latência antes que possa ser observado qualquer desenvolvimento. Seja paciente, a forma virá.
2. Depois da latência, o desenvolvimento aparece e avança lentamente. Não apresse o processo.
3. O ponto máximo de desenvolvimento leva naturalmente ao relaxamento. (Não bata em cavalo morto.)
4. O relaxamento precede o próximo início. Como a intensidade esmorece naturalmente, não interprete esse fato como algo 'errado', perdendo assim o início seguinte.

O progresso desse ciclo criativo se aplica a todas as áreas da vida e a todos os ciclos criativos que atuam em nossa vida. Integrando a natureza do processo criativo à compreensão consciente, podemos funcionar com mais eficácia, em harmonia com a vida. Assim, a carga de *stress* e a lacuna da má compreensão vão diminuir, levando-nos a um estilo de vida mais relaxado e gratificante. Uranda afirma:

> *Podemos trabalhar sob tensão enquanto mantivermos o controle, um padrão maior e mais forte do que qualquer tensão do mundo irreal. Isso não vai prejudicar ninguém que esteja disposto a se submeter ao espírito de Deus, mas vai eliminar as más condições. Vai fazer com que caiam as muralhas de Jericó.*[6]

Uranda sabia exatamente como estabelecer o equilíbrio na presença de fatores estressantes e desnorteantes. Segundo ele, é necessário que a tensão esteja presente em todas as ações humanas, porque sem força criativa nada se faz. Mas a maneira de os seres humanos trabalharem com essa tensão determina a natureza do resultado, que pode ser criativo ou destrutivo. Em um de seus *Creative Life Papers*, ele propõe uma estratégia baseada nos elementos do diagrama acima, enfatizando que os princípios do equilíbrio e do ritmo devem ser aplicados em qualquer empreendimento criativo. Quando a expressão de equilíbrio sobrepuja os fatores de *stress*, a pessoa está em posição de controle e é capaz de influenciar positivamente os fatores de *stress* com um fluxo de energia equilibrado:

> *Funcionando com base no controle, no domínio, na realidade do Reino dos Céus que está ao seu alcance, e funcionando* **no** *padrão de tensão e relaxamento, você manterá o controle; estará equilibrado nele. E a tensão pode aumentar e aumentar que não irá prejudicá-lo... Portanto, não estamos querendo escapar da tensão. Estamos simplesmente aprendendo a funcionar ritmicamente em relação à tensão e ao relaxamento.*[7]

Funcionando a partir de uma posição controlada e equilibrada, podemos *estar no mundo sem sermos do mundo*, como Jesus Cristo sugeriu.

Mapeie seus Indicadores de Stress

Vamos aproveitar a oportunidade para estabelecer um equilíbrio em seu mundo através do exercício a seguir. Mais adiante há um Quadro do Processo Criativo para você preencher, semelhante ao que foi apresentado acima. Nos espaços em branco, anote os estágios do atual processo criativo em que você e os outros se encontram. É um exercício divertido, mas observe que tem a intenção de lhe proporcionar um ponto de partida para meditar sobre a sua identificação ou sintonização com as forças criativas da vida. O propósito desse exercício é chamar a sua atenção para a natureza do seu processo criativo, permitindo-lhe equipar a mente e o coração com informações úteis sobre sua atual posição no processo da vida. Através desse processo de identificação, você estará mais equipado para saber quando relaxar e quando seguir o fluxo da realização.

Exercício de Mapeamento dos Indicadores de Stress

Nome: ______________________________ Data: __/__/__

Nome da atividade/projeto criativo: ______________________________

Nomes de outras pessoas envolvidas: ______________________________

Instruções: *Antes de começar, consulte as páginas anteriores para se lembrar da qualidade específica de cada fase. Depois, preencha os quadros com as características vitais que estão presentes em seu ciclo criativo. Por exemplo: no quadro '1. Fase da Água', preencha os espaços com as essências da água que constituíram essa parte do ciclo no seu caso, e faça o mesmo com os outros quadros, quando chegar a eles. Se ainda não atingiu algum quadro, preencha os espaços com as essências criativas que, neste momento, acha que precisam ser expressas. Compartilhe este exercício com outras pessoas e responda às seguintes perguntas:*

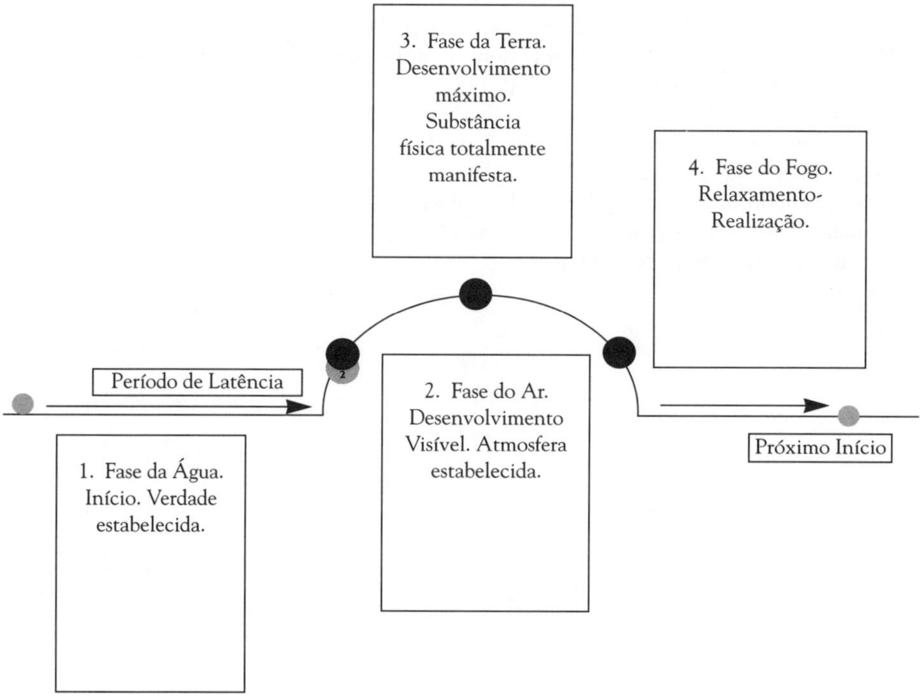

Perguntas:

1. Você vê um padrão de movimento ligando os quadros de essências criativas?
2. Dá para sentir o fluxo de energia que passa entre as essências designadas? Onde está o bloqueio, se houver?
3. Onde você esteve e para onde está indo?
4. Há coisas que você pode fazer ou dizer ou outras expressões que possa usar para apoiar o desenrolar deste processo, que ainda não tinha percebido?
5. Se sentir uma intensidade no ciclo da realização, será que você pode fazer alguma coisa para favorecer criativamente a sua presença naquele momento? Com o calendário na mão, você pode programar uma sintonização ou massagem no ponto crítico para ajudá-lo a diminuir a tensão do corpo.
6. Planeje um descanso ou pequenas férias durante os períodos de latência, quando não estará começando nada novo, até que se revele outro impulso criativo.

Capítulo 18 Notas

1. Chris Jorgensen, *Attunement: Love Made Visible*, p. IX-210.
2. Linda G. Russek, PhD, e Gary E. Schwartz, PhD, 'Perceptions of Parental Caring Predict Health Status in Midlife: A 35-Year Follow-up of the Harvard Mastery of Stress Study', *Psychosomatic Medicine*, Volume 59, 1997, p. 144.
3. Matthew Frazer, "The Outlook for 'Generation X' May Depend on its Ability to Look Inward', *Connections*, fevereiro de 1998, nº 3, p. 16.
4. Stacey Ann Wolf, 'Letters', *Ibid.*, p. 6.
5. Uranda, citado em Grace Van Duzen, *The Vibrational Ark*, p. 221.
6. Uranda, "The Creative Life # 8' , Serviço de Adoração Extemporâneo (Loveland: Eden Valley Press), 27 de janeiro de 1954, p. 9.
7. *Ibid.*, p. 7.

19. Doença Terminal

A história a seguir foi contada por Bill Comer, um praticante da sintonização e das artes da cura que vive em Montana. Em sua carta, Bill fala de quando foi chamado ao leito de morte do pai. Al, seu pai, estava aparentemente morrendo de câncer da próstata, tendo apenas mais um ou dois dias de vida. Ao receber a notícia em Seattle, Bill pegou um avião para Montana, para ficar com o pai nos momentos finais. Isso foi em outubro de 1993.

Ao entrar no quarto do pai, Bill ficou chocado com o que viu. Al estava dormindo, drogado com analgésicos, a pele cinzenta. Ele nunca tinha visto o pai doente e agora lá estava ele, deslizando para a morte. Bill deixou que a dor se transformasse em lágrimas e chorou por vários minutos. Quando as lágrimas cessaram, ele deixou o papel de filho para assumir o papel de praticante e compartilhou a sintonização com o pai.

O padrão de vibração das glândulas ad-renais de Al estava tão fraco que Bill mal conseguiu detectar alguma atividade. A área do plexo solar dava a sensação de estar vazia e fria enquanto a glândula timo parecia terrivelmente quente. Bill percebeu, a partir dessa dicotomia de sensações, que o corpo de Al estava virtualmente sem energia, embora tentasse reagir à invasão das células cancerígenas. Emocionalmente, o pai parecia estar desistindo e abandonando a vida. Bill lutou consigo mesmo para manter o intento livre da manipulação, permitindo que a energia da cura passasse ao pai. Os pensamentos conscientes estavam ativos, dando ao pai permissão para partir. Já depois da meia-noite, ainda segurando mentalmente o padrão da força vital de Al, Bill caiu no sono.

Na manhã seguinte, Al e Bill foram despertados pelas enfermeiras. Apesar de zonzo e muito fraco, Al reconheceu Bill e compreendeu que ele estava ao seu lado. Quando as enfermeiras saíram, Bill compartilhou mais uma vez a sintonização com o pai. O médico veio para examiná-lo e disse a Bill que Al tinha apenas 24 a 48 horas de vida. Mesmo assim, Bill continuou a compartilhar a sintonização com Al durante o dia inteiro. À noite, deixou o hospital para ter uma noite de sono.

Quando Bill voltou no dia seguinte, o padrão de vibração de Al tinha começado a mostrar sinais de mudança. As ad-renais ainda estavam muito fracas e o timo muito quente, mas Bill percebeu alguma atividade — uma pulsação, um movimento — na área do plexo solar, que já não estava tão frio. Bill trabalhou com essa área e com o padrão de receptividade à sintonização durante a noite inteira do segundo dia.

No terceiro dia, ao entrar no quarto, Bill ficou muito contente e muito surpreso ao ver Al recostado na cama, parecendo um pouco mais desperto e capaz de conversar. Bill disse ao pai que estava compartilhando a sintonização com ele há dois dias. Como sabia o que é sintonização, Al não precisou de maiores explicações. Ele conhecia a força de cura e a paz que geralmente a sintonização produz. O médico veio duas vezes naquele dia para examinar Al e continuou a dizer que ele morreria a qualquer momento. Não se deixando levar por esse prognóstico, Bill não saiu do lado do pai, conversando quando ele despertava e compartilhando a sintonização quando ele cochilava. Mais tarde, Bill saiu para descansar, tendo percebido que o estado de Al tinha se alterado para melhor, apesar das previsões pessimistas do médico. Perguntou-se se essa impressão de cura aparente era real ou se era apenas a esperança de um filho atormentado. Na verdade, Bill não sabia se o pai estava melhorando, mas manteve a certeza de que o espírito faria o que fosse criativamente necessário naquela situação, houvesse o que houvesse.

No quarto dia, Bill voltou ao hospital e encontrou Al sentado na cama e parecendo muito mais desperto. Convenceu-se então que Al não morreria tão cedo. Nesse dia o médico disse que é comum um paciente na condição de Al apresentar uma melhora alguns dias antes de sucumbir à doença. O médico disse também que, pelas evidências médicas, Al não devia estar se sentindo tão bem quanto aparentava estar.

Nas duas semanas seguintes, Al continuou a desafiar esse prognóstico e até teve forças para caminhar um pouco. Melhorou tanto que foi transferido para uma casa de repouso. O médico acabou desistindo de tentar prever quando Al morreria. Bill continuou a fazer sessões de sintonização com ele duas vezes por dia.

Depois de uma semana, Bill voltou a Seattle para retomar sua vida. Mas, antes de partir, acertou com Al alguns horários para compartilharem a sintonização a longa distância, embora achasse pouco provável que Al conseguisse mantê-los. No Natal, Bill voltou a Montana para visitar o pai e o encontrou de muito bom humor. Aparentemente, sua ausência não tinha prejudicado a recuperação do pai. Bill descobriu que, quando não estava sob o efeito de muitos medicamentos, Al não se esquecera dos horários da sintonização! Isso significava que Al estivera conscientemente alerta para receber a energia de cura nos horários combinados. Nesse Natal, Bill e Al se divertiram muito, rindo e contando histórias.

Em fevereiro de 1994, Bill resolveu mudar para Montana. Assim, tomou todas as providências para poder cuidar do pai em tempo integral e passar com ele o tempo que lhe restava. Chegando lá, Bill passou a compartilhar a sintonização com o pai diariamente, enquanto providenciavam a mudança do pai para casa. Al queria sair da casa de repouso e viver em sua querida casa na montanha pelo resto de seus dias.

Na última semana de abril de 1994, já estava tudo arranjado para Al voltar para casa. Mas, na manhã de 28 de abril, Al disse ao filho que sabia que não voltaria. Sabia que era hora de morrer. No dia seguinte entrou em coma e no dia 5 de maio passou para o outro mundo.

O tempo extra que Bill e Al viveram juntos foi uma bênção para os dois, pois conseguiram colocar em ordem as coisas de Al e concluir seu tempo na Terra com integridade. A integridade era uma das qualidades de caráter que Al tinha mantido durante toda a vida. O tempo extra que passaram juntos permitiu que pai e filho compartilhassem uma profunda reflexão sobre a vida, o que de outra forma não teriam feito.

Nesse mesmo ano, como bênção incessante e uma representação do jorrar do espírito através da sintonização, Bill se casou com a diretora de enfermagem da casa de repouso onde Al tinha vivido seus últimos meses. Juntos, Bill e Joanne Comer criaram um serviço de artes da cura em Montana. Desde então tiveram o privilégio de oferecer a sintonização e cuidar da saúde de outros pacientes terminais.[1]

O *Padrão Maior de Liberação*

A história de Bill contém muitas lições para todos nós sobre a renovação da vida. Bill conheceu o poder da própria fé interior diante do desafio. Seu interesse em acompanhar o processo da morte do pai até o fim provou ser crucial em sua vida, permitindo que um novo relacionamento florescesse entre ele e o pai, e também entre ele e sua mulher. Conhecedores da medicina energética e da técnica de sintonização, Bill e Joanne passaram a compartilhar sua visão unificada com os outros. Como todos nós já observamos, o poder da expressão espiritual, quando alimentado com interesse e atenção pessoal, assume vida própria e informa nosso mundo pessoal com novidade e beleza.

A proximidade com um ente querido que faz a passagem traz recompensas pessoais, desde que se tenha a consciência aberta às potencialidades da situação. Richard S. Gunther, empresário e funcionário público, fala sobre o despertar de seu espírito depois da morte de sua neta: "Sinto que meu coração se abriu à dor dos outros e que adquiri uma compaixão mais ampla e aguda pelo mundo cruel em que vivemos..."[2] Penetrando em nossa dor mais profunda, crescemos em amor e empatia pelos outros.

Chris Jorgensen, praticante da sintonização e Mestre de Reiki, diz que a morte é na verdade um momento de grande liberação para as pessoas ligadas à que está morrendo. Ele diz: "Trabalhar com doentes terminais... é uma tremenda oportunidade de abençoar e influenciar, não apenas o paciente mas a família e os amigos."[3] Na Parte II dissemos que ao compartilhar a sintonização, o principal padrão que você deve buscar é o padrão maior da liberação. Através dessa maior harmonização, a vida pode avançar na iluminação. O padrão maior da liberação é como se um grande suspiro entrasse na vida da pessoa com quem você está compartilhando a sintonização. Sua magnitude é totalmente perceptível na sessão de sintonização e nos processos de nascimento e morte.

Durante uma liberação maior, as questões pessoais passam a um contexto mais claro. Essa mudança pode exigir que você dê atenção aos membros da família que tenham necessidade de processar seus sentimentos em relação à pessoa que está morrendo. Compreendi que durante uma cura ou padrão de liberação, compartilhar a sintonização com os outros membros da família permite que flua através de todos uma reação de relaxamento geral, o que favorece a liberação das emoções. Permanecer com a família, de maneira discreta, por um ou dois dias depois da passagem ajuda a soltar a substância conectiva que a família sente pelo morto, libertando o campo morfogenético que o envolve. Para facilitar ainda mais a passagem de um ente querido com um fluxo de energia sintonizada, siga o roteiro apresentado a seguir.

Roteiro da Sintonização da Transição da Morte

- Procure fazer duas sessões de sintonização por dia com a pessoa que está para morrer. O período da manhã é melhor, pois sua energia estará mais ativa. Se compartilhar a sintonização à noite, abrande o seu ritmo, transformando-o num fluxo confortador e calmante.

- O trabalho com a região da cabeça deve estabelecer um forte tom de controle. Esse tom estável vai permitir que a transição ocorra claramente. Chris Jorgensen faz as seguintes observações sobre os momentos finais da transição:

> *Quando o ciclo chega muito perto do fim, ocorre um período definido de transição, quando as coisas começam a mudar. Você vai sentir que as coisas se concluíram. É o estágio em que o ser-espírito começa a emergir da forma humana. Isso pode durar poucas horas ou começar um dia ou dois antes da partida. A pessoa geralmente começa a deixar o corpo a partir das extremidades (braços e pernas).*[4]

Prática da Sintonização dos Pés e das Mãos

A sintonização dos pés e das mãos funciona muito bem em pessoas que estão morrendo. São sintonizações suaves, não invasivas, que ajudam a gerar equilíbrio nas energias sem perturbar os processos conscientes da pessoa. Você pode também tocar a pessoa que está prestes a fazer a passagem esfregando seus pés e suas mãos. Geralmente, quem está morrendo não recebe suficientes toques físicos. Por outro lado, a sintonização comum, sem o toque, às necessidades do cliente faz com que ele sinta que tudo está correndo bem e traz outra dimensão de conforto e apoio. Os clientes que mais se beneficiam da sintonização comum são os que perderam a sensibilidade ao toque ou os que são sensíveis demais a ele ou, ainda, aqueles para quem o toque profundo é contra-indicado (pacientes com artrite reumatóide ou com AIDS). Os pacientes terminais ou idosos se beneficiam também da sintonização dos pés e das mãos pois seus padrões de repouso tendem a ser intermitentes e/ou mais freqüentes. Além disso, o padrão de vibração desses pacientes é tal que intensificá-lo com a sintonização da cabeça ou do torso pode gerar desconforto. As crianças adoram a sintonização dos pés, pois o suave fluxo do espírito geralmente induz um sono tranqüilo. A sintonização da mão é fácil de compartilhar em qualquer ocasião: no carro, ao lado de um amigo ou na cama com o namorado.

Uma vez, compartilhei a sintonização com um praticante depois de passar horas na cama me retorcendo de cólicas no estômago. O praticante começou a sintonização equilibrando o meu padrão cervical. Imediatamente, eu lhe disse que o fluxo de energia tinha intensificado minha náusea. Ele então passou aos pés e fez toda a sintonização dali. Cinco minutos depois dele sair, vomitei. A sintonização dos pés cumpriu seu propósito ao equilibrar as energias do meu corpo, permitindo que eu prontamente terminasse o trabalho, o que foi um alívio!

Nas descrições anatômicas das mãos e dos pés, você vai observar que a anatomia do corpo está refletida nos pés e nas mãos, em disposição semelhante à que você encontra no próprio corpo. Os órgãos e sistemas que ficam na parte de cima do corpo e na região da cabeça se situam na parte de cima dos pés e das mãos, sendo que na parte inferior estão os órgãos da parte inferior do corpo. Os órgãos situados no lado direito do corpo ficam na mão ou no pé direito e os órgãos situados no lado esquerdo ficam na mão ou no pé esquerdo. Por exemplo: o coração fica, no pé e na mão, numa posição semelhante à que tem no corpo — na parte média superior da mão e do pé esquerdo, e os pontos de contato do fígado ficam no pé e na mão direita, o mesmo lado do corpo em que fica o fígado.

Você vai perceber também que a energia que sente nos pés e nas mãos é de um tipo mais delicado do que a que passa pelos órgãos da região do torso. Os pontos de contato nos pés e nas mãos são menores, geralmente mais brandos, e você vai senti-los de maneira muito mais sutil do que quando trabalha com o corpo. A energia que você toca através dessas extremidades vem das terminações nervosas presentes nos pés. Essas terminações fazem parte do sistema nervoso e são semelhantes aos pontos da reflexologia.

Se numa sessão de sintonização de corpo inteiro você não conseguir equilibrar um determinado órgão ou trajeto de energia, pode sempre passar para os pés ou mãos. Depois, volte ao sistema que está trabalhando para equilibrar a área. Geralmente, depois de trabalhar nos pés por alguns minutos, ao voltar ao torso verifico que a área se abriu consideravelmente, permitindo que eu conclua a sintonização de corpo inteiro.

Às vezes, no início de uma sessão de sintonização, verifico nos pés e nas mãos certos fatores de equilíbrio: o padrão cervical (a parte de cima dos dedos dos pés e os pulsos), o plexo solar ou a área do coração (há pontos de contato nas mãos e nos pés) e as glândulas endócrinas. Depois de trabalhar algum tempo para produzir um equilíbrio sutil, eu passo à região da cabeça para começar a sintonização completa. Acho que essa maneira de começar a sintonização abre caminho para o fluxo de energia em pessoas que precisam de cuidado especial, ou seja, pessoas com complexos problemas físicos ou emocionais, idosos ou pacientes de cirurgia.

Técnica de Sintonização dos Pés

1. *Comece a compartilhar a sintonização dos pés equilibrando a energia entre os dois (ver no Capítulo 10 a ilustração da sintonização dos pés). Assim como no equilíbrio do padrão cervical, perceba os padrões de energia que emanam de cada pé e segure-os entre as mãos, permitindo que se equilibrem. As mãos devem ficar soltas, a uns cinco centímetros dos pés. Com os dedos unidos, procure um padrão de pulsação única antes de terminar essa parte da sintonização.*

2. *Passe aos pontos de contato das glândulas endócrinas, na mesma ordem que usaria no corpo: só a posição das mãos é diferente. Junte o indicador e o dedo médio de cada mão e focalize o fluxo de energia diretamente nos pontos de contato descritos abaixo. Observe que as glândulas pineal e pituitária ficam juntas, na parte polpuda dos dedões, e que o ponto de contato da tireóide fica na base do dedão. Para começar a sintonização das glândulas endócrinas, focalize uma única corrente radiante nessas duas áreas. Para compartilhar a sintonização com a glândula timo, vá para a área do plexo solar. O pâncreas fica quase todo no pé esquerdo, com uma parte residual no direito. No início pode ser difícil encontrar as ad-renais, mas com atenção você vai conseguir dirigir a energia focalizada diretamente sobre elas. Os pontos de contato das gônadas (masculinas e femininas) ficam na parte média e lateral das canelas. Para trabalhar nos pontos laterais, coloque as mãos ao longo das canelas, do lado de fora, e circunde-as com a mão na*

PÉS — PONTOS DE CONTATO DAS GLÂNDULAS ENDÓCRINAS

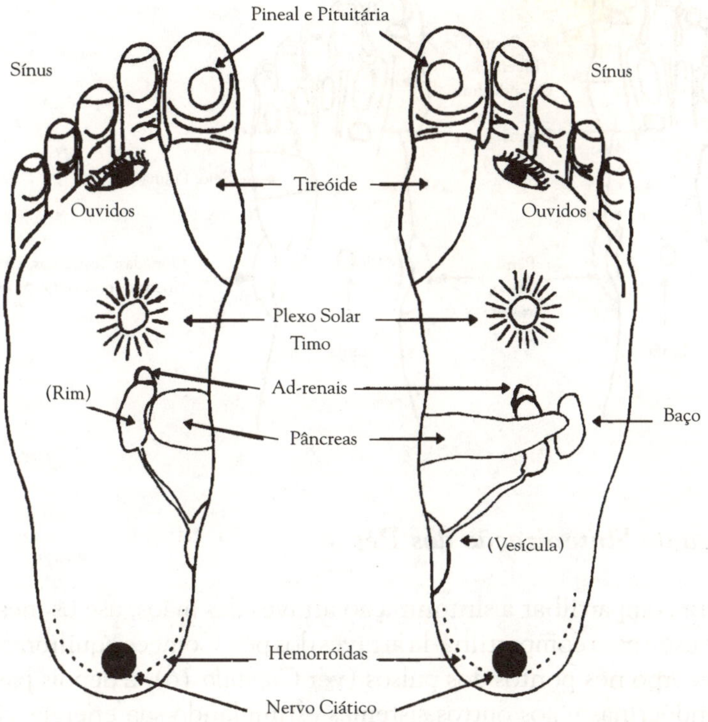

posição anjali (como no padrão cervical). Ao trabalhar com o padrão de energia dos pontos que ficam no lado de dentro dos tornozelos, é mais confortável para o praticante cruzar as mãos.

3. *Depois de compartilhar a sintonização com os pontos das glândulas endócrinas, passe ao resto do corpo: sistema digestivo (cólon ascendente, transverso e descendente, intestino delgado, estômago, fígado, pâncreas e vesícula), sistemas respiratório, circulatório, imunológico, excretor, etc. Termine equilibrando os pés como fez no início da sessão (ver nº 1 desta seção). A sessão inteira dura uns 15 a 20 minutos e é relaxante tanto para o cliente quanto para o praticante.*

PONTOS DE CONTATO DORSAIS — SINTONIZAÇÃO DOS PÉS

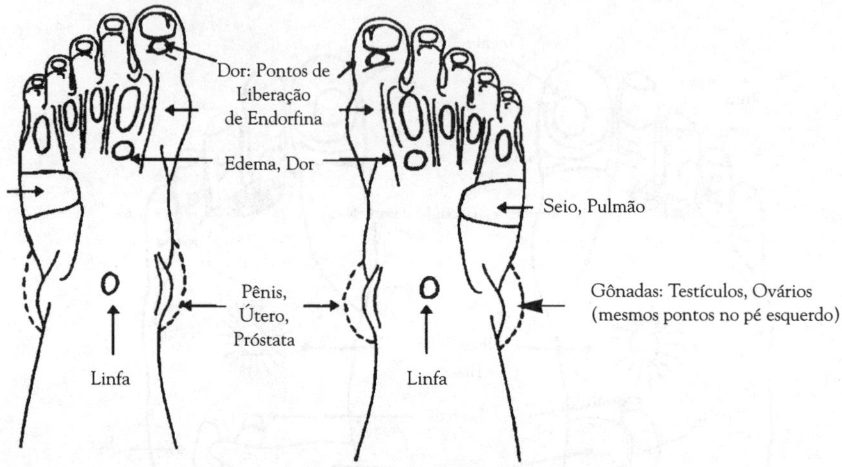

Técnica da Sintonização dos Pés

Para compartilhar a sintonização através das mãos, use os mesmos métodos que usou para compartilhá-la através dos pés. Comece equilibrando as energias do corpo nos pontos dos pulsos (ver *Capítulo 16*), e depois passe às glândulas endócrinas e aos outros sistemas estimulando sua energia vital através

ÓRGÃOS E SISTEMAS — SINTONIZAÇÃO DOS PÉS

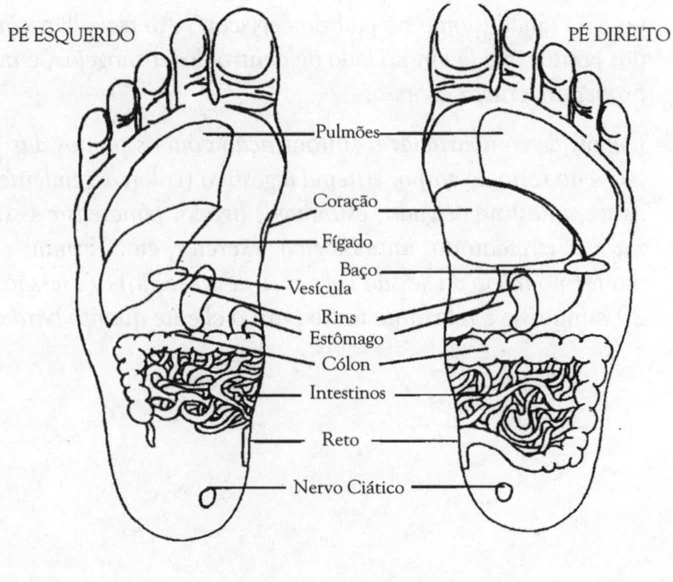

dos pontos de contato encontrados nas mãos. Termine a sessão de sintonização das mãos equilibrando novamente as energias do corpo através dos pulsos. Lembre-se de sugerir ao cliente que segure os polegares para que, depois da sessão, faça auto-sintonização sempre que quiser.

PONTOS DE CONTATO — SINTONIZAÇÃO DAS MÃOS

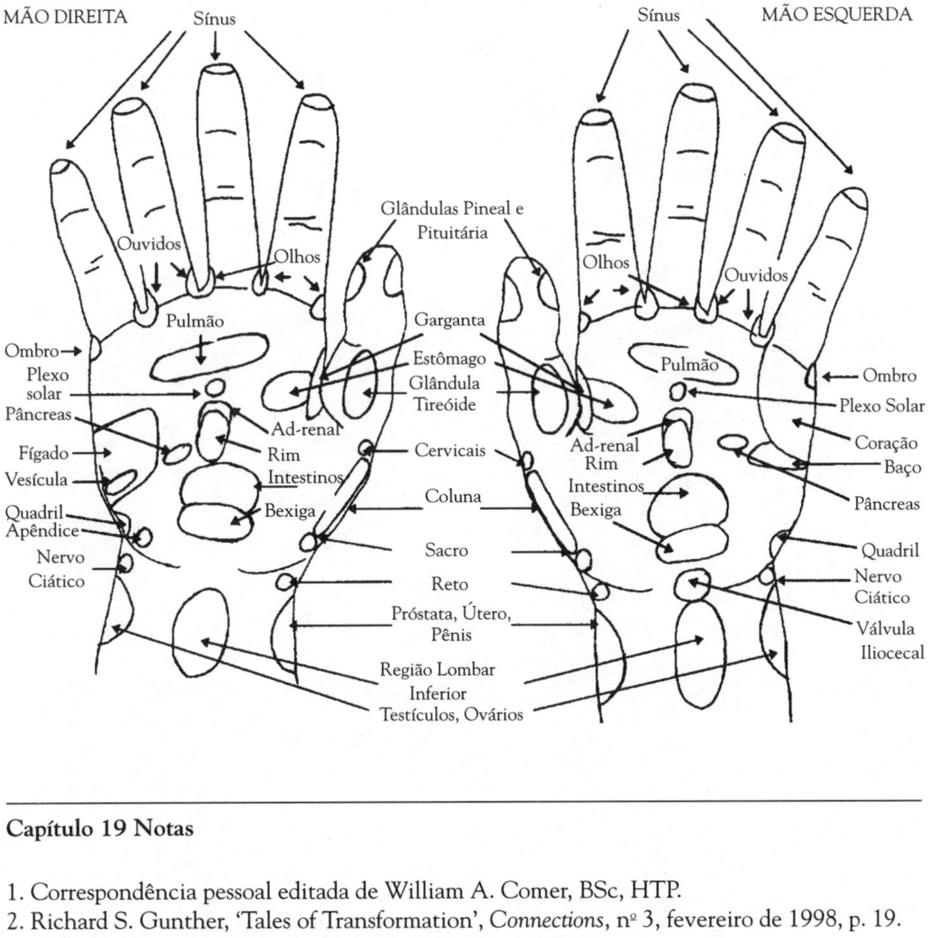

Capítulo 19 Notas

1. Correspondência pessoal editada de William A. Comer, BSc, HTP.
2. Richard S. Gunther, 'Tales of Transformation', *Connections*, nº 3, fevereiro de 1998, p. 19.
3. Chris Jorgensen, *Attunement: Love Made Visible*, p. IX-215.
4. *Ibid.*, p. IX-216.

20. Sintonização em Equipe

Um dia depois de meu marido me pedir em casamento, o pai dele sofreu um pequeno ataque do coração. Embora ele ainda não soubesse que íamos nos casar, refletimos sobre a sincronia dos dois acontecimentos e concluímos que nosso novo espírito de equipe teria um profundo efeito criativo no processo de cura.

Como Dick, meu futuro marido, estava meio abalado, dirigi o carro até o hospital e só comecei a sintonização a longa distância com meu futuro sogro depois que chegamos. Entramos no quarto um de cada vez. Enquanto esperava, 'acampei' na sala de espera da UTI e comecei a compartilhar a sintonização a longa distância com ele. Senti nas mãos que seu padrão estava errático nas bordas e um pouco quente. Trabalhei para estabilizar o ritmo do fluxo de energia, que estava sobrecarregado e desequilibrado. Segurei esse padrão por várias horas enquanto a família se revezava para fazer-lhe companhia, e depois de voltar para casa compartilhei com ele outra sessão a distância, de uma hora.

No dia seguinte voltamos ao hospital para ficar perto do meu sogro enquanto o médico fazia uma delicada angioplastia (uma cirurgia que infla um pequeno balão nas artérias obstruídas). Antes da cirurgia, Dick e eu conseguimos compartilhar com ele uma sessão de sintonização em equipe que durou uns 40 minutos. Dick compartilhou a energia Reiki com o pai enquanto eu segurava um padrão de sintonização a distância nas mãos. Depois, Dick ficou aos pés do pai e compartilhamos uma sintonização em equipe. Dei ao meu sogro um ponto positivo de energia radiante na região da cabeça e do torso, compartilhando com ele a sintonização de corpo inteiro, com especial atenção ao sistema vascular, enquanto Dick o sintonizava através dos pés, seguindo-se a mim na sintonização dos diversos órgãos e sistemas. Depois de cinco minutos da sintonização em equipe, meu sogro caiu no sono.

Quando a sessão terminou, os enfermeiros chegaram para levá-lo à unidade de cirurgia e, assim, passamos todos à sala de espera. Recomecei a compartilhar a sintonização a longa distância com o meu sogro e senti um fluxo de energia errático passando pela circunferência de minhas mãos. Segurei esse padrão espiritual durante toda a cirurgia, que durou algumas horas. Quando terminou, o médico nos disse que tudo tinha corrido muito bem, mas que repetiria a cirurgia no dia seguinte para abrir outras artérias. Assim, nós nos despedimos do paciente e fomos embora para ter uma boa noite de sono. Continuei o trabalho com outra longa sessão de sintonização a distância naquela noite.

No segundo dia, voltamos à sala de espera do hospital. De nosso círculo faziam parte a mãe de Dick, Dick, eu e Lisa, a irmã de Dick. Nesse alegre círculo familiar conversamos calmamente, brincamos e lemos algumas revistas. De repente, começamos a nos perguntar como estaria transcorrendo a cirurgia, mas logo sentimos que tudo estava correndo bem, sem complicações. Tínhamos certeza disso. Continuei a compartilhar a sintonização por duas ou três horas, enquanto estávamos todos juntos.

A atmosfera à nossa volta estava cheia de tranqüilidade e confiança, mas fora desse espaço comecei a perceber uma mudança no ambiente. À nossa volta, na sala de espera, tudo estava bem, mas fora do nosso círculo notei confusão, ruídos e contrariedade. De outros grupos de pessoas vinham queixas, xingamentos e críticas ao hospital, ruídos de crianças agitadas, correndo sem ninguém por perto, e uma aparência geral de caos.

O campo de energia que envolvia o processo de cura do nosso ente querido era claramente diferente do das outras pessoas, que não tinham a consciência sintonizada no sentido de acionar um processo favorável ao paciente que estavam visitando. Seus pensamentos e vínculos emocionais pareciam tão distantes do intento de cura que seu espaço estava cheio de acusações, críticas e vibrações negativas em geral. Eu me perguntei se isso estaria afetando o bem-estar dos doentes a quem estavam ligados.

No nosso caso, a consciência sintonizada ao desenrolar correto, a energia de cura da sintonização em equipe e minhas contínuas sessões de sintonização a distância tiveram claros efeitos positivos sobre o bem-estar do meu sogro, efeitos que continuaram por muito tempo depois dele sair do hospital. Sem complicações na cirurgia, ele logo teve alta e começou imediatamente um programa de exercícios e controle do peso. Em poucas semanas perdeu 12 quilos, passou a se exercitar três vezes por semana, modificou a dieta e começou a se sentir muito melhor. Ainda hoje costumo, de tempos em tempos, compartilhar sintonização a longa distância com ele e com os outros membros de nossa família, e é sempre um prazer sentir que concordamos quanto ao desenrolar correto das coisas.

Hospital e Cirurgia

Ir ao hospital para ficar com um amigo ou parente doente pode causar muitos transtornos emocionais na vida da pessoa. Geralmente os horários precisam ser modificados, o sono e as refeições ficam irregulares, surgem problemas financeiros e outras complicações familiares. Parece que quando alguém é hospitalizado, o campo energético de toda a família fica caótico, levantando questões relacionadas com a forma da família lidar com o desgaste e os prejuízos provocados pela hospitalização. Geralmente, em meio ao *stress*, certas questões da família de origem voltam à tona, exacerbando as tensões.

Quem é hospitalizado para fazer uma cirurgia como que muda para um novo lar, onde tudo lhe é oferecido com precisão, na hora certa, documentado, higienicamente limpo e esterilizado. (Geralmente, não é assim que as famílias funcionam!) É como mudar para um país estrangeiro, onde praticamente todo o poder do paciente é transferido para um grupo de estranhos aparentemente competentes e tecnicamente treinados.

Apesar da aparente eficiência metodológica, os profissionais que trabalham em hospitais não costumam ter experiência em práticas espirituais ou medicina energética, práticas que favorecem o bom desenrolar da situação porque tratam todos os envolvidos, através do plano etérico. Alguns hospitais já mantêm equipes de pesquisa que, como parte de seu trabalho, realizam práticas energéticas durante as cirurgias. Em alguns casos, as enfermeiras ou outros profissionais da equipe praticam ativamente técnicas como o Toque Terapêutico. Essas práticas, oferecidas ao paciente e também aos familiares, amigos e profissionais envolvidos, abrem possibilidades de relacionamento e de ação, que possivelmente seriam ignoradas.

Alguns estudos médicos revelam que certas práticas da medicina energética, realizadas antes e durante a cirurgia, dão ao paciente mais conforto e alívio na fase pós-cirúrgica. Essas descobertas mostram que, além de o paciente se recuperar mais depressa e sem problemas, a equipe médica trabalha com mais coerência e tranqüilidade. Julie Motz, que realizou inúmeras sessões de 'quelação energética' (monitoramento dos padrões de energia através da cabeça, dos pés ou de outras partes do corpo) com pacientes antes e durante a cirurgia, relata o seguinte:

> *Nenhum dos 6 pacientes com estimuladores cardíacos que assisti durante a cirurgia teve qualquer rejeição na primeira biópsia, e todos apresentaram ritmo cardíaco pós-operatório mais baixo do que o normal. Seis meses depois da cirurgia, todos apresentavam índices de rejeição mais baixos do que o normal... Nas três cirurgias de pontes de safena em que trabalhei, os pacientes quase não apresentaram dor na perna ou fraqueza depois da operação. Nenhum dos 11 pacientes cardíacos com que trabalhei teve depressão pós-operatória, mal que em média afeta um terço de todos os pacientes de cirurgia cardíaca e é o principal indicador de mortalidade.*[1]

Motz diz que a sala de cirurgia provoca medo, emoções hostis e outras energias negativas que esgotam os pacientes e as outras pessoas presentes durante a cirurgia. Assim como o estado emocional do paciente, a marca emocional do órgão vivo a ser transplantado também precisa de atenção. Motz observa que nessas operações, "os órgãos para transplante chegam à sala de cirurgia em diferentes estados emocionais, sendo que esse estado emocional afeta seu comportamento no corpo que vai recebê-lo".[2] Nas cirurgias que acompanhou na qualidade de praticante de curas energéticas, Motz procurava transformar em positivos esses padrões negativos de energia. Ela observa também que, durante a cirurgia, os pacientes reagem à anestesia de maneira diferente, mas que em geral fazem uma viagem emocional que reestimula antigos traumas, lembranças negativas da infância e experiências amargas da fase intra-uterina.[3]

Os praticantes de medicina energética com experiência em hospitais dizem que ao receberem anestesia, os pacientes passam por mudanças drásticas que podem ser amparadas através da energia sintonizada oferecida a eles antes, durante e depois da cirurgia. Chris Jorgensen fala sobre suas descobertas:

> *A anestesia dissipa ou dissolve o que pode ser chamado de âmbito mental do pneumaplasma. A pessoa fica mentalmente enevoada ou 'aérea' por algum tempo depois da cirurgia. É preciso levar em conta esse estado, envolvê-lo na corrente da sintonização e ajudar a pessoa a regenerar seu pneumaplasma nesse nível.*
>
> *No estágio seguinte, a sintonização diária é essencial... Depois da cirurgia, durante alguns dias, é comum ocorrer algum tipo de mal-estar, que geralmente se assemelha à depressão. É um sinal de que o corpo físico está se adequando à imposição da cirurgia. O mal-estar pode não ser depressão, mas mau humor, irritabilidade e falta de sensatez... Quando a pessoa volta para casa, duas sessões por dia durante algum tempo ajudam a diminuir a intensidade dos ajustes ao trauma físico.*[4]

Há quem se queixe da qualidade questionável do tratamento que recebem nos hospitais. Quem faz isso não está levando em conta (geralmente durante a troca acalorada de opiniões) que a qualidade do próprio comportamento — do paciente, do profissional, do visitante ou do parente — é um componente crucial em qualquer situação hospitalar. É muito mais fácil apontar o dedo e acusar o outro, mas cabe lembrar que quando apontamos o dedo para alguém, temos mais quatro dedos apontando para nós mesmos. Se compreendermos que quando entramos num hospital passamos a fazer parte de um esforço conjunto e que as atitudes individuais desempenham um papel importante no que diz respeito ao tratamento dado ao paciente, poderemos contribuir para o conforto e a calma em nosso grupo, mesmo que as circunstâncias nos deixem nervosos. Podemos cuidar uns dos outros, mesmo que seja com uma palavra, um sorriso, um pequeno gesto, um aperto de mão. Uranda chama a atenção para um ponto crucial na coordenação de equipe, em atitude e espírito:

> *Ao trazer para o Grupo um espírito ou atitude de dissensão, acusação, queixa, bisbilhotice, condenação e expressões semelhantes de fantasias sem base da mente exterior, **dando-lhes ou não expressão audível**, você impede a sua própria harmonização e tende a impedir o perfeito funcionamento do Grupo.*[5]

O que não vemos pode nos ferir e ferir os outros. A qualidade consciente da expressão espiritual que você oferece a um grupo hospitalar pode elevar, por si mesma, a natureza vibratória do encontro, trazendo consigo tranqüilidade e conforto para todos os que estão associados a você.

Sintonização em Equipe

Você realmente serve a seu irmão em amor
porque no seu amor pelo Senhor você permite que,
através de você, Ele transmita Seu amor para a Terra.
URANDA

Quando duas pessoas concordam em compartilhar a sintonização com uma terceira pessoa, o poder de amor oferecido é intensificado pelo menos dez vezes. A sintonização em equipe oferece uma atmosfera de cura extensamente rica, que permite ao paciente receber o toque de cura no corpo inteiro, estimulado simultaneamente nas regiões da cabeça, torso e pés. A sintonização em equipe é uma maneira muito mais eficaz de compartilhar a sintonização, pois o paciente fica envolto num círculo completo de força radiante de luz ao ser energizado ao mesmo tempo nas duas extremidades do corpo.

Em meus Treinamentos Intensivos de Terapia da Sintonização, eu sempre ensino, na prática, a sintonização em equipes de dois ou três. Os membros de cada grupo vão trocando de papéis durante a sessão, para que todos recebam e dêem a sintonização a partir dos pés, das mãos e do torso. Dessa forma, o poder da sintonização é exemplificado na experiência de vida pessoal de cada um e no final do treinamento os alunos terão compartilhado algo maior do que eles mesmos, o que é geralmente uma experiência envolvente.

As sintonizações em equipe são ótimas oportunidades de aprender a imposição das mãos, pois cada praticante pode avaliar se o outro está exatamente na parte da anatomia que está sendo trabalhada ou no seu ponto de contato correspondente. Como todos os alunos trabalham ao mesmo tempo com o mesmo órgão ou glândula, cada um tem condições de avaliar quem está no lugar correto e quem não está. Essa interação é muitas vezes conduzida pelo próprio aluno, enfatizando o processo de auto-aprendizagem.

Roteiro da Sintonização em Equipe

Escolha mais duas pessoas para compartilhar e/ou praticar a sintonização em equipe e siga este roteiro:

- O primeiro praticante é o que começa trabalhando a cabeça do cliente. Ele vai trabalhar os pontos de contato do rosto e as partes do corpo que lhes correspondem, como foi descrito em capítulos anteriores.
- O primeiro praticante trabalha em concordância com o segundo, que começa pelos pés. É comum essas duas pessoas trabalharem juntas durante a sintonização, trocando sinais e olhares para determinar o momento de passar ao sistema seguinte. Geralmente, o primeiro praticante lidera o processo e o segundo o acompanha. Dessa forma, a sintonização em equipe é como uma dança energética entre amigos — um lidera e o outro acompanha, mas ambos avançam para o mesmo lugar.
- O segundo praticante compartilha a sintonização através dos pés do cliente, sintonizando os pontos dos pés que correspondem às áreas que o primeiro está trabalhando. Assim, quando o primeiro praticante sente que é hora de passar do coração para o pulmão, o segundo praticante passa para o pulmão de maneira sincronizada.
- Ao terminar uma sessão, os papéis de primeiro praticante, segundo praticante e cliente devem ser trocados, para que todos os participantes recebam e dêem a sintonização de todas as posições, aumentando seu conhecimento com o fluxo sintonizado.
- O exercício de sintonização em equipe geralmente é acompanhado de uma profunda sensação de relaxamento e abandono pessoal. Mas mesmo que o fluxo de energia se aprofunde, lembre-se de permanecer focalizado durante a sintonização em equipe, para não perder os pontos de contato.

Capítulo 20 Notas

1. Julie Motz, MPH, MFA, segmento da Coluna 'Voices', *Alternative Therapies*, maio de 1997, Vol. 3, nº 3, p. 21.
2. *Ibid.*
3. *Ibid.*
4. Chris Jorgensen, *Attunement, Love Made Visible*, pp. IX-213-214.
5. Uranda, *Letters to You*, pp. 22-23.

21. Objetos Representativos

Assisti à minha última aula do Emissário em 1985. Era uma aula intitulada *Aula de Serviço Mundial*, que focalizava a técnica e a filosofia da sintonização de uma perspectiva mundial. Éramos cerca de 22 alunos e quatro professores e discutimos como nos centrar em meio ao ritmo acelerado do mundo e como compartilhar a sintonização a partir de um agrupamento coletivo, oferecendo energia de cura a outras pessoas, lugares e situações em crise.

Durante uma das sessões de sintonização, os alunos e professores formaram pares e, sentados em cadeiras, compartilharam entre si exercícios com objetos representativos. Esses exercícios com objetos representativos são uma forma específica de sintonização, em que a pessoa que recebe a energia de cura segura um pequeno objeto que representa o padrão da consciência ao qual ela quer enviar energia de amor. No nosso caso, cada um oferecia energia de cura sintonizada ao parceiro, que segurava o objeto. Os dois eram instruídos a entrar conscientemente no fluxo de energia sintonizada, que ia definindo o padrão vital dissonante representado no objeto. Esse padrão dissonante podia ter relação com saúde, metas profissionais, relacionamentos ou podia ser um padrão mais amplo, como a crise no governo russo (que estava acontecendo naquela época). Todas as situações do mundo eram bem-vindas.

Eu levei comigo uma carta enviada pela minha professora de música. Eu estava preocupada há algum tempo com ela, achando que ela havia me compreendido mal e querendo livrar o relacionamento de repercussões negativas. Não por coincidência, meu parceiro nessa sessão trouxe um tambor que, segundo ele, representava a 'poluição sonora'. Vi imediatamente que havia conexão entre os dois objetos — um seria usado para desfazer distorções emocionais entre pessoas envolvidas com a música e o outro para dissolver energias sonoras negativas, também criadas por pessoas. As duas áreas focalizavam a dissolução de padrões energéticos desagradáveis relacionados ao som e à música. Sorrimos, sabendo que o fato de termos formado um par não era um acaso, tendo obviamente um propósito maior. Nesse exercício, decidimos trocar de objetos;

assim, ele ficou segurando a minha carta enquanto eu compartilhava sintonização com ele (assim, ele tentaria dissolver minha inquietação emocional enquanto eu o sintonizava).

Nunca vou esquecer essa sessão, uma das mais intensamente extraordinárias que já experimentei. Eu estava de pé, atrás do meu parceiro, sintonizando suas glândulas endócrinas, quando minha cabeça se encheu da mais gloriosa música orquestral que já tinha ouvido. As líricas cordas do violino pareciam alcançar as alturas dos céus, enquanto embaixo soavam a harpa e os metais. A música parecia vir de lugar algum e de todos os lugares ao mesmo tempo, retornando ao âmago do meu ser, mas parecendo estar em toda parte. Era como se tivesse sido levada a uma estação de rádio cósmica, onde a música tinha mágicos efeitos de cura, onde parecia que tudo na vida era perfeito, onde as coisas apareciam e desapareciam magicamente e onde tudo se encaixava com perfeita facilidade e deleite. Por alguns minutos, minha vida se encheu de surpreendente harmonia. Meu parceiro estava sintonizando o meu mundo e eu estava sintonizando o seu, mas na realidade nossos campos de energia estavam se misturando ao campo de energia de minha professora de música (que era uma compositora e organista fenomenal), concordando plenamente em deixar o amor seguir seu caminho perfeito.

Minutos depois da sessão, senti que os maus sentimentos que eu tinha guardado em relação à minha professora de música tinham desaparecido. Percebi que eu havia fabricado aquela história sem motivo e que na verdade nada havia de errado. Onde estava a minha sede de justiça? Para onde tinha ido a minha arrogância? Simplesmente sumiram, desapareceram, como se nunca tivessem existido. Como eram energia baseada no ego, foram transformadas para sempre em energia baseada no amor.

Quando terminei de compartilhar a sintonização com o meu parceiro, trocamos de posição e eu me sentei com o tambor no colo. Toquei-o e senti seu poder fundamental. Lembrei que em qualquer arranjo musical o tambor fornece um poder de sustentação, um tom mais rico e profundo que expressa o ritmo da música com consistência e precisão. As qualidades estabilizadoras inerentes ao tambor são o tempo, o ritmo, a comunicação, a dinâmica, todas elas transmitidas no som. Pensei no som de tambor dos índios nativos norte-americanos, que indica a reunião do poder da tribo e que é usado para enviar mensagens à comunidade.

Enviei esses pensamentos sobre o poder fundamental contido no tambor para a imagem que tenho de poluição sonora — a confusão caótica de buzinas de carro, ruídos de trânsito, música alta e alarido de pedestres. Enviei uma pulsação suave, rítmica, métrica, às situações que visualizava. Enquanto compartilhava a sintonização, o mundo do caos encontrou o mundo da ordem. Quando terminamos, eu me senti imensamente satisfeita com nosso trabalho conjunto, como se uma parte selecionada da Terra tivesse sido tocada e harmonizada por um poder constante e se desfeito sob a força integradora do amor.

Objetos Representativos

O que você faz em miniatura estabelece a vibração
que vai em direção ao que ainda não é visível.
URANDA

Se pudéssemos ver os resultados vibratórios de nossas ações, seu alcance, sua influência na vida de tantas pessoas na face da Terra, estou certa de que pensaríamos e nos comportaríamos de maneira diferente. Acredito que se pudéssemos ver essas situações, no momento de seu impacto, escolheríamos ser e fazer outra coisa.

Utilizamos os objetos representativos todos os dias — nas palavras que falamos, nas histórias e contos de fadas que lemos, na música geradora de imagens que ouvimos, no ritual e na cerimônia que praticamos, nos arquétipos de herói que tentamos imitar e nos bons amuletos da sorte a que nos agarramos em momentos de *stress*. Nós os usamos quando trocamos dinheiro por bens e serviços, na criação artística e na visualização de acontecimentos futuros, e até mesmo ao ver televisão ou ir ao cinema. A troca de dinheiro representa uma troca de caráter pessoal e energia de amor. As palavras são símbolos que representam objetos tangíveis. A adoração ao herói e a emulação representam nossa vontade interior de recuperar o estado original. Quando vemos ou fazemos alguma coisa que representa outra coisa, acionamos no cotidiano o poder de uma presença arquetípica. Posta em movimento, ela se torna um poderoso fluxo vibratório de crenças na capacidade de uma coisa representar outra coisa.

O poder criativo inerente aos objetos representativos contém em si um grande potencial de nos tocar e de tocar o nosso mundo de uma maneira que produz a cura e a mudança criativa. Mas, em vez de prestar atenção em sua presença e na maneira de usá-los, nós nem ligamos para eles. Em nossa cultura, a presença de objetos representativos transformou-se em segunda natureza para nós — compramos bonecos do Super-homem para nossos filhos, lemos para eles histórias sobre cavalos alados, atiramos com armas *laser* imaginárias no videogame, surfamos na Internet em busca de aventuras e terras desconhecidas. Mas, buscando poder e beleza fora de nós mesmos, ignoramos a natureza criativa e inerentemente poderosa que está latente dentro de nós, relegada à dimensão do arquétipo. Domando essa energia que existe dentro de nós e canalizando seu fluxo ao longo da vida, podemos abrir esses padrões arquetípicos conscientes e subconscientes e liberar seu poder criativo em nosso mundo.

Usar objetos representativos para compartilhar a sintonização é como usar um controle remoto: você segura na mão o símbolo de alguma coisa que gostaria de modificar através do amor e focaliza o fluxo do amor na área simbólica que o objeto representa. A energia do amor vai atravessar a sua consciência, abrindo, revelando, envolvendo, modificando, transformando, sem interrupção nem dissipação.

Podemos começar a usar objetos do cotidiano como pontos de contato sintonizados ao nosso mundo, dando-lhes poder através da força do amor. Atos simples do nosso mundo cotidiano passam a ter um novo significado quando os transformamos em ritual espiritual. Preencher um cheque para pagar uma conta pode ser uma oportunidade de enviar um fluxo radiante de energia à nossa situação financeira em vez de uma mera tarefa de rotina. Ver nos noticiários as imagens de guerra, pobreza e violência pode tornar-se uma forma de servir, se você se ligar à Fonte que tem no coração e enviar energia de amor, através das imagens representativas, a esses locais distantes. Abraçar um amigo pode se transformar no ato consciente de estender seu amor ao círculo de amigos.

Da perspectiva mais ampla da sintonização, as pessoas e os lugares são na verdade pontos de contato do mundo mais amplo, pois onde há mentes e corações abertos, "ali estou eu no meio deles". Ligar-se conscientemente a lugares e pessoas *através de outros lugares e pessoas* pode acionar no mundo o fluxo de energia radiante. Eu e outros Emissários passamos alguns anos conscientemente sintonizados a um homem que vivia na Rússia antes da queda do comunismo. Ele tinha se oferecido ao espírito e o espírito respondeu-lhe enviando-o a Moscou para participar do programa '*Getting to Yes*' da Equipe de Negociações de Harvard. Nesses anos, sabendo das ramificações de sua presença na Rússia, nós que compartilhávamos a sintonização com ele percebemos que o espírito estava agindo através de seu coração aberto, abrindo as portas da consciência à presença da expressão espiritual. No momento certo, o comunismo terminou na Rússia e o homem voltou aos Estados Unidos.

Evidências científicas revelam que pessoas que compartilham o mesmo padrão de energia têm atividade cardíaca e ondas cerebrais mutuamente sincronizadas. Numa experiência de 1994 e 1996, Russek e Schwartz fizeram o eletrocardiograma e o eletroencefalograma de duas pessoas que ficaram sentadas uma em frente da outra, de olhos fechados e sem se tocarem: "os ritmos foram analisados para detectar a presença de *sincronização cardíaco-cerebral entre-pessoas*. Essa sincronização existia..."[1] Se duas pessoas que estão simplesmente próximas, sem tentar sintonizar outras pessoas e lugares, entram em ressonância com um padrão de energia unificado e criativo, imagine o que podemos realizar quando nos sintonizamos conscientemente à força vital e estendemos essa energia vital a outras pessoas! Stephan Rechtschaffen, um médico que faz *workshops* de crescimento pessoal, compartilha dessa visão: "Às vezes, para mudar o que acontece no nosso mundo, basta não se afobar para fazer mais, mas se permitir ir mais fundo naquele momento de estar presente. Talvez assim nós nos transformemos em ritmos de ressonância que começam a criar a paz em nosso mundo, e disso virá a cura." [2]

Usar um objeto representativo durante a sintonização nos leva para fora do tempo-espaço. Você pode usar um mensageiro simbólico para enviar energia de amor a um acontecimento que ocorreu no passado, no presente ou que pode ocorrer no futuro. Você pode trabalhar para dissolver barreiras psicológicas ou emocionais, conscientes ou subconscientes, usando um objeto representativo para simbolizá-las e então enviar amor a ele. Você pode resolver um problema, remover futuros obstáculos, resolver diferenças passadas e/ou focalizar projetos e planos presentes segurando na mão o símbolo que escolheu e dirigindo o amor a ele durante a sintonização. Sabe-se de ocasiões em que acontecimentos mundiais tomaram uma nova direção depois que um grupo de praticantes da sintonização e pessoas interessadas de diversos lugares formaram um encontro radiante, utilizando pessoas e objetos representativos para enviar energia de amor às situações e lugares necessitados (ver o capítulo seguinte). Você pode trabalhar para inspirar novas mudanças no seu mundo seguindo este roteiro:

Roteiro da Prática com Objetos Representativos

1. Comece a sintonização com o objeto representativo escolhendo um objeto pequeno que represente alguma coisa a que você gostaria de enviar energia de amor. Escolha uma coisa simples, como um cartão postal enviado por alguém com quem quer entrar em contato, ou talvez um cartão com a foto de algum lugar para onde queira enviar energia de amor. Pingentes, chaves de carro, CDs, livros, lembranças — são infindáveis as oportunidades de escolher os pontos de contato corretos. A única condição é que o símbolo escolhido tenha um padrão que lembre especificamente a coisa, lugar ou pessoa com quem você quer estabelecer uma conexão.

2. É melhor compartilhar o exercício do objeto representativo com outra pessoa, mas não é necessário. Se tiver um parceiro, deixe-o segurar o objeto enquanto compartilha a sintonização com ele, ou vice-versa.

3. Antes de começar a sessão, contem um ao outro o que os objetos significam, pois ambos devem ter uma boa idéia da situação que envolve os objetos.

4. Cada um de vocês deve compartilhar uma sessão completa de sintonização com o outro. Seu parceiro (que está segurando o seu objeto) vai estar sintonizando, ou enviando energia radiante de amor, através do objeto, ao lugar, circunstância ou pessoa que você definiu. Sua única preocupação deve ser

sintonizar a pessoa à sua frente. Depois vocês trocam — você segura o objeto do parceiro e ele compartilha a sintonização com você.

5. Para fazer sozinho um exercício do objeto representativo, estabeleça um campo criativo radiante ou a longa distância entre as mãos e envie um fluxo de amor ao lugar, pessoa ou situação que desejar, tendo em mente o que o objeto simboliza. Mantenha o objeto no colo ou bem perto de você, para que possa vê-lo claramente.
6. Para compartilhar a sintonização do objeto representativo com alguém que está distante ou no hospital, use a técnica de sintonização a longa distância. Para compartilhar a energia radiante a distância, peça para a pessoa segurar no colo ou nas mãos o objeto representativo num horário preestabelecido.
7. Depois da sintonização, vocês podem conversar sobre a experiência. As duas histórias podem ser semelhantes ou bem diferentes uma da outra. Seja como for, ouvir a história da outra pessoa é esclarecedor em relação ao efeito de cura da sintonização.
8. Lembre-se que a técnica do objeto representativo é, provavelmente, uma das maneiras mais expansivas de compartilhar a sintonização.

Sintonização na Cadeira

Se não tiver uma mesa de massagem, a solução mais fácil é fazer a outra pessoa sentar-se numa cadeira para compartilhar a sintonização. Ela pode também deitar-se num sofá, mas a posição não é boa para os braços e para as costas. Quando não há mesa de massagem, descobri que o melhor é o cliente sentar-se numa cadeira, especialmente se for para usar um objeto representativo. As poltronas grandes e confortáveis ou as cadeiras reclináveis são as melhores. Uma cadeira reta também funciona, mas só se não houver outra escolha. Se usar uma cadeira reta, ponha uma almofada nas costas do cliente e faça-o colocar os pés em outra cadeira, para ficar mais confortável. Siga este roteiro ao usar uma cadeira para compartilhar a sintonização:

- O primeiro praticante fica de pé atrás do cliente, ou sentado ao lado dele. O segundo praticante pode sentar num banquinho e compartilhar a sintonização através dos pés. Ambos devem seguir o roteiro das precauções do viajante (ver *Capítulo 1*).
- O cliente pode usar um objeto representativo para maior liberação da energia do amor em determinada situação. Se usar um objeto, vocês devem compartilhar seu significado uns com os outros. Se ele representar outra pessoa,

é bom avisá-la antes da sessão, para que, em consciência, ela esteja 'on line' com vocês e receba a energia de amor.

- Não esqueçam de trocar de lugar e de compartilhar a sintonização uns com os outros, permitindo que haja uma total liberação de cura em todas as pessoas envolvidas.
- Para estabelecer uma conexão consciente com o poder superior, alguém pode ler passagens de um livro inspirador enquanto vocês compartilham a sintonização e/ou sessão com o objeto representativo. Luz suave e música instrumental de fundo ajudam a encher o espaço da cura com emanações de conforto e confiança.

Capítulo 21 Notas

1. Doutor James Oschman, 'What is healing energy? Energy entrainment, Energy Review Part 3B', p. 190.
2. Stephan Rechtschaffen, "Time Shifting, How to Pace Your Life to Natural Rhythms', *Noetic Sciences Review*, p. 20.

22. Encontros Radiantes

O mais emocionante fenômeno de cura de que eu tive o privilégio de participar ocorreu no outono de 1989. Estava assistindo o *Congresso Mundial do Emissário* em British Columbia, Canadá. Esse evento, muito prestigiado, reunia trinta pessoas do mundo inteiro e tinha como tema a expressão pessoal da divindade espiritual e a sintonização. Como éramos de diferentes partes do mundo, o processo de clarificação espiritual que cada um de nós percorreu naquele período teve mais ramificações e influências nas questões mundiais do que era visível na superfície. Sob o exterior coletivo corriam conexões vibratórias com pessoas e situações da Europa, do Oriente Médio, das Américas e do Extremo Oriente. Cada um dos presentes já tinha assistido todas as aulas do Emissário e tinha consciência de que representava uma parte maior da população da Terra. Ao participar dessa experiência intensa, sabíamos que seria preciso nos abrir ao máximo e que seríamos usados pelo espírito como pontos de contato da Terra.

Durante duas semanas, fiquei com outros 25 participantes e quatro professores numa cabana aquecida no meio do Caribou canadense, considerando nossas relações individuais com o mundo em geral. Todos os dias colocávamos um grande globo no meio da roda e, durante as discussões e as sintonizações, focalizávamos a atenção em áreas da Terra que estivessem precisando de nosso foco de amor.

Um dos exercícios com objetos representativos foi particularmente intenso. Um dos monitores trouxe uma grande bandeja com um filão de pão fresco. Fomos convidados a mentalizar, durante o exercício, alguém que amávamos. A idéia era imaginar que o filão de pão era o amor que compartilhávamos com essa pessoa. Um de cada vez, fomos convidados a tirar um pedaço do pão e 'comer o nosso amor'. Em outras palavras, era para engolir e digerir o amor que tínhamos pelo nosso amigo. Deram-nos também um cálice de vinho. O exercício era aparentemente uma versão moderna da Última Ceia, quando todos foram exortados a comer e a beber o corpo e o sangue de Jesus. Fomos convidados a reencenar a Última Ceia como discípulos modernos do Mestre e a reconhecer por nós mesmos qual a natureza do amor que tínhamos uns pelos outros.

Esse exercício me revelou a qualidade de amor que eu tinha por uma certa pessoa, pois achei muito difícil engolir aquele pedaço de pão. Enquanto mastigava, percebi que tinha pensamentos obscuros em relação ao meu amigo: achando que o amava, eu tinha na verdade um comportamento hipócrita em relação a ele. Na superfície, eu professava amor incondicional, mas no fundo, na minha parte secreta, eu queria dele mais do que ele estava disposto a me dar. Engoli meus ressentimentos a cada mordida. O pão parecia seco e duro de engolir. Esse exercício é apenas um exemplo do tipo de exercícios de sintonização que compartilhamos naquela ocasião. Todos os exercícios, assim como as discussões acaloradas, me ajudaram a clarificar minha maneira de expressar amor ao mundo.

Compartilhamos muitos exercícios de sintonização nessas duas semanas, usando objetos representativos e a técnica tradicional para enviar amor ao nosso mundo, pessoal e coletivo. Lembro-me de uma das discussões, em que um homem da Alemanha falou longamente sobre sua vida, sobre o comunismo na Alemanha Oriental e sobre a agitação recente. Alguns dias depois, durante o almoço, soubemos que o Muro de Berlim havia caído. Nós nos entreolhamos, surpresos e divertidos, percebendo nossa ligação pessoal com esse acontecimento, formada graças ao ponto de contato que tínhamos estabelecido através desse homem que vivia na Alemanha.

Com o sincronismo de sempre, nosso Emissário Diretor ia para a Hungria no fim de semana e entraria pela primeira vez no bloco oriental para oferecer a sintonização e aulas de liderança espiritual. Com a queda do muro de Berlim, seu caminho ficou vibratoriamente desobstruído, para que pudesse fazer suas palestras sem a repressão comunista. Tínhamos certeza de que nosso congresso tinha ajudado a pôr em movimento aberturas maiores no tecido espiritual da humanidade, permitindo que um foco mais claro do espírito passasse através do mundo.

Encontros Radiantes

Quando o segundo Buda vier,
(ele) não virá como um indivíduo, mas como uma comunidade.

THICH NHAT HANH

Os encontros radiantes, ou círculos de sintonização e orações, são locais de encontro coletivo onde as pessoas se reanimam espiritualmente, celebram uma estação ou acontecimento ou oferecem um foco maior de energia de amor a alguma parte da humanidade e da Terra. No fundo, um círculo de orações representa fatores de consciência associados ao divino, que depois imbui e fortalece uma população maior de pessoas. Dos círculos domésticos aos encontros anuais de convergência harmônica, a idéia é congregar corpos e mentes para adoração, prazer e um renovado senso de fé na ordem universal.

Robert C. Beck realizou experiências científicas durante dez anos para descobrir por que e como os fenômenos de cura ocorrem em agrupamentos de pessoas. Os resultados a que chegou nos ajudam a compreender como os encontros radiantes coletivos curam. Beck descobriu que todos os agentes da cura que testou apresentavam padrões semelhantes de ondas cerebrais durante o ato da cura. Aparentemente, esses padrões de ondas tinham ligação com os estados alterados de consciência produzidos pelo agente durante o ritual de cura. Beck observa: "Independentemente de crenças e costumes, todos os agentes da cura apresentam atividade de ondas cerebrais em torno de 7,8-8 ciclos/segundo durante o estado de cura." Entre as pessoas testadas nos experimentos de Beck, havia 'sensitivos', médiuns, rabdomantes, xamãs, cristãos carismáticos, videntes, praticantes de wicca, kahunas havaianos, etc. Beck descobriu que todos eles "produziam registros quase idênticos, de um a vários segundos, no eletroencefalograma".[1]

Ele chegou a outro fato significativo: durante os momentos de cura, os padrões de ondas cerebrais dos agentes "ficavam sincronizados, em termos de fase e freqüência, com as micropulsações geoelétricas da Terra". Essas micropulsações são conhecidas como ressonância Schumann. A ressonância Schumann é uma teoria postulada por W. O. Schumann, um físico alemão. Segundo ele, a ionosfera e a superfície da Terra agem juntas para formar uma cavidade ressonante que contém pulsações eletromagnéticas criadas pela atividade elétrica. A teoria de Schumann demonstra que essa atividade cria ondas eletromagnéticas estáveis que viajam em torno da Terra e afetam a atividade humana através de suas pulsações eletromagnéticas, movendo-se na freqüência de 1-40 Hz. Esse campo de ressonância é afetado pelas posições do Sol e da Lua, pelas manchas solares, pela posição dos planetas, etc.[2] A partir dessa informação, vemos que as ondas cerebrais e os ritmos cardíacos em ressonância presentes nos agentes da cura, estão na verdade ligados à Terra, sendo afetados por ela e pela astronomia celeste que a envolve. Isso parece confirmar o antigo conhecimento místico: somos uma coisa só com todas as coisas do universo conhecido e desconhecido, de maneira mais ampla do que conseguimos imaginar. Como os agentes da cura testados por Beck produziram resultados terapêuticos em seus clientes, é possível afirmar que a ressonância que experimentamos na mente e no coração durante as sessões de sintonização é uma parte das pulsações e propósitos unificadores da vida.

Roteiro para Encontros Radiantes

Siga este roteiro para organizar a participação em seus encontros radiantes:

- Os encontros radiantes só devem ser promovidos depois que suas ramificações estiverem bem claras. O grupo pode ser grande ou pequeno. Você pode começar com duas pessoas que compartilham a sintonização e deixar que o grupo cresça, ou começar com um grupo grande, em que as pessoas oferecem prece e/ou sintonização ou outras práticas energéticas umas às outras.
- Todos os membros precisam estar de acordo quanto à periodicidade das reuniões. Devem planejar seu tempo para dispor de 1 a 2 horas por semana, ou a cada duas semanas, ou uma vez por mês ou nos solstícios e equinócios, para criar um espírito contínuo de recordação entre os participantes e em toda a Terra.
- Os círculos devem ser constituídos de pessoas maduras que tenham senso de aventura espiritual e estejam dispostas a avançar juntas como grupo, sem colocar restrições umas às outras ou a si mesmas.
- É bom constituir um grupo de liderança dentro da esfera mais ampla, para determinar o foco de cada encontro e para cuidar de necessidades práticas como as refeições (se houver), etc.
- As questões pessoais não devem ser trazidas para o círculo de orações, mas podem ser discutidas depois, num ambiente diferente. As diretrizes devem ficar bem claras para que todos os membros cheguem a um acordo antes de decidirem participar. Procure deixar as questões pessoais e burocráticas fora do tempo de encontro do círculo, mantendo assim a claridade vibratória do espaço.
- Se um dos participantes tiver um parente ou amigo necessitando de cura, essa pessoa pode ser levada ao círculo de cura ou receber uma sintonização a longa distância. Trazer outras pessoas ao espaço compartilhado é uma prática sobre a qual todos os membros do grupo devem estar de acordo. Se o grupo decidir não incluir outras pessoas, é possível fazer uma lista de nomes para sintonização a longa distância, sendo que cada membro pode receber uma cópia dessa lista.
- O núcleo do encontro radiante é a sua dinâmica de auto-organização. Todos devem se abster de tentar 'dirigir' o grupo, de organizar seus objetivos ou de modificar seus membros. Se um participante pedir verbalmente as orações de outro participante, essas orações devem focalizar o desenrolar positivo, sem tentar mudar o intento original e nem influenciar o poder diretor do espírito. Se a dinâmica do grupo ficar 'confusa', encare essa energia como

uma forma de a vida experimentar a si mesma, de modificar os padrões que emergem no todo. Focalize o intento do grupo no que funciona, não em quem está certo. O foco naquilo que funciona tende a modificar a energia do grupo, tirando-a da desordem e levando-a ao potencial criativo.

- Estabeleça um horário, talvez no início da reunião, para que os membros compartilhem entre si as portas que já se abriram, as curas que já ocorreram na vida de pessoas queridas, etc. Isso vai estabelecer um senso de camaradagem e poder que conforta cada pessoa e o grupo como um todo.

Definição do Propósito

Além do apoio dado pelo grupo, os encontros radiantes favorecem o enriquecimento pessoal e social dos participantes, ao enfatizar certas coisas:

- responsabilidade e atenção pelo Eu e pelos outros,
- potencial de poder de cura do Eu e dos outros,
- constância nas preces oferecidas ao Eu e aos outros,
- afiliação a um grupo de pessoas mentalmente semelhantes e divinamente inspiradas,
- inspiração para participar de outras atividades comunitárias,
- experiência de imposição das mãos em práticas específicas de sintonização e
- realização dentro de um amplo programa positivo, ilimitado e com base espiritual.

Os círculos de orações com base na sintonização são épocas de plantio. Como outros eventos espirituais, cada efusão radiante de energia espiritual atrai seus iguais, provocando uma reação de cura no seu raio de ação. Como foi mencionado antes, o fluxo de energia radiante de amor que você emite viaja dentro das próprias fronteiras e através do próprio território, tocando todas as coisas e pessoas em sua esteira. Como estamos todos ligados uns aos outros através do espírito do amor, as pessoas que têm conexão sincera com as que estão na sua lista de prece também serão tocadas. Todas as situações que envolvem essas pessoas serão tocadas. Não é preciso conhecer toda a extensão percorrida pelo seu fluxo radiante de amor, mas dá para sentir seu grandioso desígnio. Você pode ter certeza de que a energia do amor que você envia vai atingir os que precisam e curá-los, e que tudo vai bem.

Além da reunião propriamente dita, é natural que surjam outras ramificações do grupo. Geralmente os amigos que rezam juntos costumam se reunir depois na casa de alguém ou em algum café. Os membros de grupos de orações costumam organizar as próprias reuniões e aulas de sintonização, baseadas em princípios oferecidos através do trabalho do círculo.

As reuniões de sintonização radiante são fundamentais para estabelecer um espírito de *transformação* em qualquer grupo de pessoas. O próprio trabalho gera transformação espiritual no seu âmago e além dele. Se as regras forem claras — ninguém lidera o grupo e a energia do grupo é livre para fazer o que for preciso e ir aonde for preciso — então os participantes vão se sentir à vontade para realizar juntos a viagem transformacional, sabendo que o caminho é mostrado pelo espírito.

Criação do Cenário

É comum que haja entre vocês uma atmosfera de cura e santuário. Para isso, há alguns recursos úteis: velas, luz suave, incenso, música lírica suave, livros inspiradores (pode-se ler trechos durante a sintonização), um globo terrestre e objetos representativos que signifiquem a área que vão focalizar. Há até quem goste de tocar instrumentos musicais. Conheço praticantes profissionais de sintonização que gostam de cantar durante a atividade do círculo, focalizando a consciência num evento mundial e ao mesmo tempo animando o ambiente com sons melódicos.

Escolha da Forma

Há muitas formas de círculos de orações ou de encontros radiantes. Algumas delas são apresentadas a seguir. O termo *encontro radiante* sempre foi associado à sintonização coletiva. No entanto, prefiro usar os dois termos — *encontros radiantes* e *círculos de orações* — com o mesmo sentido, para que você tenha a liberdade de escolher a forma de reunião que melhor atenda às necessidades e desejos de seu grupo. Você pode experimentar várias dessas formas de uma só vez, ou uma por vez, para ter uma boa idéia do rico potencial espiritual a ser experimentado e transmitido pelo grupo:

- Práticas de sintonização a longa distância: exercício do ponto na folha de papel, exercícios do triângulo criativo, exercícios com objetos representativos, prática de energia radiante.
- Práticas de sintonização a dois: sintonização na cadeira, sintonização de corpo inteiro, sintonização do padrão cervical e das glândulas endócrinas, sintonização da coluna e dos sistemas imunológico/linfático, sintonização dos pés e sintonização em equipe.

- Exercícios de meditação em grupo anteriores ao trabalho de energia radiante: Meditação da Cura Interior, Santificação, Exercício de Meditação dos Sete Níveis de Expressão Espiritual, Meditação da Visualização da Saúde.
- *Teleconferência.* Alguns dos mais poderosos encontros radiantes de que participei foram formados por milhares de pessoas de uma só vez através de teleconferência via satélite. Se o seu grupo é uma grande organização (religiosa ou não), é possível compartilhar simultaneamente sintonização local a dois e sintonização a longa distância. Em cada ambiente radiante, coloque um telefone viva-voz no centro do círculo. Com o avanço da tecnologia, talvez logo seja possível usar equipamento de videoconferência.
- *Teleconferência via Internet e chat rooms.* A Internet tem, certamente, potencial para influenciar criativamente a vida das pessoas através do uso correto do sistema digital. Neste momento, existem três *sites* de sintonização. Esses *sites* oferecem ao mundo vários recursos de sintonização. Podemos eliminar as fronteiras nacionais estabelecendo uma conexão *on line* com outras pessoas.

Nas teleconferências de que participei, tive uma forte sensação de influenciar positivamente o mundo pelo simples fato de usar minha energia para sintonizar a pessoa que estava na minha frente. Nessas conferências, a pessoa que está na sua frente *é* o mundo: ela representa um ponto de contato para você dirigir a energia radiante do amor. Dessa perspectiva, todas as pessoas e lugares são pontos de contato em potencial para você compartilhar a radiação mundial de uma maneira cheia de amor e zelo.

Libertação do Espírito

Sempre que participo de um encontro radiante, fico impressionada com o potencial criativo que é liberado quando o espírito flui livremente através do coração e da mente dos presentes. Inspiramos a conexão com o divino e expiramos o poder de cura, agindo juntos como um organismo inteligente que liberta seu mundo. Nessas ocasiões, existimos "no mundo sem sermos do mundo", livres de limitações e apegos mundanos. Temos uma única mente e um único propósito, mas somos indivíduos separados. Como um ambiente simbiótico natural, um círculo de orações ou sintonização funciona melhor quando seus membros, em vez de se organizarem uns aos outros, permitem, através de uma atitude íntegra e madura, que surja o senso do todo. Como escreve Margaret Wheatley, escritora e conselheira espiritual: "Lá fora não há nada para salvar. Há muita coisa com que se envolver." [3]

Assim como um sistema organiza a si mesmo em torno da própria identidade, assim também podemos ver o trabalho do círculo de orações como indispensavelmente ligado a nós. Afinal, fomos nós que criamos o espaço. Nosso ser informa a Terra de nossa presença. Nosso poder de cura inspira o ar. Nossa consciência se derrama através do espaço e do tempo com intenção criativa. Nossas interações nos transformam e transformam os outros com a graça da cura. Quando conduzidos com poder auto-organizador, os participantes do círculo de orações percebem que, como espécie, somos um e capazes de influenciar uns aos outros com um poder energético ao mesmo tempo sutil e tremendo. Wheatley sugere:

> *Num mundo que organiza a si mesmo, não funciona a nosso favor apenas o fato de termos uma tendência natural à mudança, que podemos reorganizar constantemente, ou o fato de podermos nos estruturar sem líderes (na medida em que estamos todos ligados, informados e esclarecidos), mas o fato de, sob tudo isso, estarmos na verdade descobrindo nossas conexões.*[4]

Quando podem funcionar da maneira que lhes é natural, os círculos de orações agem como uma parteira, lidando com os padrões em mutação do relacionamento, da consciência e da ordem, com intento de cura.

Capítulo 22 Notas

1. Doutor James Oschman, "Therapeutic entrainment, Energy Review Part 3B", p. 189.
2. Doutor James Oschman, 'What is Healing Energy? Part 3: silent pulses', p. 185.
3. Margaret Wheatley, "The Unplanned Organization", *Noetic Sciences Review*, primavera de 1996, p. 20.
4. *Ibid.*

23. Visão Geral da Sintonização

Compartilhar a Sintonização do Começo ao Fim

Agora que você já tem familiaridade com a prática da sintonização, siga este roteiro para compartilhar a sintonização tradicional, de corpo inteiro. Consulte a Parte 2 deste livro, que traz instruções específicas e descrições anatômicas:

1. Estabeleça um espaço sagrado na mente e no coração.
2. Sentado à cabeceira da mesa de massagem, equilibre o padrão cervical.
3. Abra os Portais de Luz sintonizando as glândulas endócrinas, na ordem, da pineal às gônadas. Quando chegar à tireóide e ao timo, fique à esquerda do cliente e passe à parte principal da sintonização.
4. Sintonize o sistema digestivo usando os pontos de contato no rosto:
   - comece com o ceco e seu ponto de contato correspondente, na base do pulso esquerdo, para dirigir o fluxo ao sistema digestivo;
   - trabalhe então o cólon ascendente, o cólon transverso, o cólon descendente;
   - intestino delgado;
   - estômago;
   - fígado; e
   - a vesícula.
5. Sintonize o sistema circulatório (coração).
6. Sintonize o sistema excretor (rins).
7. Sintonize o sistema respiratório (pulmões).
8. Sintonize outras áreas que precisem de mais atenção:
   - coluna,
   - sistema linfático,
   - técnica para ossos longos,
   - gravidez, doença terminal e/ou ferimento e
   - sintonização dos pés e mãos.

9. *Examine o corpo inteiro.* Com as mãos, faça um exame completo do corpo etérico do cliente. Comece nas mãos, vá para a região dos braços e ombros, desça pelo peito, estômago, torso, pernas e finalize tirando a energia pelos pés. Se sentir distorções de energia, energias dissonantes ou pontos quentes, interrompa a verificação por um momento e retire as energias dissonantes antes de continuar. Esse movimento de varrer é, na verdade, uma técnica do Toque Terapêutico.
10. Vá para a cabeça do cliente e, sentando-se novamente à cabeceira da mesa de massagem, sintonize o Sulco Central, no topo do cérebro.
11. Equilibre novamente as cervicais.
12. Com uma prece, agradeça por seu cliente e pelo tempo de cura que tiveram juntos.
13. Discuta suas impressões com o cliente e documente corretamente a sessão.

COMO *DOCUMENTAR AS SESSÕES DE TERAPIA DA SINTONIZAÇÃO*

A documentação das sessões de medicina energética é uma ferramenta importante para a coleta de informações. Se você é um praticante das artes de cura, é provável que já use alguma forma de documentação escrita para registrar o progresso de cada cliente. Documentando também as reações do cliente, você saberá como o trabalho o afeta subjetivamente. Há planilhas padrão (Planilha de Avaliação Objetiva-Subjetiva) para documentar sessões de sintonização e existe à venda um conjunto de Formulários de Documentação em Medicina Energética, criados por mim (entrar em contato com a Findhorn Press). Com as planilhas padrão você poderá registrar com praticidade o progresso do cliente na medicina energética, além de poder usá-las para juntar evidências do poder de cura da medicina energética dentro da prática médica em geral.

Se quiser comprar um conjunto de Formulários de Documentação em Medicina Energética, entre em contato com a Findhorn Press. É permitido ao comprador fazer cópias para uso próprio. Cada conjunto contém:

- *Roteiros de Procedimentos*;
- *Formulários de Admissão*;
- *Relatório Pessoal do Cliente* — um relatório de uma página para o cliente preencher antes de cada sessão;
- *Questionário da Sintonização* — um breve formulário subjetivo para o cliente preencher em várias ocasiões ao longo do ciclo do tratamento, para que você tenha uma idéia melhor de suas impressões e da eficácia das sessões;

- *Planilhas Padrão de Medicina Energética/Sintonização* – essa Planilha de Avaliação Objetiva/Subjetiva é uma ferramenta de mapeamento para você preencher depois de cada sessão.

TREINAMENTO EM TERAPIA DA SINTONIZAÇÃO, PROGRAMA DE ESTUDOS EM DOMICÍLIO E DE OBTENÇÃO DE CERTIFICADO

Os profissionais das artes de cura e os leigos interessados podem aprender a técnica da terapia da sintonização e sua cosmologia espiritual fazendo um treinamento intensivo de três semanas, seguido de módulos de estudo em domicílio. Fins de semana de nível I a III são oferecidos durante o ano inteiro em vários lugares dos Estados Unidos, Canadá e outros países.

Em cada nível, o treinamento é de 32 horas – 16 horas de treinamento no fim de semana e 16 horas de estudos a domicílio. Em casa, o treinamento dura de 2 a 3 meses, nos intervalos entre os ciclos intensivos de fins de semana, e é monitorado por instrutores. O processo completo, com direito a certificado, dura um ano. Assim como todos os sistemas vitais exigem tempo, espaço e cuidado para sua gestação, crescimento, floração e colheita, assim também é possível recriar sua vida ao longo desse ano de serviço engajado à prática e à expressão espiritual.

Como alternativa, os alunos podem optar por um curso em domicílio, criado para acompanhar este livro, como parte das exigências para o certificado. Ou podem simplesmente concluir esse curso em domicílio e receber 25 créditos de Atualização. (Entrar em contato com a Findhorn Press para mais informações.)

Treinamento em Sintonização — Objetivos

O programa para obtenção do Certificado em Terapia da Sintonização inclui todas as técnicas e práticas de cura apresentadas neste livro. Além do treinamento de imposição das mãos, o aluno vai aprender a:

- trabalhar em equipe para conseguir a cura, dando e recebendo sintonização;
- equilibrar, determinar e estimular o trajeto de luz no corpo;
- favorecer os processos de cura com preces não-dirigidas;
- oferecer transferência não-local da energia sintonizada de cura;
- reconhecer o caminho espiritual do sistema de glândulas endócrinas (portais de luz);
- eliminar padrões de dissonância vibratória dos sistemas anatômicos;

- permitir que a expressão espiritual favoreça os processos pessoais da atitude de cura.

Treinamento em Sintonização – Nível I

Tópicos do Nível I:

- História da Terapia da Sintonização
- O que é específico à Sintonização
- Prece não-dirigida
- Pneumoplasma e Intercessão
- Transferência não-local de energia da sintonização
- Vídeo de orientação espiritual
- Caminho espiritual do sistema glandular endócrino
- Sistema de pontos de contato da sintonização
- Sintonização em equipe
- Sintonização dos pés
- Auto-sintonização, sintonização no carro
- Cura e tratamento (início) de ferimentos e
- Avaliação do curso e exame prático

Níveis I – III – estudos em domicílio com duas opções

1. O aluno pode optar pelo programa de estudo em casa e receber 25 créditos, que correspondem a parte dos estudos exigidos para a obtenção do certificado. Depois, ele precisa fazer mais 23 créditos de estudos em casa de acordo com o formato do curso para obtenção de certificado; ou
2. O aluno pode seguir o roteiro de estudos em casa para obtenção de certificado: 6 sintonizações mapeadas; leituras programadas; testes feitos em casa; ensaio pessoal; 2 exercícios de sintonização não-local e anotações e 2 exercícios do manual para cada nível.

Treinamento em Sintonização – Nível II

Os alunos do Nível II vão rever:

- todos os pontos de contato anatômicos;
- transferência não-local de energia da sintonização;
- sintonização em equipe
- objetos representativos
- terminologia

Os alunos vão então aprender técnicas específicas de cura:
- sistema linfático e imunológico;
- ossos longos;
- vértebras e sistema nervoso;
- planilhas padrão e documentação de sessões de sintonização;
- pontos de contato nas mãos e nos pés;
- avaliação do curso e exame prático.

Treinamento em Sintonização – Nível III

Os alunos no Nível III vão rever os conteúdos do curso e depois aprender:
- encontros radiantes/círculos de orações;
- sintonização com animais e com a natureza;
- como iniciar a prática da sintonização;
- prática da sintonização em hospitais: cirurgia, doença terminal, nascimento e morte.

No fim de semana intensivo do Nível III, os alunos fazem um exame prático que vai confirmar seu conhecimento sobre os pontos de contato e sobre as informações necessárias. Os alunos que compareceram a todos os fins de semana e que concluíram com sucesso o trabalho realizado em casa vão receber o certificado de terapia da sintonização.

Quando concluir o programa para obtenção de Certificado em Terapia da Sintonização, você terá oportunidade de conhecer uma escola de massagem ou centro de meditação com um pequeno grupo (até 24 pessoas) e receberá atenção pessoal e profissional às necessidades do seu treinamento num ambiente especializado.

Por favor, entrem em contato comigo por telefone, carta ou *e-mail* para receber informações sobre o treinamento em sintonização e sobre os estudos em domicílio. Estou a disposição para conversar nos seguintes casos:
- Se você representa algum serviço, centro ou escola de cura e está interessado em abrigar um dos meus cursos de sintonização ou todo o programa para obtenção de certificado;
- Se quiser que eu faça uma palestra ao seu grupo ou o ajude a organizar um encontro radiante na sua área;
- Se quiser me consultar sobre qualquer preocupação de saúde (taxa horária); e/ou
- Se quiser que eu compartilhe a sintonização a longa distância com você (taxa horária).

Terei muito prazer em expandir este programa de sintonização ao seu mundo, da maneira criativa que parecer mais adequada a todos.

Jaclyn Stein Henderson é aprovada pelo National Certification Board for Therapeutic Massage and Bodywork como Continuing Education Provider na Categoria A.

Jaclyn Stein Henderson, NCTMB, RC

The Right Touch Healing Arts Center

6811 Phillips Rd., S.E.

Port Orchard, WA 98367

(360) 895-8589

(de segunda a sexta, no horário comercial)

Encruzilhada

Mais Luz!

Últimas palavras de Goethe

Parece que chegamos ao fim de nossa viagem, mas tenho a sensação de que esse fim é apenas o início de um novo caminho. Este contato com a sintonização é uma oportunidade para você abrir o coração e a mente às influências do amor na sua vida, muito mais do que antes. Agora que você foi introduzido aos exercícios de sintonização e teve a oportunidade de praticá-los, sei que alguma coisa mudou no seu modo de ser. Um novo caminho surgiu para você resolver um determinado problema, um diferente tipo de luz inunda agora o seu ser; uma quietude suave desceu sobre a sua vida; seus medos estão menos intensos e seu corpo está mais sintonizado. Talvez esteja inspirado para começar a oferecer sintonização a você mesmo, à sua família e aos amigos. Ou talvez o amor o inspire a assumir a sintonização como tarefa, a abraçar a profissão das artes da cura ou a realizar um trabalho criativo que a resistência o obrigou a deixar de lado. Tudo se modifica com o movimento ascendente do amor. O amor modifica as coisas graças a seu movimento ascendente na dança em espiral da vida. A identificação com o intento do amor vai modificá-lo à medida que você avançar na direção do propósito superior graças à ação criativa do amor.

Vou deixá-lo com algumas considerações finais. A primeira é relativa ao perdão. Penso que a arte de dar e receber perdão é uma prática seriamente subestimada no nosso mundo. Perdoar é dar de si a alguma coisa ou a alguém. É dar de si de uma variedade e multiplicidade de maneiras que você ignorava. A energia do perdão pode mudar profundamente sua perspectiva de vida se você acompanhar as mudanças radicais que ela cria. *Viver é perdoar, é compartilhar a sintonização.*

O perdão tem a energia de uma espada de dois gumes. É dar de si a você mesmo ou ao outro e é também receber essa energia, estendida a você por Deus ou pelo outro, retornando assim ao seu mundo. Às vezes, percebo que as pessoas não completam esse ciclo e se esquecem de receber o que deram anteriormente. É preciso brandir os dois lados da espada para que o perdão tenha impacto duradouro. Você pode perdoar o outro pelos seus erros, mas antes que ele o aceite, é como se o perdão não existisse. Dessa forma, o perdão nos lembra que devemos comunicar os sentimentos para nos manter atualizados em relação aos padrões emocionais que se modificam rapidamente e para permitir que os outros conheçam nossa nova perspectiva.

Eu gostaria de lhes deixar uma dádiva. Penso que o hábito de dar presentes é também um meio de troca seriamente subestimado, que nossa sociedade ainda não explorou nem dominou totalmente. Trocamos dinheiro por produtos, mas esses valores, no fundo, representam nossa substância de amor. Se cada um de nós der um presente por dia, mesmo que seja na forma de um abraço ou de um bilhete, nosso mundo vai se sintonizar bem depressa a uma vibração mais amorosa e harmoniosa.

As palavras a seguir foram dadas a mim por um estranho num ponto de ônibus. Não sei quem as escreveu, porque o homem que as deu a mim também não sabia. E elas tinham sido dadas a ele por alguém que também não sabia. Assim, continua aqui o ciclo de dar anonimamente. Essas palavras estão escritas numa folha de papel que fica colada no meu arquivo, num ponto que é visível do computador, onde passo a maior parte do tempo. Elas serviram para sintonizar minha consciência ao espírito de integridade, que serve como natureza central do espírito divino.

Nesta encruzilhada, eu lhes ofereço essas palavras no espírito do amor universal, sem começo nem fim, e da mesma maneira vocês podem passá-las a outras pessoas. Eu sou Alfa e Ômega, o princípio e o fim. Foi isso que São João ouviu quando teve a visão na Ilha de Patmos. A vida é uma dádiva de Deus, e entre o ponto inicial e o ponto final dessa experiência que nos foi dada, temos a oportunidade de descobrir a totalidade do que ela significa. Podemos descobrir a dádiva de nós mesmos dando-nos verdadeiramente aos outros. Ao fazer isso, acredito que começamos a conhecer as dádivas uns dos outros de maneira mais determinada e ressonante.

Minha vida continua a seguir essa corrente — dar aos outros os presentes que antes me foram dados. Certamente é disso que trata este livro – dar uns aos outros o ponto inicial e o ponto final de nós mesmos, e todas as maravilhas que existem entre eles. Sou tremendamente grata por poder oferecer-lhes as dádivas da minha vida. Meu propósito de vida emergiu desse fluxo generoso, de onde nasceram e continuam a nascer todas as maiores dádivas da vida. Foi um privilégio compartilhar essas dádivas com vocês no tempo que passamos juntos. Tudo de bom.

Tenha cuidado com seus pensamentos,
porque seus pensamentos se transformam em palavras.
Tenha cuidado com suas palavras,
porque suas palavras se transformam em ações.
Tenha cuidado com suas ações,
porque suas ações se transformam em hábitos.
Tenha cuidado com seus hábitos,
porque seus hábitos se transformam em caráter.
Tenha cuidado com seu caráter,
porque seu caráter se transforma em destino.

Apêndice A: Histologia do Sistema Glandular Endócrino

As seguintes descrições histológicas do sistema glandular endócrino permitem uma total compreensão do funcionamento das glândulas endócrinas na anatomia humana. São informações que vêm, em grande parte, das anotações de meu primeiro ano na escola de medicina, quando estudava na Universidade Bastyr. Elas vão lhe dar uma boa idéia sobre a função dessas glândulas, mas, se quiser informações mais completas, consulte outro material de referência. Os estudantes de sintonização devem ler esta seção e comparar os aspectos físicos dessas glândulas à sua contrapartida espiritual, discutida no *Capítulo 11*.

1. *Glândula Pineal*

Considerada inútil na maioria dos estudos de medicina, essa pequena glândula, localizada no centro do cérebro, parece ser responsável pela produção e secreção de melatonina (um neurormônio), por ajustes internos à luz e à escuridão e, como se descobriu recentemente, pela produção e secreção de pinolina, uma substância que influencia a intuição, a clarividência, a precognição e as experiências fora do corpo.

Como a pineal produz melatonina, que regula as atividades da glândula pituitária (a principal glândula do corpo), alguns a consideram como a 'super glândula', descrevendo-a, juntamente com suas propriedades metafísicas, como 'terceiro olho'. Jacob Liberman discute o papel da pineal no homem moderno e pós-moderno:

> *Nos seres humanos, assim como em todas as criaturas com pêlos, a luz estimula a pineal exclusivamente através dos olhos, tornando-a parte integrante do sistema visual. O nome técnico da pineal é epiphysis cerebri, que significa literalmente "topo do cérebro". Acredito que, originalmente, os seres humanos recebiam o estímulo luminoso através do topo da cabeça... Isso indica que*

em algum ponto da evolução humana... a pineal ficava localizada no topo do cérebro humano.[3]

O Doutor Liberman diz que o tamanho da glândula pineal tem relação direta com o local em que vivem as criaturas e com seu grau de contato com o ambiente. Ele acredita que a pineal regula a fisiologia dos organismos de acordo com seu ambiente. Atualmente nossa glândula pineal tem o tamanho de uma ervilha, mas o Doutor Liberman sugere que "uma mudança de consciência e uma ligação mais próxima entre nós e a natureza" pode aumentar o tamanho da pineal.

Na filosofia espiritual que os servidores da sintonização conhecem há muito tempo, a glândula pineal é considerada como aquilo que ancora em cada um o cordão prateado da vida, que se rompe com a morte.

2. Glândula Pituitária

Localizada perto da pineal e diretamente atrás dos olhos, essa 'Glândula Mestre', que tem o tamanho de uma ervilha, regula todas as glândulas endócrinas com exceção das ilhotas de Langerhans, localizadas no pâncreas, e é regulada pelo hipotálamo, que faz parte do sistema nervoso e que é, por sua vez, regulado pela melatonina, secretada pela pineal.

A pituitária tem duas partes: a anterior e a posterior. A parte anterior é responsável por produzir e secretar:

- Hormônio do crescimento (também conhecido como somatotrofina) que regula o crescimento dos ossos e músculos e estimula a absorção celular de aminoácidos, a síntese de proteínas e a quebra de carboidratos e gorduras;
- Prolactina, que estimula o desenvolvimento das glândulas mamárias durante e depois da gravidez e a produção de leite;
- Tirotrofina, um hormônio que estimula a tireóide e controla seu crescimento, sua absorção de iodo, a síntese e a liberação de seus hormônios;
- Hormônio que estimula o crescimento dos folículos ovarianos na mulher e a espermatogênesis (produção de esperma) no homem;
- Hormônio que estimula a maturação das células foliculares. Na mulher, promove a ovulação e estimula o corpo lúteo (óvulo circundante) a secretar estrogênio e progesterona. No homem, estimula as células intersticiais a secretarem testosterona; e
- Hormônio adrenocorticotrófico que estimula o crescimento do córtex adrenal e a secreção de glucocorticóides (cortisol) que regulam o metabolismo.

A divisão posterior secreta os neurormônios produzidos no hipotálamo, localizado perto da pituitária:

- Oxitocina que estimula a contração uterina e a secreção de leite; e
- Vasopressina, que promove a absorção de água nos rins, concentrando a urina e aumentando o volume do sangue (de importância fisiológica).

3. *Glândula Tireóide*

Localizada no pescoço, na parte frontal e inferior da traquéia, esses dois lóbulos laterais, em forma de borboleta, são responsáveis pela produção e secreção de vários hormônios. Participam, com a pituitária, de um processo negativo de realimentação: quando a pituitária (por exemplo) produz excesso de um hormônio (encontrado no sangue), a tireóide produz outro hormônio que interrompe a produção do hormônio da pituitária (e vice-versa). As funções da tireóide incluem:

- absorção de iodo (um elemento importante para todos os hormônios produzidos por ela);
- produção de tiroglobulina (uma glicoproteína que contém vários aminoácidos);
- produção de tiroxina e triiodotironina. São hormônios que mantêm os níveis metabólicos de todas as células do corpo, favorecem a síntese de proteínas, participam da maturação do sistema nervoso e da utilização de energia; e
- produção e secreção de calcitonina (tirocalcitonina) que regula os níveis de cálcio no sangue.

A paratireóide é composta de quatro glândulas do tamanho de ervilhas, localizadas atrás da tireóide. Produzem e secretam o paratormônio, que aumenta a presença de cálcio na corrente sangüínea.

4. *Timo*

Localizada alguns centímetros abaixo da tireóide, atrás do esterno, esta glândula é mais produtiva antes da puberdade. Ela produz e secreta os linfócitos T, que têm uma importante função imunológica, livrando o corpo dos vírus. Produzidas no timo, essas células, tão importantes no combate aos vírus, migram para certas regiões do corpo, como os gânglios linfáticos e o baço, onde atuam no combate às infecções virais (as bactérias são combatidas pelos linfócitos B, produzidos nos ossos).

5. *Ilhotas de Langerhans*

Localizadas no pâncreas, essas glândulas ficam entremeadas ao pâncreas, produzindo os seguintes hormônios polipeptídeos:

- Insulina, que diminui a quantidade de açúcar no sangue, estocando-o como combustível e estimulando a síntese e a quebra da glicose;
- Glicagon, que tem ação oposta à da insulina: estimula a quebra de lipídeos e glicogênios (jogando açúcar na corrente sangüínea) e a produção de gliconeogênesis (açúcar novo); e
- Somatostatina, que bloqueia a secreção da insulina e do glicagon (assim como de outras enzimas e hormônios). Age também sobre a pituitária, inibindo a produção e liberação de hormônio do crescimento e dos hormônios que estimulam a tireóide. Essas alterações levam a uma diminuição de nutrientes na corrente sangüínea.

6. *Glândulas Adrenais (Glândulas Supra-renais)*

Localizadas acima dos rins, essas duas glândulas têm forma de pirâmide e secretam os seguintes hormônios:

- Corticosteróides. Derivados do colesterol. O mais importante dos hormônios é um mineralocorticóide chamado aldosterona, que regula a concentração de eletrólitos no sangue e aumenta a reabsorção de sódio nos rins. Um dos corticosteróides mais importantes é o cortisol, que regula o metabolismo do açúcar, das gorduras e das proteínas nas células.
- Epinefrina e norepinefrina (adrenalina) que, quando liberada na corrente sangüínea, reproduz a reação do sistema nervoso simpático de lutar ou fugir.

7. *Gônadas*

Conhecidas como testículos nos homens e ovários na mulher, essas glândulas produzem a testosterona (no homem), o estrogênio e a progesterona (na mulher), que ajudam a dar a cada sexo suas características, participando de seu processo de maturação e desenvolvimento. A produção desses hormônios é regulada pelos hormônios produzidos e secretados pela pituitária. Juntos, ajudam a promover a procriação e a continuação da espécie humana.

Apêndice B: A História da Terapia da Sintonização

A sintonização, que em inglês é *attunement*, fazendo alusão a *at-one-ment*, foi criada em 1920 por Lloyd Arthur Meeker, ou Uranda, na América do Norte. Ele usava a técnica da sintonização, um método de imposição das mãos que equilibra as energias vibratórias do corpo, ajudando as pessoas a viverem em constante sintonização com a força vital de Deus, além de facilitar seu despertar espiritual. Uranda tinha a visão de devolver a humanidade ao seu estado original de consciência e devotou sua vida adulta a esse fim. Em 1940, ele fundou o Serviço dos Emissários da Luz Divina, uma igreja legal, para atingir essa meta. Até sua morte em 1954, Uranda oficiava serviços semanais, fazia palestras, dava aulas e produzia escritos para os milhares de seguidores que afluíam ao seu foco espiritual.

No início da década de cinqüenta, Uranda conheceu George Shears e Albert Ackerley, quiropráticos formados na Escola Palmer. A Escola Palmer defendia uma abordagem espiritual da cura e ensinava aos alunos que o ajuste da coluna libera dentro do corpo o fluxo de 'Inteligência Inata', ou Centro Positivo. Ajustando a coluna, os quiropráticos eliminavam a interferência do sistema nervoso. O Doutor Shears transformou a abordagem de Palmer num princípio que ele chamava de 'Única Lei da Vida'. Dizia ele:

> *A única lei é a da ação positiva e da receptividade negativa. Essa lei controla o universo e tudo o que há nele, incluindo o homem e a cura do que chamamos de doença. O processo de cura é acionado pela expressão positiva do poder do amor de Deus e pela receptividade a ele por parte de quem o recebe. A principal contribuição do ajuste da coluna é favorecer o aumento dessa receptividade, em conformidade com a exigência da Única Lei.*[1]

Shears descobriu que a manipulação forçada não era necessária para tratar o cliente. Assim, passou a basear seus tratamentos nos princípios da Única

Lei: através das mãos, enviava energia de amor radiante para o corpo do cliente. Ele diz o seguinte:

Percebi que havia no processo alguma outra coisa, que era o que produzia resultados. Muitas pessoas começavam a melhorar já no período de exames, antes de eu fazer o primeiro ajuste. Para descobrir do que se tratava, iniciei um programa de pesquisa: nos primeiros 25 novos casos que surgissem, independentemente da natureza do problema, fiz os exames de sempre e depois apenas simulei um ajuste, tomando cuidado para não tocar nenhuma vértebra da coluna.

Usei esse procedimento três vezes por semana por trinta dias e depois tirei novas radiografias e repeti os exames para fazer uma comparação. No final do período de trinta dias, 24 deles apresentavam resultados iguais ou até melhores dos que normalmente atingíamos.

Então, depois de algum tempo, meu colega de pesquisas, o Doutor Albert Ackerley, e eu resolvemos criar uma escola para ensinar essa maravilhosa verdade aos outros, para preservar para a humanidade as bênçãos contidas nesse princípio.

Acrescida da técnica do não-toque do Doutor Shears, a sintonização mudou o ponto central de seu interesse: de uma técnica de imposição das mãos, transformou-se em técnica do não-toque. Essa abordagem coincidiu com a visão de cura de Uranda e, em 1952, os três homens começaram a dar aulas em Sunrise Ranch, a sede internacional do Emissário, em Loveland, Colorado: era a Escola de Treinamento de Servidores. Muitos alunos da Escola Palmer, quiropráticos e alunos de outras instituições passaram a freqüentar a Escola de Treinamento de Servidores, conhecida como G-P-C (*God-Patient-Chiropractor*/ Deus-Paciente-Quiroprático), para aprender a sintonização e incluí-la em suas vidas e em suas práticas profissionais.

Em 1954, com a morte de Uranda, a escola de treinamento e o Serviço do Emissário continuaram sob a direção de Martin Exeter (1954 – 1988) e depois de seu filho, Michael. A liderança de Exeter trouxe uma nova dimensão ao programa do Emissário. Nesse período, milhares de pessoas de diferentes crenças espirituais se juntaram aos Emissários: cristãos, judeus, índios nativos norte-americanos, hindus, won budistas (Coréia) e adeptos de Jo-Rei (Japão). O programa do Emissário chegou aos principais países do mundo e assim a corrente da sintonização tocou diferentes sistemas de fé, permitindo a participação de todos no foco de liderança espiritual oferecido através da orientação da sintonização. A corrente divina avançou como uma onda de despertar e as pessoas passaram a reagir à própria luz interior, independentemente de sua personalidade e identificação terrena. Atraídas pelo programa do Emissário, eram convidadas a prestar atenção na presença d'*Aquele que Habita Interiormente*, despertando a consciência ao que havia em comum entre elas, em vez de dar atenção ao que isola e divide. A corrente da sintonização transformou-se num raio de luz que passa silenciosamente pela vida de muitas pessoas, integrando, esclarecendo, equilibrando e unificando.

Os praticantes da sintonização atendiam também às necessidades dos doentes críticos e terminais, dos que atravessavam o processo do nascimento e dos que estavam no fim da vida. Nesses momentos mais estressantes, a sintonização oferecia o conforto do fluxo espiritual de energia que produzia uma sensação de paz interior e tranqüilidade e acelerava o processo de cura em todos os envolvidos. Apesar de ninguém saber como a sintonização funcionava no nível físico, todos sabiam que ela favorecia a cura de doenças alojadas em qualquer um dos níveis. Corpo, mente, coração ou espírito – a sintonização abria as portas para a luz divina realizar sua mágica na mente e no coração dos que eram receptivos ao seu fluxo suave. (Hoje, pesquisas científicas confirmam o poder de cura de diferentes práticas energéticas e muitos hospitais e instituições de saúde oferecem terapias energéticas como alternativa viável de tratamento.)

O Futuro da Terapia da Sintonização

Agora, evidências científicas confirmam um fenômeno que antes era reconhecido esporadicamente: pessoas que foram influenciadas por um espírito desenvolvem padrões não-locais de pensamento e comportamento, idênticos em natureza, tempo e espaço.[3] Isso significa que gêmeos univitelinos ou grupos de pessoas que foram profundamente tocadas por um espírito, parecem seguir o mesmo ritmo de vida, os mesmos processos de pensamento e os mesmos padrões de mudança, seja qual for a ligação consciente que tenham entre si.

Esse fenômeno assume um significado mais profundo para os que estão ligados ao processo de sintonização e para a humanidade como um todo. Como o espírito do amor continua a penetrar profundamente a vida dos que estão abertos ao despertar espiritual, essas pessoas tomam consciência da unidade que existe entre elas, os outros e todos os sistemas de vida na terra. As ramificações dessa consciência superior — maior respeito pelos reinos animal, vegetal e mineral — assumem um novo significado. O movimento futurístico do 'potencial humano', que apareceu nos anos sessenta e setenta como uma visão do futuro, está agora ativo e cheio de conseqüências holográficas. Isso significa que o meu processo de despertar afeta o seu, sob todos os aspectos. Minhas certezas pessoais, meus recuos, meus avanços pelos caminhos do destino, etc. afetam os seus e vice-versa. O processo de despertar — posto em ação pela sintonização e facilitado por inúmeras crenças espirituais e práticas energéticas — traz consigo o reconhecimento de que somos na verdade os guardiões uns dos outros, de que somos todos um só corpo. O espírito nos torna um. É assim que conhecemos uns aos outros, e é assim que servimos uns aos outros na verdade.

Muitos percebem que a humanidade está levando a si mesma a uma mudança de consciência paradigmática. Este livro saúda os serviços, crenças, práticas energéticas e pessoas engajadas que procuram se sintonizar com a divindade interior, influenciando criativamente o todo. Para os que compartilham a sintonização com a Fonte, não existe mais o mistério de como Deus age através dos seres humanos, pois a luz brilha através dos olhos de cada um que vê um novo mundo.

Apêndice B Notas

1. Garry Diggins, *Introducing the Attunement Process* (publicado pelo autor. Toronto: Toronto Attunement Center, 1989), p. 4.
2. *Ibid.*
3. Dossey, Larry, MD, 'Lessons from Twins: Of Nature, Nurture and Consciousness', *Alternative Therapies*, maio de 1997, Volume 3, nº 3, pp. 8-15.

Bibliografia

Bendit, Lawrence e Phoebe. *The Etheric Body of Man*. Wheaton: The Theosophical Publishing House, 1977. [*O Corpo Etérico do Homem*, publicado pela Editora Pensamento, São Paulo, 1979.]

Brennan, Barbara Ann. *Hands of Light*. Nova York: Bantam Books, 1993. [*Mãos de Luz*, publicado pela Editora Pensamento, São Paulo, 1990.]

Burghley, Michael e Nancy Burghley. *The Rising Tide of Change*. Loveland, CO: Foundation House Publications, 1986.

Cecil, Martin. 'The Preservation of Essences'. Volumes *The Third Sacred School*. Loveland, CO: Eden Valley Press. Vol. 5, nº 56: 321.

Diggins, Gary. *Introducing the Attunement Process*. Toronto: Toronto Attunement Center, 1989.

Dossey, Larry, MD. *Healing Words*. Nova York: HarperCollins, 1993. [*As Palavras Curam*, publicado pela Editora Cultrix, São Paulo, 1996.]

Dossey, Larry, MD. 'Prayer, Old Approach, New Wonders'. *The Quest*. Verão de 1990: 43-4.

Editor. 'Practitioner Profile: Stephen A. Nezezon, M.D.' *Flower Essence Society Newsletter*. Verão de 1995: 14-5.

Exeter, Martin. *As of a Trumpet*. Loveland, CO: Eden Valley Press, 1968.

Exeter, Michael. 'Entrainment of Capacity'. Serviço de adoração extemporâneo. Loveland, CO: Eden Valley Press. 9 de dezembro de 1990: 1.

Gerber, Richard. *Vibrational Medicine*. Santa Fé: Bear & Co., 1988. [*Medicina Vibracional*, publicado pela Editora Cultrix, São Paulo, 1992.]

Gray, Eden. *A Complete Guide to the Tarot*. Nova York: Bantam, 1970.

Heinberg, Richard. *Memories and Visions of Paradise*. Los Angeles: Jeremy Tarcher, 1989.

Herman, Judith Lewis. *Trauma and Recovery*. BasicBooks, uma divisão da HarperCollins Publishers, 1992.

Hurley, Thomas J. III. 'Placebos and Healing: A New Look at the 'Sugar Pill'.' *Noetic Sciences Collection*. Verão de 1985 (sem numeração de páginas).

Jorgensen, Chris. *Attunement, Love Made Visible*. Kansas City, MO: publicação do autor, 1996.

Kaminski, Patricia e Richard Katz. *Flower Essence Repertory*. Nevada City: Earth Spirit, Inc., 1994.

Kundalini Yoga, Guidelines for Sadhana (Daily Practice). Los Angeles: Arcline Publications, 1974.

Leskowitz, Eric, MD. 'Metaphors in the Teaching of Holistic Medicine'. *Alternative Therapies*. Julho de 1997, Vol. 3, nº 4: 111-12.

Levin, Jeffrey, S., PhD, MPH. 'How Prayer Heals: A Theorical Model'. *Alternative Therapies*. Janeiro de 1996, Vol. 2, nº 1: 66-73.

Liberman, Jacob, OD, PhD. *Light: Medicine for the Future*. Santa Fé: Bear & Co., 1991.

Maynard, Joseph, DC, PhC. 'Dr. George Shears and the GPC Movement'. *Today's Chiropractic*. Julho-agosto de 1996: 40-5.

Moore, Keith L., PhD. *Clinically Oriented Anatomy*, terceira edição. Baltimore: Williams & Williams, 1992.

Netter, Frank H., MD. *Atlas of Human Anatomy*. New Jersey: CIBA-Geigy Corporation, 1989.

Northrup, Christiane, MD. *Women's Bodies, Women's Wisdom*. Nova York: Bantam, 1994.

Oschman, James, L., PhD. 'What is healing energy? Part 3: silent pulses'. *Journal of Bodywork and Movement Therapies*. Abril de 1997, Vol. 1, nº 3: 179-89.

Oschman, James, L., PhD. 'Therapeutic entrainment, Energy Review, Part 3B'. *Journal of Bodywork and Movement Therapies*. Abril de 1997, Vol. 1, nº 3: 189-94.

O'Regan, Brendan. 'Placebo – The Hidden Asset in Healing'. *Investigations*, *A Research Bulletin*. Sausalito: Institute of Noetic Sciences, Vol. 2, nº 1:4.

O'Regan, Brendan e Caryle Hirshberg. *Spontaneous Remission, an Annotated Bibliography*. Sausalito: Institute of Noetic Sciences, 1993.

Pert, Candace, PhD. 'Candace Pert, PhD: Neuropeptides, AIDS and the Science of Mind-Body Healing'. *Alternative Therapies*. Julho de 1995, Vol. 1, nº 3: 70-6.

Price, Paul. 'The Long Bone Attunement Technique'. *The Capstone*. Nova York: Center for Health, Healing and Attunement. Janeiro de 1993: 2.

Rechtschaffen, Stephan, 'Time Shifting'. *Noetic Sciences Review*. Verão de 1997, nº 42: 16-20.

Roney-Dougal, S. M. 'Recent Findings Relating to the Possible Role of the Pineal Gland in Affecting Psychic Ability'. *Journal of the Society for Psychical Research*. Abril de 1989, Vol. 55, nº 815: 313-28.

Russek, Linda G., PhD, & Schwartz, Gary E., PhD. 'Dynamical Energy Systems and Modern Physics: Fostering the Science and Spirit of Complementary and Alternative Medicine'. *Alternative Therapies*. Maio de 1997, Vol. 3, nº 3: 46-56.

Russek, Linda G., PhD, & Schwartz, Gary E., PhD. 'Energy Cardiology: A Dynamical Energy Systems Approach for Integrating Conventional and Alternative Medicine'. *ADVANCES: The Journal of Mind-Body Health*. Outono de 1966, Vol. 12, nº 4: 4–24.

Russek, Linda G., PhD, & Schwartz, Gary E., PhD. 'Perceptions of Parental Caring Predict Health Status in Midlife: A 35-Year Follow-up of the Harvard Mastery of Stress Study'. *Psychosomatic Medicine*. 1997, 59:144-49.

Scheffer, Mechthild. *Bach Flower Therapy Theory and Practice*. Rochester: Healing Arts Press, 1988.

Schlitz, Marilyn, PhD. 'Intentionality in Healing: Mapping the Integration of Body, Mind, and Spirit'. *Alternative Therapies*. Novembro de 1995, Vol. 1, nº 5: 119-20.

Smith, Stretton, Rev. *4T Prosperity Program*. Carmel: The 4T Publishing Company, 1993.

Tiller, William A., PhD. *Energy Fields and the Human Body, Part II*. Phoenix: Edgard Cayce Foundation, sem data.

Tiller, William A., PhD. Prefácio. *The Science of Homeopathy*. De George Vithoulkas. Nova York: Grove Weidenfeld, 1980.

Uranda. 'A Clean Heart'. *Behold I Create*. Loveland, CO: Eden Valley Press, 1985. Vol. 4, nº 11: 15.

Uranda. 'Belonging to God'. Volumes *The Third Sacred School*. Loveland, CO: Eden Valley Press. 25 de janeiro de 1953: 4-8.

Uranda. 'The Creative Life # 8'. Serviço Extemporâneo. Loveland, CO: Eden Valley Press. 27 de janeiro de 1954: 9.

Uranda. 'Forgiveness'. Volumes *The Third Sacred School*. Loveland, CO: Eden Valley Press. 2 de agosto de 1953: 3.

Uranda. 'The Four Forces'. *Behold I Create*. Loveland, CO: Eden Valley Press, 1985. Vol. 2, nº 5: 17.

Uranda. 'Instantaneous Manifestation'. Volumes *The Third Sacred School*. Loveland, CO: Eden Valley Press, 1933. Capítulo Seis: 32.

Uranda: 'Learning to Welcome Changes'. Vol. *The Third Sacred School*. 21 de julho de 1954: 8.

Uranda. *Letters to You*. Loveland, CO: Eden Valley Press, 1941.

Uranda. 'The Necessities of Correction to Maintain Balance'. Volumes *The Third Sacred School*. Loveland, CO: Eden Valley Press. Vol. 5, nº 31: 173.

Uranda. 'Perfection and the Use of Substitute Patterns'. *Behold I Create*. Loveland, CO: Eden Valley Press, 1985. Vol 3, nº 7: 8.

Uranda. 'A Personal Message'. Volumes *The Third Sacred School*. 24 de março de 1938: 2.

Uranda. 'A Personal Message'. Volumes *The Third Sacred School*. 30 de junho de 1945: 1.

Uranda. 'The Primary Key to the Triune Chart of Manifestation'. Volumes *The Third Sacred School*. 2 de fevereiro de 1938: 2.

Uranda. 'The Reality of Letting Go'. Volumes *The Third Sacred School*. 6 de dezembro de 1952: 4.

Uranda. *Seven Steps to the Temple of Light, Fourth Edition*. Loveland, CO: Eden Valley Press, 1977.

Uranda. 'Your Place in the Midst of the Garden'. *Behold I Create*. Loveland, CO: Eden Valley Press, 1985. Vol. 2, nº 6: 42.

Uranda. *The Triune Ray*. Loveland, CO: Eden Valley Press, 1936.

Uranda. 'Understanding the Principle of Absence'. Volumes *The Third Sacred School*. Loveland, CO: Eden Valley Press, Vol. 7: 333.

Van de Castle, Robert L., PhD. *Our Dreaming Mind*. Nova York: Ballantine, 1994.

Van Duzen, Grace. *The Vibrational Ark*. Loveland, CO: Eden Valley Press, 1996.

Weinstein, Marion. *Positive Magic, Revised Edition*. Custer, WA: Phoenix Publishing, Inc., 1981.

Wheatley, Margaret. 'The Unplanned Organization'. *Noetic Sciences Review*. Primavera de 1996, nº 37: 16-23.

White, Stuart, DC. 'Immune-Lymph Systems Awareness'. *The Capstone*. Nova York: Center for Health, Healing and Attunement, fevereiro de 1994:3.

Wilber, Ken. *A Brief History of Everything*. Boston: Shambhala, 1996.

Wilber, Ken, Ed. *The Holographic Paradigm and Other Paradoxes*. Boulder: Shambhala, 1982. [O Paradigma Holográfico e Outros Paradoxos, publicado pela Editora Cultrix, São Paulo, 1991.]